Klassifikationsgesellschaften im Schiffbau

Europäische Hochschulschriften

Publications Universitaires Européennes
European University Studies

Reihe V
Volks- und Betriebswirtschaft

Série V Series V
Sciences économiques, gestion d'entreprise
Economics and Management

Bd./Vol. 2491

PETER LANG
Frankfurt am Main · Berlin · Bern · New York · Paris · Wien

Jens Langholz

Klassifikationsgesellschaften im Schiffbau

Promotoren technischen Fortschritts?

PETER LANG
Europäischer Verlag der Wissenschaften

Die Deutsche Bibliothek - CIP-Einheitsaufnahme

Langholz, Jens:

Klassifikationsgesellschaften im Schiffbau : Promotoren technischen Fortschritts? / Jens Langholz. - Frankfurt am Main ; Berlin ; Bern ; New York ; Paris ; Wien : Lang, 1999
(Europäische Hochschulschriften : Reihe 5, Volks- und Betriebswirtschaft ; Bd. 2491)
Zugl.: Kiel, Univ., Diss., 1999
ISBN 3-631-35072-4

D 8
ISSN 0531-7339
ISBN 3-631-35072-4

Meinem Vater

VORWORT

Diese Arbeit entstand als Dissertation am Graduiertenkolleg 'Betriebswirtschaftslehre für Technologie und Innovation' der Christian-Albrechts-Universität zu Kiel, das von der Deutschen Forschungsgemeinschaft (DFG) gefördert wird. Für das Stipendium der DFG, ohne das diese Arbeit nicht möglich gewesen wäre, bedanke ich mich ganz herzlich.

Meinem Doktorvater, Herrn Professor Dr. Klaus Brockhoff, danke ich für die Betreuung meiner Arbeit, für das entgegengebrachte Vertrauen und dafür, daß er mir viel wissenschaftlichen Freiraum für meine Forschung gewährte. Herrn Professor Dr. Dr. h.c. Jürgen Hauschildt möchte ich für die Übernahme des Koreferates danken.

Die geistreiche Atmosphäre und allgemeine Betriebsamkeit am Graduiertenkolleg habe ich sehr genossen. Besonderer Dank gebührt Herrn Dipl.-Kfm. Mathias Rüdiger für fachliche Anregungen sowie die Durchsicht meines Manuskriptes und Herrn Dipl.-Math. Christof Ipsen, der mir stets mit Rat und Tat zur Seite stand. Ich hoffe, daß die Freundschaften, die sich in den letzten zweieinhalb Jahren am Graduiertenkolleg entwickelten, Bestand haben werden.

Last but not least danke ich meiner Familie für die Unterstützung, die aufgebrachte Geduld und das Verständnis dafür, daß dieses Forschungsprojekt phasenweise mein Leben dominierte.

Jens Langholz

Inhaltsverzeichnis

Abbildungsverzeichnis

Tabellenverzeichnis

Abkürzungsverzeichnis

ABS	American Bureau of Shipping
BImSchG	Bundes-Immissionsschutzgesetz
BMBF	Bundesministerium für Bildung und Forschung
BV	Bureau Veritas
CCS	China Classification Society
CEN	Comité Européen de Normalisation
CIM	Computer Integrated Manufacturing
CRS	Hrvatski Registar Brodova
DFG	Deutsche Forschungsgemeinschaft
DIN	Deutsches Institut für Normung
DLS	Technischer Dienstleistungsservice
DNV	Det Norske Veritas
EBN	Entwicklungsbegleitende Normung
EDI	Elektronische Datenübertragung
EEE-Konzept	European-Economic-Ecological-Konzept
etz	Elektrotechnische Zeitschrift
EURACS	European Association of Classification Societies
FDS	Forschungszentrum des deutschen Schiffbaus
FE-Modelle	Finite-Elemente-Modelle
FuE, F&E	Forschung und Entwicklung
GewO	Gewerbeordnung
GL	Germanischer Lloyd
GS	Geprüfte Sicherheit
GSG	Gerätesicherheitsgesetz
GSPrüfV	Gerätesicherheits-Prüfstellenverordnung
H_0	Nullhypothese
H_1	Alternativhypothese
HSVA	Hamburgische Schiffbau-Versuchsanstalt
IACS	International Association of Classification Societies
IEC	International Electrotechnical Commission
IMCO	Inter-Governmental Maritime Consultative Organization
IMO	International Maritime Organization
IRS	Indian Register of Shipping
ISO	International Organization for Standardization
ITiS	Informationstechnik im Schiffbau
Klass.-ges.	Klassifikationsgesellschaften
KR	Korean Register of Shipping
LR	Lloyd's Register of Shipping
MARPOL	Marine Pollution

MW	Mittelwert
n	Anzahl der Datensätze
NK	Nippon Kaiji Kyokai
PRS	Polski Rejestr Statkow
RINA	Registro Italiano Navale
RS	Maritime Register of Shipping
SOLAS	Safety of Life at Sea
STAW	Standardabweichung
SVP	Schiffbau-Versuchsanstalt Potsdam
TA	Technikfolgenabschätzung
TA Luft	Technische Anleitung Luft
TBT	Tributylzinn
THB	Täglicher Hafenbericht
TOCA	Transfer of Class Agreement
TÜV	Technischer Überwachungsverein
UN	United Nations
VWS	Versuchsanstalt für Wasserbau und Schiffbau

1. Einleitung

1.1. Hintergrund und Zielsetzung der Arbeit

Viele technische Innovationen müssen vor ihrer Markteinführung bzw. Inbetriebnahme einer Bauartprüfung durch eine staatlich anerkannte technische Überwachungsorganisation unterzogen werden. Die Zulassung bescheinigt die Sicherheit und Umweltverträglichkeit der Produkte bzw. Anlagen. Einige Beispiele sollen dies verdeutlichen: Das Inverkehrbringen und Ausstellen von *technischen Arbeitsmitteln*[1] wird durch das Gerätesicherheitsgesetz (GSG) geregelt: „Der Hersteller oder Einführer von technischen Arbeitsmitteln darf diese nur in den Verkehr bringen oder ausstellen, wenn sie nach den allgemein anerkannten Regeln der Technik sowie den Arbeitsschutz- und Unfallverhütungsvorschriften so beschaffen sind, daß Benutzer oder Dritte bei ihrer bestimmungsgemäßen Verwendung gegen Gefahren aller Art für Leben oder Gesundheit so weit geschützt sind, wie es die Art der bestimmungsgemäßen Verwendung gestattet“[2]. Ein technisches Arbeitsmittel darf vom Hersteller oder Einführer mit dem Zeichen „GS = geprüfte Sicherheit“ versehen werden, „wenn es von einer Prüfstelle einer Bauartprüfung unterzogen worden ist“[3] und diese bestanden hat[4]. In der Gerätesicherheits-Prüfstellenverordnung (GSPrüfV) sind die Prüfstellen aufgeführt, die zur Durchführung der Bauartprüfungen autorisiert sind[5]. Die Prüfung und Zulassung *überwachungsbedürftiger Anlagen*[6] ist in der Gewerbeordnung (GewO) festgeschrieben. Die Erteilung der Allgemeinen Betriebserlaubnis für *Kraftfahrzeugtypen* wird in der Straßenverkehrs-Zulassungs-Ordnung geregelt. „Über den Antrag auf Erteilung der Allgemeinen Betriebserlaubnis entscheidet das Kraftfahrt-Bundesamt. Das Kraftfahrt-Bundesamt kann

---

[1] § 2 Absatz 1 Gerätesicherheitsgesetz (GSG): „Technische Arbeitsmittel im Sinne dieses Gesetzes sind verwendungsfertige Arbeitseinrichtungen, vor allem Werkzeuge, Arbeitsgeräte, Arbeits- und Kraftmaschinen, Hebe- und Fördereinrichtungen sowie Beförderungsmittel“. Den Arbeitseinrichtungen gleichgestellt sind u.a. Einrichtungen, die zum Beleuchten, Beheizen, Kühlen sowie zum Be- oder Entlüften bestimmt sind, Haushaltsgeräte, Sport- und Bastelgeräte sowie Spielzeug (vgl. § 2 Absatz 2 GSG).

[2] § 3 Absatz 1 GSG.

[3] § 3 Absatz 4 GSG.

[4] Zu Einzelheiten und Ausnahmen vgl. GSG.

[5] Die Gerätesicherheits-Prüfstellenverordnung (GSPrüfV) in der Fassung vom 15. Januar 1986 nennt 68 derartige Prüfstellen.

[6] Überwachungsbedürftige Anlagen im Sinne der GewO sind u.a. Dampfkesselanlagen, Anlagen zur Abfüllung von verdichteten, verflüssigten oder unter Druck gelösten Gasen, Aufzuganlagen, elektrische Anlagen in besonders gefährdeten Räumen und medizinisch-technische Geräte (vgl. § 24 Absatz 3 GewO).

einen amtlich anerkannten Sachverständigen oder eine andere Stelle mit der Begutachtung beauftragen“[7].
Wie diese Beispiele zeigen, gibt es eine Vielzahl technischer Produkte und Prozesse, die der Zulassung durch eine technische Überwachungsorganisation bedürfen. Die Vorschriften dieser Einrichtungen bzw. die Gesetze, deren Einhaltung diese überwachen, setzen wichtige technische Rahmenbedingungen im Innovationsprozeß der produzierenden Unternehmen. Ob und wie diese Überwachungsorganisationen hierbei den technischen Fortschritt beeinflussen, ist allerdings weitestgehend unerforscht.

Ziel der Arbeit ist es, den Einfluß technischer Überwachungsorganisationen auf den technischen Fortschritt zu untersuchen. Hierbei liegt der Fokus auf der Tätigkeit von Klassifikationsgesellschaften im Schiffbau. Technischer Fortschritt im Schiffbau äußert sich im Neu- und Umbau von Schiffen. Die Bauausführung, häufig auch die Systemführerschaft, obliegt dabei den Werften. Bei dieser Tätigkeit sind Werften auf die enge Zusammenarbeit mit Klassifikationsgesellschaften angewiesen. Diese Gesellschaften sind regulierende intermediäre Organisationen, deren traditionelle Aufgabe in der Überwachung der Bauausführung und des Erhaltungszustandes von Schiffen besteht. Neben dieser klassischen Tätigkeit haben sich die Klassifikationsgesellschaften in der jüngeren Vergangenheit z.B. mit den Bereichen Windenergie, Wasserbau, Sicherheitstechnik, Offshoretechnik sowie mit der Zertifizierung von Qualitätsmanagementsystemen zusätzliche Aufgabenfelder geschaffen.

Die Klassifikationsgesellschaften setzen anhand von Bauvorschriften wichtige technische Rahmenbedingungen für den Neu- bzw. Umbau von Schiffen. Diese Tätigkeit bindet die Klassifikationsgesellschaften somit unmittelbar in den Innovationsprozeß im Schiffbau ein. Abb. 1.1 veranschaulicht die gegenseitige Beeinflussung der bauausführenden Werft und der überwachenden Klassifikationsgesellschaft.

Diese Studie soll zur Klärung der folgenden Fragen beitragen:
- Wie wird der Gesamteinfluß der Klassifikationsgesellschaften auf den technischen Fortschritt im Schiffbau wahrgenommen?
- Welche direkten Impulse für den technischen Fortschritt im Schiffbau geben die Klassifikationsgesellschaften (vgl. Abb. 1.1, Pfeil 1)?
- Wie funktionieren die Mechanismen der indirekten Beeinflussung des technischen Fortschritts durch die Interaktion einer einzelnen Werft mit der jeweils

[7] Straßenverkehrs-Zulassungs-Ordnung § 20 Absatz 2, Satz 1 und 2 in Jagusch, 1993, S. 982.

den Bau begleitenden Klassifikationsgesellschaft (vgl. Abb. 1.1, Pfeile 2 und 3)?

- Welche einzelnen Aktivitäten kennzeichnen die Tätigkeit der Klassifikationsgesellschaften im Schiffbau und wie beeinflussen diese den technischen Fortschritt?
- Welche Rolle spielt das technologische Know-how der Klassifikationsgesellschaften?
- Wie wirkt sich die Überbrückung von Schnittstellen im Schiffbau durch die Klassifikationsgesellschaften auf den Innovationsprozeß aus?
- Wie beeinflußt die Definition und Überwachung der Einhaltung der Klassifikationsvorschriften den technischen Fortschritt?

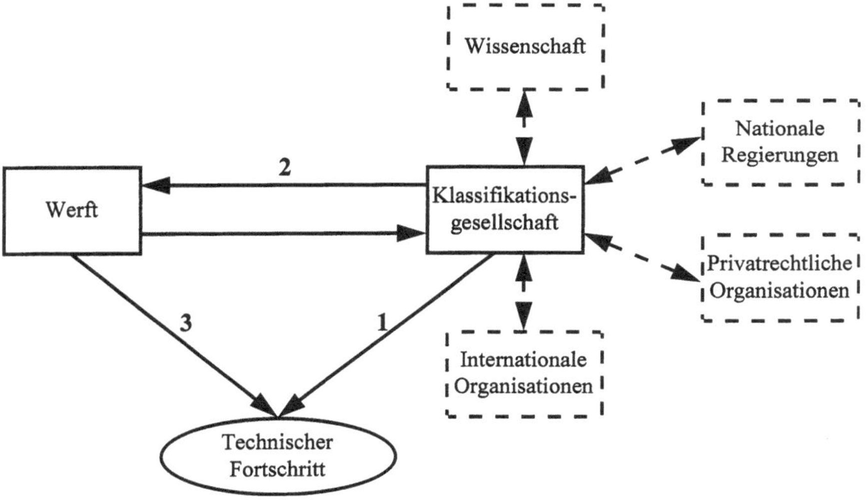

Abb. 1.1 Wechselseitige Beeinflussung von Werft und Klassifikations-gesellschaft im Innovationsprozeß

Wegen der Komplexität der Forschungsfragestellung werden in einer Befragung die Wahrnehmungen des Einflusses von Klassifikationsgesellschaften auf den technischen Fortschritt im Schiffbau aus drei Perspektiven erhoben:

- aus der Perspektive der in der International Association of Classification Societies (IACS) zusammengeschlossenen Klassifikationsgesellschaften[8], die die Sichtweise der regulierenden Institutionen verkörpern,

---

[8] Synonym wird auch der Begriff IACS-Mitglieder verwendet.

- aus der Perspektive der regulierten Werften und
- aus der Perspektive Sachverständiger Dritter, die sich aus Vertretern der Wissenschaft, nationaler Behörden und Repräsentanten privatrechtlicher Organisationen zusammensetzen (vgl. Abb. 1.1). Die Sachverständigen Dritten sind externe Beobachter, die von den beiden zuvor genannten Gruppen unabhängig sind.

Im Rahmen dieser Arbeit bleibt die Analyse des Einflusses von Klassifikationsgesellschaften auf den technischen Fortschritt im Bereich des *Seeschiffbaus* beschränkt. Einflüsse dieser Gesellschaften auf den Binnenschiffbau und auf die anderen genannten Bereiche werden nicht betrachtet.

Sofern eine Verallgemeinerung der Forschungsergebnisse möglich ist, werden die Erkenntnisse auf die Tätigkeit anderer technischer Überwachungsorganisationen außerhalb des Schiffbaus übertragen.

1.2. Aufbau der Arbeit

Die vorliegende Arbeit ist in sieben Abschnitte gegliedert. In Abschnitt 2. werden zunächst die Begriffe Schiffsklassifikation und Klassifikationsgesellschaften definiert. Des weiteren werden Klassifikationsgesellschaften als intermediäre Institutionen vorgestellt. Der Abschnitt endet mit der Abgrenzung der Tätigkeiten der in der International Association of Classification Societies (IACS) zusammengeschlossenen Klassifikationsgesellschaften und der International Maritime Organization (IMO). In Abschnitt 3. wird die Wirkung regulierender Intermediäre auf den technischen Fortschritt aus theoretischer Sicht analysiert. Zunächst werden unterschiedliche Regulierungsaufgaben voneinander abgegrenzt und der Begriff Regulierung im Sinne der vorliegenden Arbeit definiert. Auf der Basis der Theorie externer Effekte und der Theorie öffentlicher Güter wird der Zusammenhang zwischen der Qualität der Umwelt, Regulierung und technischem Fortschritt diskutiert. Die gefundenen Erkenntnisse werden auf den Schiffbau und die regulierende Tätigkeit von Klassifikationsgesellschaften übertragen. Der Abschnitt schließt mit einer Zusammenstellung von Aussagen aus der Literatur, die den Einfluß der Normung und des TÜVs auf den technischen Fortschritt betreffen. In Abschnitt 4. werden die vermuteten Einflüsse von Klassifikationsgesellschaften auf den technischen Fortschritt im Schiffbau systematisch untersucht: Die Übertragung des Promotorenmodells von Witte[9] -

[9] Vgl. Witte, 1973, S. 14ff.

erweitert um die Rolle des Prozeßpromotors[10] und des Beziehungspromotors[11] - auf die Tätigkeit von Klassifikationsgesellschaften macht in Abschnitt 4.1. die vermutlich innovationsfördernden Aktivitäten dieser Institutionen transparent. Zu diesem Zweck wird das Promotorenmodell modifiziert: Die Perspektive wird von einer intra-organisationalen personenbezogenen zu einer inter-organisationalen institutionenbezogenen Sichtweise gewechselt. Um möglicherweise innovationsbehindernde Aspekte der Tätigkeit von Klassifikationsgesellschaften zu erfassen, wird in Abschnitt 4.2. ein Opponentenmodell präsentiert. Abschließend werden in Abschnitt 4.3. die vermuteten Einzeleffekte zusammengefaßt. Aufbauend auf den in den Abschnitten 3. und 4. dargestellten theoretischen Erkenntnissen werden in einer Befragung die subjektiven Wahrnehmungen der drei genannten Gruppen spiegelbildlich gegenübergestellt. Das Untersuchungsdesign wird in Abschnitt 5. vorgestellt. Abschnitt 6. stellt die empirischen Befunde ausführlich dar: Es werden verschiedene Facetten des Einflusses der Klassifikationsgesellschaften auf den technischen Fortschritt im Schiffbau erfaßt und Aussagen über die innovationsfördernden und innovationsbehindernden Einflüsse von Klassifikationsgesellschaften sowie über deren Gesamtwirkung gemacht. Es wird ein Ranking der Klassifikationsgesellschaften im Hinblick auf die Förderung des technischen Fortschritts im Schiffbau aufgestellt. Außerdem wird versucht zu ermitteln, welche Aspekte technischen Fortschritts im Schiffbau (z.B. Neuentwicklungen in der Schiffstechnik, Erhöhung der Betriebssicherheit der Schiffe) derzeit besonders charakteristisch sind und wie die IACS-Mitglieder diese jeweils beeinflussen. Darüber hinaus befaßt sich dieser Abschnitt detailliert mit den Eigenschaften der Klassifikationsgesellschaften, die diese als Fach-, Beziehungs- und Machtpromotoren des technischen Fortschritts erscheinen lassen könnten. Der abschließende Abschnitt 7. faßt die Ergebnisse dieser Studie zusammen, gibt Anregungen für die Praxis, zeigt die Grenzen der Studie auf und diskutiert offene Forschungsfragen.

[10] Vgl. Hauschildt/Chakrabarti, 1988. Der Prozeßpromotor überbrückt intra-organisationale Schnittstellen.

[11] Vgl. Gemünden/Walter, 1995. Der Beziehungspromotor überbrückt inter-organisationale Schnittstellen.

2. Grundlagen

In Abschnitt 2.1. werden die Begriffe Schiffsklassifikation und Klassifikationsgesellschaften definiert. Abschnitt 2.2. stellt Klassifikationsgesellschaften als intermediäre Organisationen vor. Abschließend wird in Abschnitt 2.3. die Tätigkeit der in der International Association of Classification Societies zusammengeschlossenen Klassifikationsgesellschaften von den Aufgaben der International Maritime Organization abgegrenzt.

2.1. 'Schiffsklassifikation' und 'Klassifikationsgesellschaften'

In der Brockhaus Enzyklopädie wird die Schiffsklassifikation definiert als die „Klassifikation von Handelsschiffen aufgrund von Bauvorschriften, die Klassifikationsgesellschaften erlassen; [die Schiffsklassifikation] dient zur schnellen und leichten Bestimmung der Hauptabmessungen von Verbandsteilen, der Ausrüstung u.a. - Schiffe, die in jeder Beziehung den Bau- und Ausrüstungsvorschriften entsprechen, erhalten ein Klassifikations-Zertifikat, das in bestimmten Zeitabständen (üblicherweise vier Jahre) zu erneuern ist, außerdem z.B. nach Kollision oder Grundberührung. Die Zertifikate dienen den Versicherern als Prämienbasis“[12].

Klassifikationsgesellschaften sind „staatliche oder halbamtliche Unternehmen, die u.a. die Bauausführung und den Erhaltungszustand von Schiffen überwachen und beurteilen“[13]. Sie führen Register, in denen u.a. die technischen Merkmale, die Schiffsklasse, der Zustand, das Baujahr und das Datum der letzten Überprüfung der Schiffe erfaßt werden. Diese Register enthalten wichtige Informationen für die Befrachter, die Versicherer und die Reedereien[14]. Die nach dem registrierten Schiffsraum weltweit größten Klassifikationsgesellschaften sind der britische 'Lloyd's Register of Shipping', das US-amerikanische 'American Bureau of Shipping', die japanische 'Nippon Kaiji Kyokai', die norwegische 'Det Norske Veritas', das französische 'Bureau Veritas' und der deutsche 'Germanische Lloyd'. Klassifikationsgesellschaften sind durch die Wahrnehmung hoheitlicher Aufgaben für eine Vielzahl von Staaten charakterisiert[15]. Diese bilateralen Kooperationen zwischen den jeweiligen Staaten und

---

[12] Brockhaus Enzyklopädie, 1990.

[13] Ebenda.

[14] Vgl. Germanischer Lloyd (Hrsg.), 1992.

[15] Der Germanische Lloyd z.B. ist eine privatrechtlich organisierte Überwachungsinstitution, die mit hoheitlichen Aufgaben, d.h. mit der „Wahrnehmung staatlicher Schiffssicherheitsaufgaben“ (Germanischer Lloyd (Hrsg.), 1995a, S.38), betraut ist und 1994 von 105 Staa-

den Klassifikationsgesellschaften sind möglich aufgrund der weltweiten Netze von Vertretungen, die die IACS-Mitglieder unterhalten.

Die Analyse des Einflusses von Klassifikationsgesellschaften auf den technischen Fortschritt im Schiffbau beschränkt sich in dieser Arbeit auf die zehn Vollmitglieder sowie die drei assoziierten Mitglieder der International Association of Classification Societies (IACS). Mit diesen Gesellschaften sind zugleich die größten und wichtigsten erfaßt: Mehr als 90% der Welthandelsflotte werden von diesen 13 Gesellschaften klassifiziert[16]. „There are, at last count, about 50 organizations which consider themselves to be classification societies. Only 11 meet the standards for membership of IACS[17] (another two are associate members). The fact that nearly 40 „Phone & Fax" organizations are tolerated by this industry, which apparently considers them as being professional, third-party arbiters of safety standards is itself astonishing"[18]. Einige der Klassifikationsgesellschaften, die nicht Mitglieder der IACS sind, „dienen ... eher der Erzielung von Staatseinnahmen, weniger der Überwachung von Sicherheitsvorschriften"[19].

2.2. Klassifikationsgesellschaften als intermediäre Organisationen

Intermediäre[20] sind Personen oder Institutionen[21], die aufgrund ihrer Tätigkeit die Funktion eines Mittlers zwischen strukturell und funktional sehr unterschiedlichen Bereichen übernehmen können.

---

ten zur „Ausstellung von internationalen Sicherheitszeugnissen und Durchführung der notwendigen Besichtigungen" autorisiert war (Germanischer Lloyd (Hrsg.), 1994, S.8).

16 Vgl. IACS briefing No. 4, February 1997.

17 Jaques, 1992: „Minimum criteria for joining are: at least 30 years' experience as a classification society; three years on an IACS working group; registered tonnage exceeding 1500 vessels of over 100grt (dual classification counts 50 %), and a technical staff of at least 200 exclusives".

18 Somerville, 1997. Derzeit (Stand September 1998) hat die IACS 10 Voll- und drei assoziierte Mitglieder. Die polnische Klassifikationsgesellschaft (ehemals Vollmitglied) hat nach einem vorübergehenden Ausschluß aus der IACS den Status eines assoziierten Mitglieds (vgl. Abschnitt 6.1.3.).

19 Böhme/Sichelschmidt, 1995, S. 15. Böhme/Sichelschmidt (1995, S. 30) fordern ein Ausscheiden dieser unzureichend qualifizierten, sachfremden politischen Zielen folgenden Klassifikationsgesellschaften aus dem Markt für Regulierungsleistungen.

20 Der Begriff 'Intermediär' hat lateinischen Ursprung. Wörtlich übersetzt ist ein Intermediär eine Person oder Institution, die „zwischen den Medien" steht.

21 In dieser Arbeit liegt das Augenmerk ausschließlich auf der Betrachtung intermediärer Institutionen.

Intermediäre können hinsichtlich des Abhängigkeitsgrades von einem dieser Bereiche differenziert werden in abhängige und unabhängige Intermediäre. Zu den abhängigen Intermediären sind Interessenvertretungen wie etwa Gewerkschaften und Arbeitgeberverbände zu zählen. Unabhängige Intermediäre sind u.a. technische Prüfstellen (z.B. TÜV, DEKRA), Normungsinstitute (z.B. DIN, CEN, ISO) und Patentämter, die ihre Aufgaben neutral, d.h. unabhängig von den einzelnen Bereichen, ausüben.

Um die Aufgaben der Schiffsklassifikation optimal erfüllen zu können, sind die Klassifikationsgesellschaften auf den Informationsaustausch mit einer Vielzahl unterschiedlicher Organisationen angewiesen, die sich in vier Kategorien einteilen lassen (vgl. Abb. 2.1):

- Wissenschaft: Klassifikationsgesellschaften kooperieren mit Universitäten und Forschungseinrichtungen sowohl in selbstfinanzierten F&E-Projekten als auch in staatlich geförderten F&E-Projekten im Schiffbau, bei denen die IACS-Mitglieder als Projektträger auftreten.
- Nationale Regierungen: Die IACS-Mitglieder stehen in engem Kontakt zu den Regierungen der Staaten, die sie mit der Wahrnehmung hoheitlicher Aufgaben betraut haben. Bilaterale Beziehungen der einzelnen Klassifikationsgesellschaften mit mehr als 100 Staaten sind keine Seltenheit[22].
- Privatrechtliche Organisationen: Klassifikationsgesellschaften arbeiten auf privatrechtlicher Ebene als unabhängige Inspektoren der Schiffssicherheit eng mit Werften, Reedereien, Versicherern und Zulieferern zusammen.
- Internationale Organisationen: Zur Koordinierung eigener Belange und im Rahmen der Wahrnehmung hoheitlicher Aufgaben kooperieren Klassifikationsgesellschaften mit internationalen Organisationen (z.B. IACS, IMO).

Klassifikationsgesellschaften haben somit die Funktion von Intermediären zwischen privatrechtlichen und öffentlichen Institutionen und sind aufgrund ihrer Verpflichtung zur Neutralität der Gruppe unabhängiger Intermediäre zuzurechnen.

---

[22] Lloyd's Register of Shipping z.B. nimmt hoheitliche Aufgaben im Auftrage von 135 Staaten wahr (vgl. z.B. die Homepage von Lloyd's Register of Shipping vom 2.10.1998 (http://www.lr.org/)). Vgl. auch die Homepage des Germanischen Lloyd vom 2.10.1998 (http://www.germanlloyd.de/Activities/ Statutory/statutory.html).

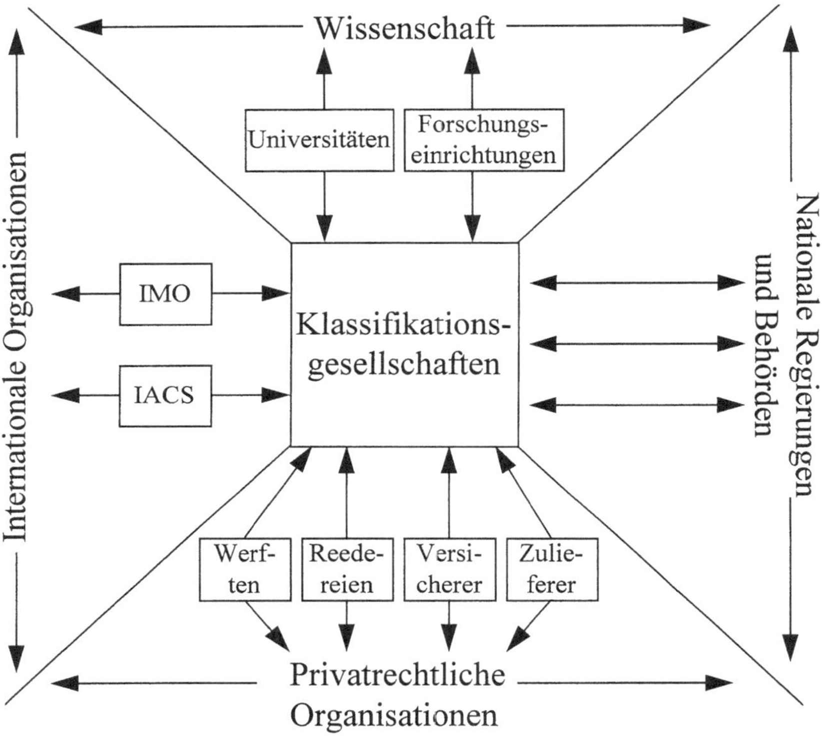

Abb. 2.1 Intermediärenmodell der Klassifikationsgesellschaften[23]

Ein weiteres Kriterium zur Differenzierung von Intermediären ist die Größe ihres Tätigkeitsgebietes. Es kann unterschieden werden zwischen regional, national, kontinental und weltweit tätigen Intermediären. Klassifikationsgesellschaften sind weltweit tätige Institutionen, die Vertretungen in einer Vielzahl von Staaten haben. Dieses Merkmal kennzeichnet Klassifikationsgesellschaften als internationale Wirtschaftseinheiten, deren Spezifikum „die Präsenz und wirtschaftliche Aktivität in heterogenen, geographisch oft weit voneinander entfernten Umwelten"[24] ist. Die Rahmenbedingungen für das Handeln dieser Wirtschaftseinheiten „sind also in sozio-kultureller, politisch-rechtlicher, ökonomischer, technologischer und physikalischer Hinsicht mehr oder weniger vonein-

---

[23] In Anlehnung an Hauschildt, 1992, S.105.

[24] Pausenberger, 1992, Sp. 1052.

ander verschieden"[25]. Zur Bewältigung dieser Umweltheterogenität sind für die Klassifikationsgesellschaften zwei Eigenschaften von besonderer Bedeutung, die Transferleistung und die Integrationsleistung. Unter der Transferleistung wird die Fähigkeit verstanden, „Produktionsfaktoren über Staats- und Kulturgrenzen effizient zu transferieren und umweltkonform zu kombinieren"[26]. Die Integrationsleistung bezeichnet „die Fähigkeit, ein großes, komplexes und räumlich diversifiziertes Gebilde wirkungsvoll zu integrieren"[27].

Bei der Untersuchung des Einflusses von Klassifikationsgesellschaften auf den technischen Fortschritt im Schiffbau muß somit berücksichtigt werden, daß die einzelnen Wirkungen nicht auf ein lokal begrenztes Gebiet beschränkt bleiben, sondern weltweit zum Tragen kommen.

2.3. Abgrenzung der Tätigkeit der International Association of Classification Societies und der International Maritime Organization

In Schiffbau und Schiffahrt wird die Aufgabe der Festlegung und Überwachung sicherheits- und umweltrelevanter Vorschriften für den Bau und Erhaltungszustand von Schiffen ganz wesentlich von zwei Gruppen bestimmt:

1. von den in der International Association of Classification Societies (IACS) zusammengeschlossenen Klassifikationsgesellschaften,
2. von der International Maritime Organization (IMO).

Für das Verständnis der Mechanismen technischer Überwachung im Schiffbau ist die exakte Abgrenzung der Tätigkeit von IACS und IMO, die in diesem Abschnitt vorgenommen wird, von maßgeblicher Bedeutung.

Die Ursprünge der Tätigkeit von Klassifikationsgesellschaften im Schiffbau reichen mehr als 200 Jahre zurück. Die Klassifikationsgesellschaften hatten sich bereits in entscheidenden Bereichen als regulierende Institutionen etabliert, als die ersten Staaten begannen, die Sicherheit auf See gesetzlich zu regeln: Der Status der Klassifikationsgesellschaften wurde gesetzlich verankert. Die Klassifikationsgesellschaften behielten ihre angestammten Aufgabengebiete. Die Zuständigkeit der Klassifikationsgesellschaften, die sich 1969 zur International Association of Classification Societies (IACS) zusammengeschlossen haben, betrifft seither die Stahlstruktur („hull structure") und die wesentlichen elektri-

---

[25] Pausenberger, 1992, Sp. 1052.
[26] Ebenda.
[27] Ebenda.

schen und Maschinenanlagen der Schiffe („essential shipboard engineering systems"). Diese Vorschriften umfassen detaillierte Anforderungen an[28]:

- „Materials,
- Ship structures,
- Main and auxiliary machinery,
- Control engineering systems,
- Electrical installations".

Andere ebenfalls relevante Bereiche, die nicht in das historisch gewachsene Aufgabenfeld der Klassifikationsgesellschaften fallen, werden auf staatlicher Ebene reguliert. Um diese staatlichen Aktivitäten international zu vereinheitlichen, wurde 1948 auf einer UN-Konferenz die Inter-Governmental Maritime Consultative Organization (IMCO) gegründet, die 1982 in International Maritime Organization (IMO) umbenannt wurde. In ihr sind 156 Mitgliedsstaaten[29] zusammengeschlossen. Heute ist die IMO zuständig für maritime Angelegenheiten, die die Schiffssicherheit und den Umweltschutz betreffen. „The International Maritime Organization is a specialized agency of the United Nations which is responsible for measures to improve the safety of international shipping and to prevent marine pollution from ships. It also is involved in legal matters, including liability and compensation issues and the facilitation of international maritime traffic"[30].

Die IMO verabschiedet Konventionen, die allen ratifizierenden Staaten verbindliche Vorgaben für die Sicherheit von Schiffen und den Schutz der Umwelt machen. Außerdem werden „IMO Codes and Recommendations" verabschiedet, deren Anwendung für die Mitgliedstaaten allerdings nicht verbindlich ist, sondern lediglich empfohlen wird. Die IACS hat bei der IMO einen Beraterstatus[31]. Die internationalen IMO-Konventionen betreffen[32]:

- „computation of load lines and conditions of assignment,
- stability,
- fire safety,
- live saving appliances,
- navigation lights and equipment,
- radio communication".

---

[28] Vgl. IACS Briefing No. 4, February 1997.
[29] Stand September 1998.
[30] www.imo.org/imo/faqs.htm vom 8.4.1998.
[31] Vgl. Davenport, 1992, S. 28.
[32] Vgl. IACS Briefing No. 4, February 1997.

Die IMO-Konventionen und die Vorschriften der Klassifikationsgesellschaften sind komplementär und decken gemeinsam die sicherheits- und umweltrelevanten Bereiche in Schiffbau und Schiffahrt ab (vgl. Abb. 2.2). „It can thus reasonably be claimed that an internationally recognised standard for ship safety and marine pollution prevention is attained by compliance with the Rules of a classification society **and** [Hervorhebung durch den Verfasser] with the requirements of the relevant International Conventions“[33]. Abbildung 2.2 veranschaulicht die Abgrenzung der Tätigkeit von IMO und IACS.

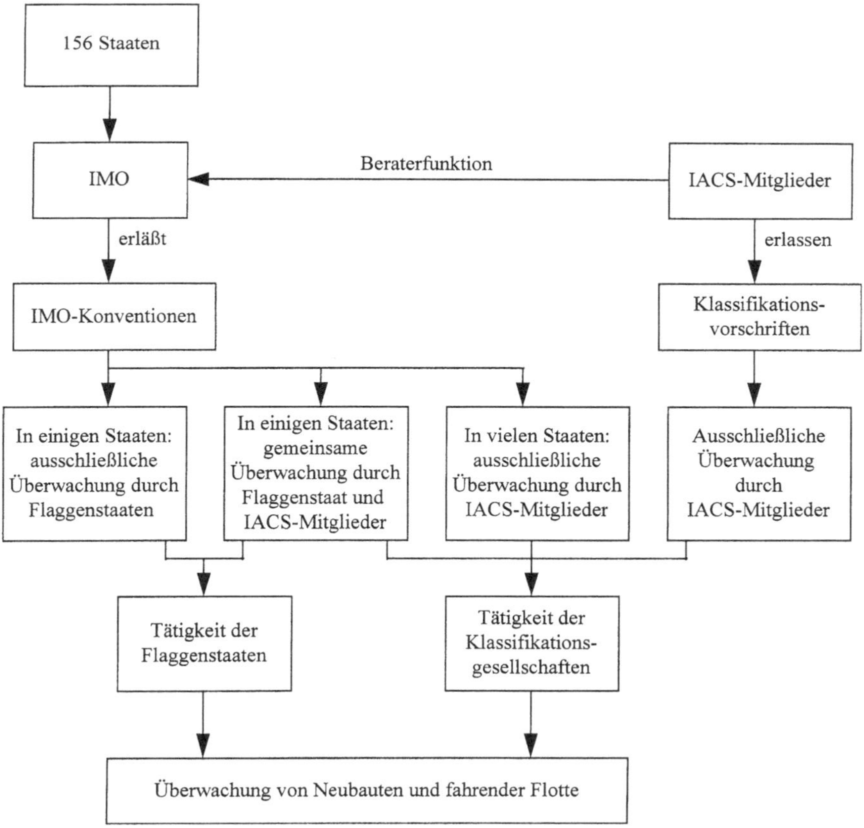

Abb. 2.2 Komplementäre Aufgabenverteilung von IACS und IMO

[33] IACS briefing, No. 4 February 1997.

Die Umsetzung und Überwachung der Konventionen und „Codes“ bzw. „Recommendations“ obliegt den einzelnen Flaggenstaaten. Sie nehmen diese Aufgabe entweder selbst oder gemeinsam mit den Klassifikationsgesellschaften wahr oder autorisieren die Klassifikationsgesellschaften zur eigenständigen Umsetzung und Überwachung der IMO-Konventionen in hoheitlichem Auftrag. Derzeit haben mehr als 100 Staaten die IACS-Mitglieder mit der Wahrnehmung hoheitlicher Aufgaben beauftragt.

Die Klassifikationsvorschriften werden ausschließlich von den IACS-Mitgliedern festgelegt und überwacht. Die IACS-Mitglieder überwachen damit einerseits ihre selbsterlassenen Klassifikationsvorschriften aus dem Bereich der Stahlstruktur und wichtiger maschinenbaulicher und elektrischer Systeme und andererseits im hoheitlichen Auftrag vieler Flaggenstaaten die Einhaltung der IMO-Konventionen.

3. Theoretische Analyse der Wirkung regulierender Intermediäre auf den technischen Fortschritt

In diesem Abschnitt wird die Wirkung regulierender Intermediäre auf den technischen Fortschritt aus theoretischer Sicht analysiert. Der Abschnitt beginnt mit einer Abgrenzung unterschiedlicher Regulierungsaufgaben (Abschnitt 3.1.). In Abschnitt 3.2. wird der Zusammenhang zwischen der Qualität der Umwelt, Regulierung und technischem Fortschritt diskutiert. Die gewonnenen Erkenntnisse werden auf die Tätigkeit von Klassifikationsgesellschaften im Schiffbau übertragen. In Abschnitt 3.3. sind Aussagen aus der Literatur zusammengestellt, die den Einfluß der Normung und des TÜVs auf den technischen Fortschritt betreffen.

3.1. Abgrenzung unterschiedlicher Regulierungsaufgaben

„Staatliche Einflußnahmen auf die Allokation der Produktionsfaktoren in Marktwirtschaften sind zu rechtfertigen, wenn **Marktunvollkommenheiten** vorliegen, wenn **Marktversagen** beobachtet wird oder wenn das Angebot im Urteil der politischen Entscheidungsträger bei privatem Angebot entsprechend den individuellen Präferenzen ein **unerwünschtes Ausmaß** annimmt“[34]. Entsprechend können drei unterschiedliche Tatbestände das Eingreifen einer Regulierungsinstanz gerechtfertigt erscheinen lassen[35]:

- Das Auftreten negativer technologischer externer Effekte: Die Produktion, die Nutzung oder der Konsum eines Wirtschaftsgutes können unerwünschte Nebenwirkungen auf andere Wirtschaftssubjekte ausüben, die nicht über den Marktmechanismus ausgeglichen werden. Diese Effekte führen dazu, daß die entstehenden Kosten nicht vom Verursacher, sondern von der Allgemeinheit getragen werden. „Beispielsweise werden fast alle Regulierungen, die Umweltschutz- und Sicherheitsstandards sowie Verbraucherschutz vorschreiben, mit dem Auftreten negativer externer Effekte legitimiert“[36].
- Die Existenz natürlicher Monopole: Aufgrund besonderer Kostenstrukturen kann ein Anbieter den Markt kostengünstiger versorgen als eine Mehrzahl von Anbietern. Als Beispiele werden Versorgungsnetze angeführt. Der Aufbau paralleler Netze verursacht unnötige Kosten. Ruinöser Wettbewerb setzt ein, „an dessen Ende nur ein Anbieter übrigbleibt“[37]. Preise und Leistungs-

---

[34] Vgl. Brockhoff, 1999, S. 116.
[35] Vgl. Picot/Burr, 1996, S. 175.
[36] Picot/Burr, 1996, S. 175.
[37] Picot/Burr, 1996, S. 175.

qualitäten werden reguliert, um zu verhindern, „daß der natürliche Monopolist seine Marktmacht zu Lasten des Kunden" mißbraucht[38].

- Das Vorliegen von Quasimonopolen: Es gibt einen dominierenden Anbieter mit einem sehr großen Marktanteil. Die Regulierungsinstanz kontrolliert die Marktmacht des Quasimonopolisten, um zu verhindern, daß er vorhandene Preissetzungsspielräume zu Lasten der Kunden ausnutzt, „neu in den Markt eintretende Konkurrenten in ihrer Expansion behindert oder aus dem Markt verdrängt"[39].

Klassifikationsgesellschaften befassen sich ausschließlich mit den erstgenannten Regulierungsaufgaben. Unter *Regulierung* wird in dieser Arbeit also die Aufgabe verstanden, für sicherheits- und umweltrelevante Bereiche, in denen der Markt keine effiziente Faktorallokation bewirkt, zum Schutz von Mensch und Natur verbindliche Auflagen bzw. Vorschriften zu definieren und ihre Einhaltung zu überwachen. Die in dieser Studie betrachteten intermediären Institutionen befassen sich mit der Sicherheit und Umweltverträglichkeit von Produkten und Prozessen und bewirken eine Internalisierung negativer technologischer externer Effekte beim Verursacher.

3.2. Umweltqualität, Regulierung und technischer Fortschritt

In diesem Abschnitt werden zunächst Ursachen der Verschlechterung der Umweltqualität genannt (Abschnitt 3.2.1.). In Abschnitt 3.2.2. wird die Notwendigkeit staatlichen Eingreifens und der Wirkungsmechanismus des umweltpolitischen Instruments der Regulierung dargelegt. Es wird analysiert, wie sich dieses umweltpolitische Instrument auf den technischen Fortschritt auswirkt, d.h. unter anderem inwiefern umweltbeanspruchende Unternehmen Anreize haben, technischen Fortschritt zu fördern (Abschnitt 3.2.3.). In Abschnitt 3.2.4. werden die allgemein für technische Überwachungsorganisationen gefundenen Zusammenhänge auf die Tätigkeit von Klassifikationsgesellschaften im Schiffbau übertragen.

---

[38] Picot/Burr, 1996, S. 175.

[39] Ebenda.

3.2.1. Ursachen der Verschlechterung der Qualität der Umwelt

In diesem Abschnitt wird nicht der negative Zusammenhang zwischen Umweltqualität[40] und wirtschaftlicher Tätigkeit an sich diskutiert. Es stehen die Umweltschäden im Mittelpunkt der Betrachtung, die aus negativen technologischen externen Effekten resultieren, d.h. die Umweltschäden, die sich aus der Fehlallokation des Gutes Umwelt, der Diskrepanz von pareto-optimaler und tatsächlicher Nutzung des Gutes Umwelt, ergeben. Es geht also um die Umweltschäden, die durch eine Internalisierung der negativen externen Effekte vermieden werden könnten.

Umweltqualität hatte ursprünglich weitestgehend den Charakter eines freien[41,42] Gutes. Umweltschäden aus wirtschaftlicher Nutzung bzw. privatem Konsum des Gutes Umwelt entstanden kaum. Folgerichtig konnte die Umwelt im Prinzip kostenlos genutzt werden. Mit dem Beginn der „Industriellen Revolution" stiegen die Bevölkerungszahlen, Energieverbräuche, Schadstoffausstösse usw. dramatisch an. Die explodierende wirtschaftliche und private Nachfrage[43] nach dem Gut Umwelt führte dazu, daß die Selbstreinigungskräfte der Natur nicht mehr ausreichten, um die Umweltqualität auf einem gleichmäßig hohen Niveau zu halten. Dennoch werden weite Teile der Umwelt nach wie vor als freies Gut behandelt und zu einem Preis von Null genutzt[44]. „Die Behandlung der Umwelt als Freigut, ihre allgemeine kostenlose Nutzung als Abfall- und Schadstoffempfänger führen zur Übernutzung dieses mittlerweile knappen Gutes"[45]. Dies ist

---

[40] Diesen Betrachtungen liegt ein ökologischer Umweltbegriff zugrunde: „Mit diesem Umweltbegriff werden der Zustand der Umwelt für Tier, Mensch und Pflanze und die Bedingungen für ihr gemeinsames Zusammenleben beschrieben. Unter diesem Umweltbegriff werden auch die schädlichen Auswirkungen der technisch-ökonomischen sowie der Bevölkerungsentwicklung erfaßt" (Wicke, 1991, S. 5f).

[41] Die verfügbare Gütermenge *freier* Güter ist größer als die zur Bedürfnisbefriedigung erforderliche (vgl. Dichtl/Issing (Hrsg.), 1994, S. 870).

[42] Die Übernutzung der Ressourcen durch Abholzung führte auch früher schon in Jugoslawien und Griechenland zu Umweltproblemen (vgl. Kemper, 1993, S. 7).

[43] Im folgenden sollen sich die Ausführungen auf die Konsequenzen wirtschaftlicher Tätigkeit beschränken.

[44] Siebert, 1973, S. 71: „Der Grund für die Nicht-Existenz eines Preises für die Nutzung der Umwelt liegt darin, daß private Eigentumsrechte im Sinne des Paragraphen 903 des Bürgerlichen Gesetzbuches an Umweltgütern nicht definiert werden können. Ausgenommen die sieben Schwaben, kann man Licht und Luft nicht wie Kartoffeln in Säcke packen und einzelnen Individuen zuordnen".

[45] Siebert, 1973, S. 64.

darauf zurückzuführen, daß die für öffentliche Güter[46] typische Nichtanwendbarkeit des Ausschlußprinzips zu einem Versagen des Marktmechnismus führt[47]. Die fehlenden bzw. nicht ausreichend vorhandenen Knappheitssignale „werden von einem (rational handelnden) Emittenten fälschlicherweise so interpretiert, daß das Gut Umwelt im Überfluß vorhanden sei"[48].

Dieses resultierende Marktversagen wird in der Literatur als *Gefangenendilemma*[49] diskutiert, welches „offenbar zu kollektiver Verantwortungslosigkeit führt, wenn es nicht aufgelöst werden kann"[50]. Der einzelne Akteur[51] steht vor dem folgenden Dilemma:

- Handelte er im Interesse der Allgemeinheit, hätte dies unmittelbar Nachteile für ihn zur Folge, d.h. offenbarte er seine wahren Präferenzen, entstünden ihm Kosten für die Umweltnutzung, die bei anderen Akteuren, die ihre Präferenzen nicht offenbaren, nicht anfielen. Den Gegenwert, hohe Umweltqualität, erhielte er aber nur, wenn alle übrigen Akteure ebenfalls gemäß ihrer wahren Präferenzen für die Umweltnutzung zahlten. Der isolierte Beitrag eines Akteurs nützte der Allgemeinheit nur wenig, weil er kaum ins Gewicht fiele.
- „Drückt er sich dagegen um die eigene Zahlung, so spart er zunächst einmal das Geld ohne irgendeinen unmittelbaren Nachteil davon zu haben. Denn sein eigener Beitrag ist im Verhältnis zu den Gesamtkosten verschwindend gering und hat deshalb praktisch keine Auswirkungen auf das Versorgungsniveau, in dessen Genuß er ja auch ohne Zahlung gelangt"[52].

Dieses Dilemma könnte nur behoben werden, wenn sich alle Akteure gleichzeitig gegen ihre unmittelbaren Interessen entschieden. Gegenseitiges Mißtrauen verhindert diese Lösung.

---

46 Öffentliche Güter sind gekennzeichnet durch Nichtrivalität im Konsum und Nichtanwendbarkeit des Ausschlußprinzips. Vgl. dazu Siebert, 1976, S. 2f., Wachter, 1990, S. 21, Musgrave/Musgrave/ Kullmer, 1994, S. 68ff.

47 Vgl. Cansier, 1975, S. 15ff; Kemper, 1993, S. 6ff.; Musgrave/Musgrave/Kullmer, 1994, S. 70.

48 Kreienbaum/Wacker-Theodorakopoulos, 1994, S. 168. Vgl. auch Siebert, 1973, S. 9.

49 Vgl. Luce/Raiffa, 1957, S. 94ff., Bonus, 1978, S. 60f.

50 Bonus, 1979/80, S. 76f. Vgl. Windisch, 1981, S. 110f. Dieses Dilemma „fordert nicht nur unsere individuelle, sondern wesentlich unsere *kollektive Klugheit* heraus. Die „private" und mit ihr die privatwirtschaftliche Klugheit trägt nur so weit, wie sich der Umweltschutz auch privat „rechnet" oder unmittelbar für unsere eigene Lebensqualität auszahlt" (Ulrich, 1998, S. 35).

51 Der Begriff Akteur umschließt die Unternehmen, die das Gut Umwelt als Produktionsfaktor z.B. zur Aufnahme von Schadstoffen einsetzen, und Individuen, die das Gut Umwelt konsumieren.

52 Bonus, 1979/80, S. 84.

„Die volkswirtschaftlichen Grenzkosten der Bereitstellung öffentlicher Güter sind erheblich, die Marktpreise (infolge des Gefangenendilemmas) gleich null“[53]. Die Akteure haben keinen Anreiz, die Ressource Umwelt effizient zu nutzen[54]. Das Versagen des Marktmechanismus verursacht eine Fehlallokation des Gutes Umwelt: Negative technologische externe Effekte[55] sind die Folge: Die Kosten für die Umweltnutzung, die aus einer nicht-pareto-optimalen Allokation des Gutes Umwelt resultieren, werden nicht vom Verursacher[56], sondern als volkswirtschaftliche Kosten von der Allgemeinheit[57] getragen.

Die Abwälzung der Umweltnutzungskosten auf die Allgemeinheit hat zur Folge, daß die Unternehmen von sich aus kaum Anreiz haben, umweltschonenden und sicherheitserhöhenden technischen Fortschritt zu fördern[58]: Die Unternehmen hätten zwar Kosten und Risiko von F&E-Investitionen im Umweltbereich zu tragen. Innovationsgewinne, die aus einer Steigerung der Faktorproduktivität resultierten, könnten sich die Unternehmen aber nicht aneignen, weil sich diese aufgrund der Nichtanwendbarkeit des Ausschlußprinzips nicht in reduzierten privaten Kosten des Unternehmens, sondern in reduzierten volkswirtschaftlichen Kosten niederschlügen. Das Gefangenendilemma hält rational handelnde Wirtschaftssubjekte also davon ab, in umweltsparenden technischen Fortschritt zu investieren und die Umwelt als Produktionsfaktor effizient einzusetzen.

---

53 Bonus, 1979/80, S. 85.

54 Freeman III, Haveman, Kneese, 1973, S. 71:„As a consequence, private economic decision makers are not receiving the correct signals concerning the use of these resources. They are not given the proper economic incentives to place these *commonly held resources* in their highest valued use“. Vgl. Mintzberg, 1982.

55 „Unter externen Effekten versteht man Einflüsse, die durch die Aktivität einer Wirtschafteinheit (Konsument oder Produzent) auf andere Wirtschaftseinheiten ausgeübt werden, ohne daß diese Einflüsse über den Preismechanismus gesteuert werden“ (Schlieper, 1980, S. 524). Vgl. Baumol/Oates, 1988, S. 14ff; Siebert, 1973, S. 67f. Buchanan/Stubblebine (1962, S. 372) definieren einen externen Effekt mathematisch: Der Nutzen eines Individuums A, $u^A = u^A (X_1, X_2, ..., X_m, Y_1)$, „is dependent upon the „activities“, $(X_1, X_2, ..., X_m)$, that are exclusively under his own control or authority, but also upon another single activity, Y_1, which is, by definition, under the control of a second individual, B, who is presumed to be a member of the same social group“. Negative externe Effekte (marginal external diseconomies) treten auf, wenn $\partial u^A/\partial Y_1 < 0$.

56 Wachter, 1990, S. 48: „Der entscheidende Grund, weshalb das Verursacherprinzip aus ökonomischer Sicht soweit wie möglich eingesetzt werden sollte, liegt in der direkten Anreizwirkung auf die Akteure zugunsten umweltfreundlichen Handels, so daß die Ressourcen „automatisch“ in die richtige Verwendung gelenkt werden“.

57 Dieses Prinzip wird als Gemeinlastprinzip bezeichnet. Vgl. Wachter, 1990, S. 48: „Nach diesem Prinzip wird die öffentliche Hand anstelle der Verursacher mit öffentlichen Mitteln tätig, um die bereits eingetretenen Umweltbelastungen zu vermindern“.

58 Kemper (1993, S. 161) ist der Meinung, daß die Bedeutung des technischen Fortschritts für die Umweltpolitik „gar nicht hoch genug angesiedelt werden“ kann.

Wie kann dieses Dilemma und die Fehlallokation des Gutes Umwelt überwunden werden?

3.2.2. Notwendigkeit staatlichen Eingreifens und Wirkungsweise des umweltpolitischen Instruments der Regulierung

„Negative externe Effekte, die aus dem nicht geltenden Ausschlußprinzip im Umweltbereich resultieren und eine wohlfahrtsmindernde Übernutzung dieses Gutes anzeigen, erfordern staatliche Eingriffe im Form umweltpolitischer Instrumente, die in der Lage sind, die entstehenden externen Effekte in das Entscheidungskalkül der Verursacher von Umweltknappheiten einzubeziehen“[59].

Eine Möglichkeit zur Internalisierung externer Effekte[60] bietet das umweltpolitische Instrument der Regulierung[61], d.h. die Setzung und Überwachung sicherheits- und umweltrelevanter Vorschriften[62]. Dieses umweltpolitische Instrument entspricht der Tätigkeit der Klassifikationsgesellschaften im Schiffbau und soll im folgenden näher vorgestellt, um dann im nächsten Abschnitt auf die Aktivitäten im Schiffbau angewendet zu werden.

Wie zuvor ausführlich dargestellt, hat die Nichtanwendbarkeit des Ausschlußprinzips in Bezug auf die Nutzung der Umwelt negative technologische externe Effekte zur Folge. Das umweltpolitische Instrument der Regulierung kann eine Internalisierung dieser Effekte bewirken und das Ausmaß der Fehlallokation des Gutes Umwelt reduzieren (vgl. Abb. 3.1): Eine (staatliche) regulierende Institution beobachtet zum einen den Zustand der Umwelt, die von den Unternehmen als Produktionsfaktor eingesetzt wird. Ziel dieser Institution sollte es dabei sein, Umweltbelastungen auf ein Maß zu begrenzen, das es erlaubt:

- das Selbstreinigungspotential der Natur aufrechtzuerhalten,
- die Umweltqualität konstant zu halten oder
- gegebenenfalls die Umweltqualität zu erhöhen, wenn sie sich auf unbefriedigendem Niveau befindet.

---

59 Kreienbaum/Wacker-Theodorakopoulos, 1994, S. 168.

60 Durch die Internalisierung externer Effekte wird versucht, die Fehlallokation des Gutes Umwelt aufzuheben oder zumindest abzumildern.

61 Dieses Instrument wird in der Literatur auch unter dem Begriff ‘Auflagen’ diskutiert. Vgl. z.B. Endres, 1994, S. 102f.; Kemper, 1993, S. 34; Kreienbaum/Wacker-Theodorakopoulos, 1994, S. 180f.; Siebert, 1976, S. 65ff.

62 Es gibt eine Fülle weiterer umweltpolitischer Instrumente zur Internalisierung negativer externer Effekte, die im Rahmen dieser Arbeit nicht diskutiert werden sollen. Vgl. hierzu z.B. Siebert, 1976; Wicke, 1991; Kemper, 1993; Kreienbaum/Wacker-Theodorakopoulos, 1994.

Um dies zu erreichen, müssen Umweltbelastungen als kontinuierliche Emissionen und Umweltgefährdungen aus wirtschaftlicher Tätigkeit (z.B. Unfälle) begrenzt werden[63]: Zu diesem Zweck verfolgt die regulierende Institution die Entwicklung von Technologien, die zu einer Erhöhung der Sicherheit und zur Erhöhung der Faktorproduktivität beim Einsatz der Umwelt führen können. Sie gleicht den Stand der Technik[64] mit dem Zustand der Umwelt, d.h. mit den ökologischen und sicherheitstechnischen Erfordernissen, ab. Daraufhin werden verbindliche Vorgaben anzuwendender Umweltschutz- und Sicherheitstechnologien für die relevanten Unternehmen festgelegt[65].

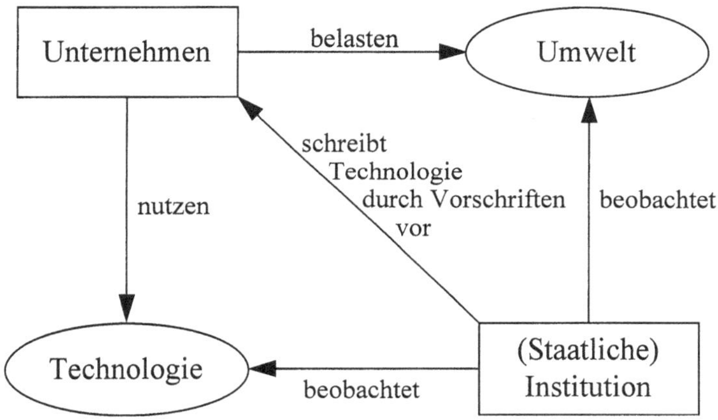

Abb. 3.1 Wirkungsmechanismus der Setzung von Vorschriften durch eine regulierende Institution

[63] Das Ziel sollte dabei nicht lauten: So sauber und sicher wie möglich, sondern: So sauber und sicher wie nötig.

[64] Nach § 3 Abs. 6 Bundes-Immisionsschutzgesetz (Neufassung vom 22. Mai 1990) ist der Stand der Technik „der Entwicklungsstand fortschrittlicher Verfahren, Einrichtungen oder Betriebsweisen, der die praktische Eignung einer Maßnahme zur Begrenzung von Emissionen gesichert erscheinen läßt. Bei der Bestimmung des Standes der Technik sind insbesondere vergleichbare Verfahren, Einrichtungen oder Betriebsweisen heranzuziehen, die mit Erfolg im Betrieb erprobt worden sind".

[65] Hierbei handelt es sich um eine idealtypische Darstellung. In der Realität bereitet die Identifikation von Ursache-Wirkungsbeziehungen häufig Schwierigkeiten. Quantitative Aussagen über die zur Sicherung einer bestimmten Umweltqualität notwendige Reduzierung von Schadstoffemissionen werden vielfach kontrovers diskutiert.

Diese Überlegungen werfen die Frage auf, ob und wie diese Institutionen den technischen Fortschritt beeinflussen. Dieser Frage wird im folgenden Abschnitt nachgegangen.

3.2.3. Wirkung der Regulierung auf den technischen Fortschritt

Durch die Festsetzung eines bestimmten Standes der Technik in den Vorschriften wird auf den relevanten Märkten eine Nachfrage nach entsprechenden Umweltschutz- bzw. Sicherheitstechnologien induziert: Technischer Fortschritt wird vermutlich als „demand pull"[66] gefördert. Die fortschrittsfördernde Wirkung könnte aufgrund dieses Mechanismus stark abhängig sein von der Aktualität des in den entsprechenden Vorschriften festgelegten Standes der Technik. Von besonderem Interesse ist deshalb, wie stark der von der regulierenden Institution festgelegte Stand der Technik vom tatsächlichen Stand der Technik abweicht. Die folgenden Gründe können ein Abweichen des festgelegten (amtlichen) vom tatsächlichen Stand der Technik maßgeblich beeinflussen[67]:

- „Die Verordnung des amtlichen Standes der Technik ist ein zeitraubendes Geschäft"[68]: Neue technische Verfahren müssen identifiziert werden, die Übertragbarkeit auf andere Fälle muß diskutiert, Experten einbezogen werden. Schließlich müssen die Erkenntnisse in eine Vorschrift umgesetzt werden. „Insgesamt führen die vielfältigen Informations-, Entscheidungs-, Kodifizierungs- und Novellierungslags zu erheblichen Verzögerungen"[69].
- Vorschriften zum Stand der Technik lassen sich nur bei Neuanlagen ohne größere Probleme durchsetzen. Bei Altanlagen können Nachrüstfristen zu ganz erheblichen Verzögerungen bei der Umsetzung des Standes der Technik führen[70].
- Die Definition des Standes der Technik ist abhängig von wirtschaftlichen Überlegungen: „Nach dem überwiegendem Urteil der juristischen Kommentatoren kann eine Technologie, die wirtschaftlich nicht „verkraftbar" ist, nicht dem Stand der Technik entsprechen[71]. Der Stand der Technik erscheint in diesem Lichte nicht als eine ingenieurwissenschaftliche Tatsachenfeststel-

---

[66] Mowery/Rosenberg (1979, S. 104) beschreiben „demand-pull" folgendermaßen: „[I]nnovations are in some sense „called forth" or „triggered" in response to demands for the satisfaction of certain classes of „needs"." Vgl. auch Nolte, 1982, S. 82f; Dosi, 1982, S. 148.

[67] Vgl. Endres, 1994, S. 134f.

[68] Endres, 1994, S. 134.

[69] Endres, 1994, S. 134.

[70] Im Schiffbau werden derartige Klauseln in Vorschriften als Großvaterklauseln bezeichnet (vgl. Abschnitt 3.2.4.).

[71] Vgl. z.B. Schwerdtfeger, 1984, S. 217ff.

lung, sondern als das Ergebnis eines Abwägungsprozesses"[72]. Die bei der Festlegung des Standes der Technik beteiligten Verursacher achten darauf, daß das Gebot der Verhältnismäßigkeit eingehalten wird.

Diese Überlegungen lassen zwei Schlüsse zu:

1. Je weniger aktuell der in den Vorschriften dokumentierte Stand der Technik, desto schwächer sind die Impulse, die die regulierende Institution zur Förderung des technischen Fortschritts geben kann.
2. Es ist vermutlich nicht möglich, generelle Aussagen über den Einfluß regulierender Institutionen (z.B. Umweltschutzbehörden, technische Überwachungsorganisationen) auf den technischen Fortschritt zu machen, weil der jeweils in den Vorschriften dokumentierte Stand der Technik sehr unterschiedlich sein dürfte (vgl. Abschnitt 4.1.3.).

Die bisherigen Überlegungen waren statischer Natur, d.h. es wurde die Wirkung von Vorschriften zu einem gegebenen Zeitpunkt analysiert. Im folgenden soll die Wirkung der Regulierung auf den technischen Fortschritt aus einer dynamischen Perspektive betrachtet werden[73]: Während andere Umweltinstrumente (z.B. der Haftungsansatz) eine dynamische Anpassung an veränderte Umweltknappheiten und an den aktuellen Stand der Technik bewirken[74], hat das umweltpolitische Instrument der Regulierung den Nachteil, daß die regulierende Institution gezwungen ist, die Vorschriften ständig an veränderte Umweltknappheiten bzw. an einen neuen Stand der Technik anzupassen. Das Instrument der Regulierung ist also an sich statisch und regt technischen Fortschritt nicht hinreichend an[75]. Die regulierten Unternehmen haben von sich aus keinen Anlaß, Technologien zu fördern, die über das geforderte Maß hinaus zu einer Reduzierung von Emissionen bzw. zu einer Erhöhung der Sicherheit beitragen, weil dem hierbei entstehenden Aufwand kein Erfolg gegenüberstünde[76]. Die fehlenden dynamischen Anreize der regulierten Unternehmen können sogar zu einer Blockade von umweltschonenden und sicherheitserhöhenden Technologien führen: Das Instrument der Regulierung kann zur Bildung eines

---

[72] Endres, 1994, S. 135.

[73] Kneese und Schultze (1975, S. 82) sind der Auffassung, daß die dynamische Anreizwirkung umweltpolitischer Instrumente im Hinblick auf die Förderung umweltschonenden technischen Fortschritts das wichtigste Kriterium zur Beurteilung dieser Instrumente darstellt: „Over the long haul, perhaps the most important criterion on which to judge environmental policies is the extent to which they spur new technology towards the efficient conservation of environmental quality".

[74] Vgl. Kreienbaum/Wacker-Theodorakopoulos, 1994, S. 176ff.

[75] Vgl. Hansmeyer, 1981, S. 11f.

[76] Vgl. Endres, 1994, S. 131f.

„Schweigekartell der Oberingenieure"[77] der umweltbelastenden Unternehmen führen, welches versucht, das Bekanntwerden technischer Entwicklungen und damit die Festsetzung dieser Entwicklungen als Stand der Technik zu verhindern[78]. Siebert[79] schreibt zur Rolle des Unternehmers im Zusammenhang mit der Technischen Anleitung Luft (TA Luft), einem umweltpolitischen Regulierungsinstrument: „Folgt man Schumpeter, so ist es die Aufgabe des Unternehmers, neue technische Kombinationen durchzusetzen. Nach der TA Luft fällt ihm die Rolle zu, die Nichtdurchführbarkeit neuer technischer Lösungen beweisen zu müssen". Diese Art der Regulierung könnte also kontraproduktiv und innovationsbehindernd wirken.
Die mangelnde dynamische Anreizwirkung des umweltpolitischen Instruments der Regulierung scheint technischen Fortschritt in Form eines „technology push"[80] kaum zu fördern: Gibt eine Vorschrift Emissionsobergrenzen vor, kann ein „technology push" zwar Innovationen hervorbringen, die es erlauben, die Emissionsobergrenzen mit niedrigeren Kosten zu erreichen. Es gibt aber keine Anreize für einen „technology push" von Innovationen, die die Höhe der Emissionen senken, weil eine Übererfüllung der Vorschriften nicht belohnt wird[81].

Die zuvor gemachten Ausführungen lassen es als verständlich erscheinen, daß die Wirkung des umweltpolitischen Instruments der Regulierung in der Literatur kontrovers diskutiert wird. So ist Bonus[82] der Meinung: „Die Internalisierung externer Kosten durch Vorschriften hat einen Haken: Sie fördert die Bürokratisierung und verleitet die Behörden zum *Wunschdenken*. Wenn externe Effekte so schädlich sind, warum sie nicht durch entsprechend strenge Verordnungen soweit wie möglich unterbinden? Anstelle des *ökonomisch Sinnvollen* tritt dann das *technisch Mögliche*, wie z.B. im § 5 BImSchG, wonach die dem <Stand der Technik> entsprechenden Maßnahmen zur Emissionsbegrenzung auch ergriffen werden müssen". Kreienbaum/Wacker-Theodorakopoulos[83] sind anderer Auffassung und belegen dies am Beispiel der Technischen Anleitung Luft (TA-Luft): „Mit dem Instrument der Auflagen übernimmt der Staat die für ihn unlösbare Aufgabe, die adäquate Vermeidungstechnologie festzulegen. In der TA-Luft wird z.B. der „aktuelle Stand" der Technologie festgelegt. Dieser hinkt jedoch weit hinter dem tatsächlich Machbaren hinterher. Nach Angaben

77 Vgl. Bonus, 1980, S. 36.
78 Vgl. hierzu Kemper, 1993, S. 106; Endres, 1994, S. 132.
79 Siebert, 1982, S. 561.
80 Zum „technology-push"-Ansatz vgl. Dosi, 1982, S. 148.
81 Vgl. Siebert, 1985, S. 455; Osterkamp, 1978, S. 251.
82 Bonus, 1979/80, S. 86f.
83 Kreienbaum/Wacker-Theodorakopoulos, 1994, S. 181.

der Hamburger Umweltbehörde beispielsweise beträgt diese Zeitspanne bereits 15 Jahre mit steigender Tendenz“[84].

Die bestehenden umweltpolitischen Instrumente scheinen bislang nicht auszureichen, um technischen Fortschritt im gleichen Ausmaß zu forcieren wie dies bei Produktionsfaktoren der Fall ist, die in Form privater Kosten vollständig vom Unternehmen getragen werden müssen. Ein Vergleich der Entwicklung der Produktivitäten der Faktoren Umwelt und Arbeit durch das Statistische Bundesamt belegt dies[85]: In den Jahren von 1960 bis 1995 ist die Produktivität der Nutzung von Energie um 31 % und die von Wasser um 36 % gestiegen. Demgegenüber hat die Arbeitsproduktivität im gleichen Zeitraum um 207 % zugenommen. Die Produktivitätssteigerungen des Faktors Arbeit liegen also um den Faktor fünf höher als die des Faktors Umwelt gemessen anhand der Nutzung von Energie und Wasser. Unzureichende Anreize zur Förderung umweltschonenden technischen Fortschritts lassen sich als Ursachen für die drastisch unterschiedlichen Entwicklungen der Produktivitäten von Umwelt bzw. Arbeit vermuten.

Insgesamt scheint sich das umweltpolitische Instrument der Regulierung eher hemmend auf den technischen Fortschritt auszuwirken. Im folgenden werden die hier gemachten Überlegungen auf die Tätigkeit der Klassifikationsgesellschaften im Schiffbau übertragen.

3.2.4. Regulierung, technischer Fortschritt im Schiffbau und Klassifikationsgesellschaften

Für die Reeder als Betreiber von Schiffen und für die Werften als die Produzenten gilt ohne die Anwendung umweltpolitischer Instrumente das gleiche Gefangenendilemma, das zuvor allgemein für Unternehmen dargestellt wurde, die das Gut Umwelt als Produktionsfaktor einsetzen. Einige Beispiele sollen die Diskrepanzen zwischen privaten und volkswirtschaftlichen Kosten, die resultierenden negativen externen Effekte und die fehlenden Anreize der Unternehmen, ihr Verhalten zu ändern, aufzeigen:

- Schiffshavarien aufgrund mangelnder Sicherheitsvorkehrungen führen z.T. zu gigantischen Umweltschäden. Die Reeder werden bisher nur unzureichend für diese Schäden zur Rechenschaft gezogen. Die Versicherungen der Reeder decken häufig nur einen kleinen Teil der Schäden. Entstehende Schäden ver-

[84] Diese Aussage wird von Endres (1994, S. 134) gestützt, der diese Zeitspanne auf über 10 Jahre beziffert. Vgl. auch Siebert, 1985, S. 455.

[85] Vgl. lib, 1998.

ursachen enorm hohe volkswirtschaftliche Kosten und werden weitgehend nach dem Gemeinlastprinzip abgegolten. Die Reeder haben keinen wirtschaftlichen Anreiz, in technischen Fortschritt zu investieren, der zu einer Erhöhung der Schiffssicherheit beitragen könnte. Die Einführung einer grundsätzlich unbegrenzten Haftungspflicht für Umweltschäden würde vermutlich zu einer Internalisierung externer Effekte führen und könnte hier Abhilfe schaffen. Ein Vorreiter in diesem Bereich sind die USA. In amerikanischen Gewässern gilt die unbegrenzte Haftungspflicht für Umweltschäden seit 1990: Im Zusammenhang mit den Bestimmungen des „Oil Pollution Act 1990 - PL - 101-380“ hat die United States Coast Guard „zahlreiche Auflagen fixiert und scharfe Kontrollen der Schiffahrt in amerikanischen Gewässern sowie finanzielle Bußen und Haftungsgrundsätze eingeführt“[86].

- Einige chemische Bestandteile (etwa Tributylzinn (TBT)) von Schutzanstrichen für Schiffe - sogenannten Antifoulings - stören das Hormonsystem bestimmter Meerestiere und führen zu Geschlechtsveränderungen der Tiere[87]. Das Absterben dieser Tiere stört das ökologische Gleichgewicht im Meer. Daraus resultierende technologische externe Effekte[88] nehmen die Reeder in Kauf, um häufigere Dockaufenthalte und höheren Treibstoffverbrauch aufgrund stärkeren Bewuchses der Schiffe mit weniger wirksamen Schutzanstrichen, die zu steigenden privaten Kosten führten, zu vermeiden. Politische Initiativen im Rahmen der IMO und der EU zum Verbot dieser Antifoulings verstärken die Suche nach umweltfreundlichen und wirtschaftlichen Ersatzstoffen[89]. Verschärfte Vorschriften forcieren hier den technischen Fortschritt.
- Über das Ballastwasser der Schiffe, das an einem Ende der Welt in die Tanks gepumpt und am anderen Ende wieder abgepumpt und ins Meer zurückgeleitet wird, gelangen Algen, Schnecken und anderes Meereskleintier in Ökosysteme, in denen sie sich entfalten können, möglicherweise kaum natürliche Feinde haben und schnell das ökologische Gleichgewicht zerstören können[90]. Dies kann enorme Umweltschäden und hohe volkswirtschaftliche Kosten nach sich ziehen. Die Reeder werden an diesen Schäden nicht in Form privater Kosten beteiligt und haben demzufolge keinen Anreiz, ihr Verhalten zu ändern.

---

86 Böhme/Sichelschmidt, 1995, S. 17.

87 Vgl. Rohreit, 1997.

88 Diese könnten sich z.B. in zurückgehenden Fischbeständen äußern, wovon die Fischereiindustrie betroffen wäre.

89 Vgl. Aubert (1993), der die innovationsfördernde Wirkung verschärfter Vorschriften am Beispiel eines Schiffsfarbenherstellers erläutert. Vgl. auch Rohreit, 1997.

90 „So ist beispielsweise die „Invasion“ der Zebramuschel ein Beweis dafür, daß „Unwanted Aquatic Organisms“ „per Anhalter“ im Ballastwasser rund um die Welt gelangen können“ (Deichmann, 1997).

- Weltweit wird der internationalen Seeschiffahrt 7 % der NO_x- und 4-5 % der SO_x-Emissionen zugeschrieben[91]. Ohne die Anwendung wirtschaftspolitischer Instrumente haben die Reeder keinen Anreiz, Emissionen zu verringern.

Böhme/Sichelschmidt[92] charakterisieren das Gefangenendilemma in Schiffahrt und Schiffbau folgendermaßen: „Das zentrale Problem der Schaffung von Sicherheit im Seeverkehr ist es, die Betreiber von Schiffen (bzw. andere am Seeverkehr Beteiligte) als potentielle Verursacher von Schäden mit den in Geld bewerteten Risiken ihres Gewerbes zu konfrontieren, damit sie bei ihren Dispositionen auch den Nutzen- und nicht allein den Kostenaspekt sicherheitsfördernder Vorkehrungen beachten und somit Anreize erhalten, verstärkt Unfallverhütungsmaßnahmen zu treffen“.

Analog zu den zuvor allgemein in Abb. 3.1 dargestellten Zusammenhängen werden diese Überlegungen nun auf den Schiffbau und die Tätigkeit der Klassifikationsgesellschaften übertragen[93]. Die Klassifikationsgesellschaften überwachen einerseits den Zustand der Umwelt und die Sicherheit der Besatzungen, um die Wirkung bestehender Vorschriften zu verfolgen und Handlungsbedarf für Veränderungen bestehender bzw. die Setzung neuer Vorschriften aufzudekken (vgl. Abb. 3.2). Andererseits verfolgen die Klassifikationsgesellschaften den (tatsächlichen) Stand der Technik, um einen guten Überblick über das technisch Machbare zu behalten. Darüber hinaus sind die Klassifikationsgesellschaften direkt an der Schaffung neuen technischen Wissens im Schiffbau beteiligt[94], d.h. die Klassifikationsgesellschaften sind aktiv in die Weiterentwicklung vorhandener und Schaffung neuer Technologien involviert (vgl. Abschnitt 4.1.1.).

---

91 Vgl. Deichmann, 1997, S. 12.

92 Böhme/Sichelschmidt, 1995, S.11.

93 Dieses Modell erhebt keinen Anspruch darauf, ein exaktes Abbild der Realität zu geben, aber die für die Beeinflussung des technischen Fortschritts wesentlichen Aspekte sind erfaßt.

94 Die F&E-Projekte sowie die Ergebnisse des Technischen Dienstleistungsservices (DLS) der IACS-Mitglieder (vgl. Abschnitt 4.1.1.) tragen direkt zur Schaffung technischen Wissens im Schiffbau bei.

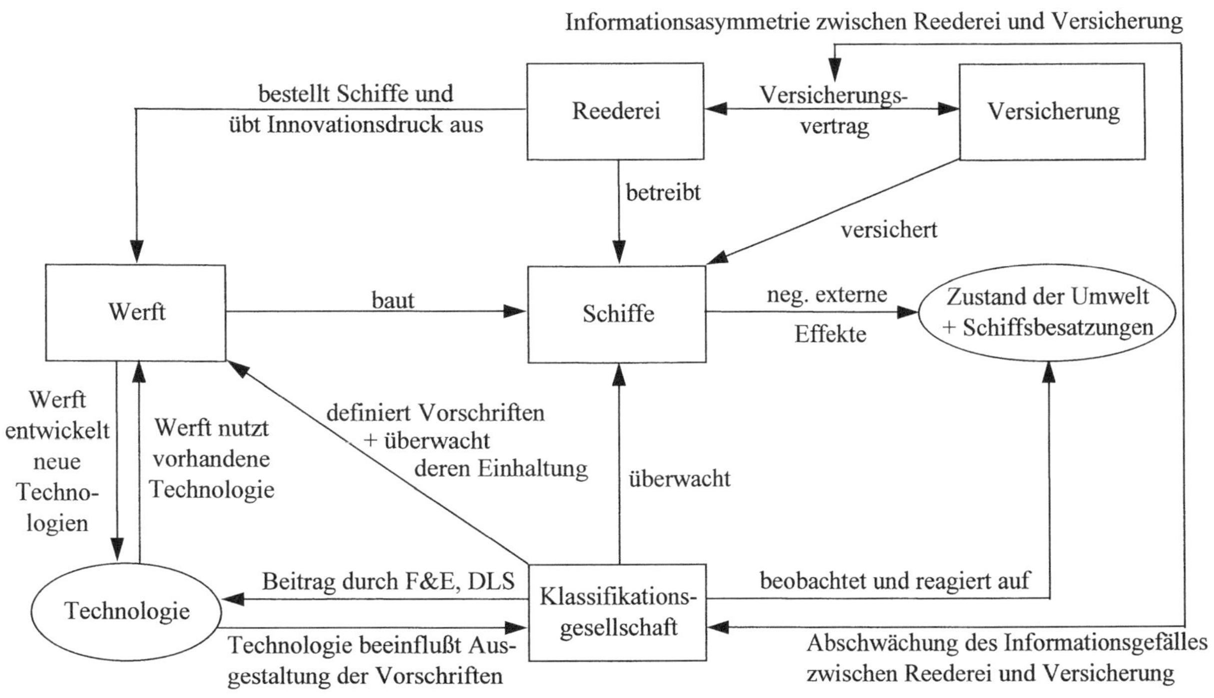

Abb. 3.2 Wirkungszusammenhänge der Regulierung durch Klassifikationsgesellschaften in Schiffbau und Schiffahrt

Nach der Analyse des Ist-Zustandes der Umwelt und der vorhandenen Technologien legen die IACS-Mitglieder Vorschriften für den Neubau von Schiffen fest und überwachen deren Einhaltung. Gleichzeitig überwachen sie den Zustand der fahrenden Flotte durch regelmäßige Besichtigungen. „Wohl der wichtigste Schritt, den die Klassifikationsgesellschaften unternommen haben, bestand in der Aufstellung von Schiffbauvorschriften. Dadurch wurde die Kenntnis von der Schiffbaukunst weit verbreitet, und die im Laufe der Zeit gesammelten Erfahrungen wurden in kürzester Frist ein Gemeingut aller betheiligten Kreise. Die Klassifikationsanstalten waren zur Erfüllung dieser großen Kulturaufgabe am meisten berufen, weil sie einen Ueberblick über die Schiffbauthätigkeit auf der ganzen Erde hatten und weil die Schiffe bei ihnen unter steter Kontrolle blieben, so dass Fehlgriffe im Baumaterial, in den Baumethoden und in der Dimensionirung der einzelnen Besthandteile der Schiffe sehr schnell entdeckt wurden“[95].

Idealerweise sollten die Schärfe der Vorschriften, d.h. der in den Vorschriften fixierte Stand der Technik, und die diagnostizierte Umweltqualität so aufeinander abgestimmt sein, daß das Selbstreinigungspotential der Umwelt ausreicht, um den Zustand der Umwelt aufrechtzuerhalten und für nachfolgende Generationen eine lebenswerte und lebenswürdige Umwelt zu bewahren.

Als problematisch erweisen sich allerdings Übergangsfristen für die fahrende Flotte, sogenannte „Großvaterklauseln“, die erhebliche zeitliche Verzögerungen für die Anpassung der in Dienst befindlichen Schiffe an den in den Vorschriften dokumentierten Stand der Technik zulassen[96]. Derartige Klauseln können einen unerwünschten wirtschaftlichen Anreiz schaffen, alte Schiffe möglichst lange in Betrieb zu halten.

Den Klassifikationsgesellschaften kommt als Intermediären zwischen Reedern und Versicherern noch eine andere wichtige Rolle zu: Die Tätigkeit der Klassifikationsgesellschaften erzeugt Transparenz in Schiffbau und Schiffahrt. Die im Rahmen der Schiffsklassifikation gesammelten Informationen dienen den Versicherern als Basis für die Prämienfestlegung. Die Informationsasymmetrie zwischen Reeder und Versicherer wird abgebaut. Mit der Informationsasymmetrie

---

[95] Schwarz, T./von Halle, E.: Die Schiffbauindustrie in Deutschland und im Ausland, Erstmaliger Reprint d. Ausg. Berlin, Mittler von 1902, Düsseldorf, 1987, S. 201.

[96] Vgl. Klar, 1993; Witthöft, 1993; o.V., 1993b.

verbundene Phänomene wie das Moral Hazard Problem[97], das in der Prinzipal-Agenten-Theorie diskutiert wird[98], werden abgemildert.

3.3. Wirkung intermediärer Regelungen auf den technischen Fortschritt

In diesem Abschnitt werden theoretische und empirische Aussagen über das Innovationspotential von Intermediären der Normung und des TÜVs zusammengestellt. Ziel dieses Vorgehens ist es, aus der Betrachtung dieser Intermediäre Anregungen für die Beurteilung des Einflusses von Klassifikationsgesellschaften auf den technischen Fortschritt im Schiffbau zu gewinnen.

3.3.1. Normung als intermediäres Aufgabengebiet

3.3.1.1. Allgemeines

Die Aktivität von Normungsinstituten kann als intermediäre Tätigkeit charakterisiert werden. Relevante Interessengruppen, mit denen die Normungsinstitute zusammenarbeiten, sind z.B. privatrechtliche Organisationen als Anwender, Vertreter der Wissenschaft, staatliche Institutionen und supranationale Organisationen, wie etwa die International Organization for Standardization (ISO) oder das Comité Européen de Normalisation (CEN).

Bevor auf die Aspekte intermediärer Tätigkeit von Normungsinstituten eingegangen wird, werden in Abb. 3.3 die Begriffe *Norm, Standard* und *Typ* voneinander abgegrenzt.

---

[97] Frey, 1981, S. 79: „Ein moralisches Wagnis [moral hazard] entsteht für den Anbieter von Versicherungen, wenn dieser nicht hinreichend zwischen echtem Risiko und nachlässigem Verhalten des Versicherungsnehmers unterscheiden kann".

[98] Vgl. z.B. Strassl, 1988, S. 35ff.

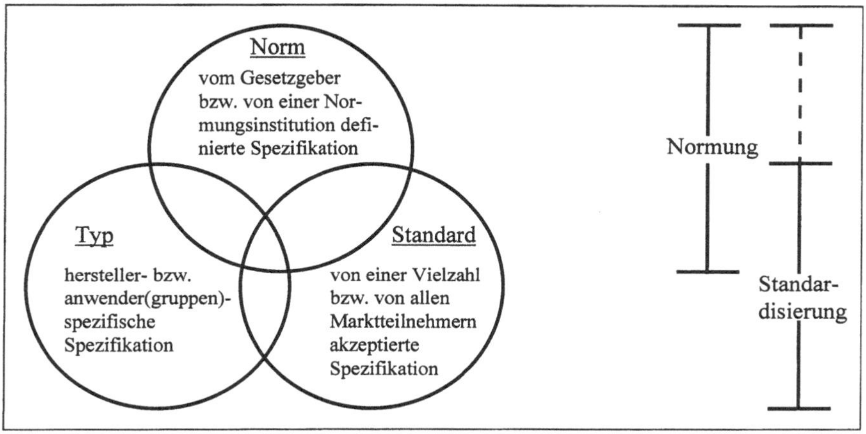

Abb. 3.3 Arten technischer Spezifikationen[99]

„Bei Typen handelt es sich um unternehmens-, d.h. anbieter- oder anwenderspezifische Produkt- bzw. Systembeschreibungen"[100]. Ein Typ wird zum Standard, wenn er von einer Vielzahl der Marktteilnehmer als Spezifikation bestimmter Produkte oder Systeme akzeptiert wird[101]. Standards werden auch als de facto-Normen bezeichnet, weil sie sich „am Markt" ohne die Beteiligung intermediärer Organisationen entwickeln. De jure-Normen entstehen durch das Einwirken intermediärer privater oder staatlicher Normungsinstitutionen[102]. Eine (de jure-) Norm ist „eine technische Beschreibung oder ein anderes Dokument, das für jedermann zugänglich ist und unter Mitarbeit und im Einvernehmen oder mit allgemeiner Zustimmung aller interessierten Kreise erstellt wurde. Sie beruht auf abgestimmten Ergebnissen aus Wissenschaft, Technik und Praxis. Sie erstrebt einen größtmöglichen Nutzen für die Allgemeinheit. Sie ist von einer auf nationaler, regionaler oder internationaler Ebene anerkannten Organisation gebilligt worden"[103].

Besondere Bedeutung für technischen Fortschritt haben Normen u.a. deshalb, weil in Gesetzen und Verordnungen, die die Sicherheit und Umweltverträglichkeit von Produkten zum Inhalt haben, regelmäßig Normen zur „Konkretisierung

[99] Kleinaltenkamp, 1990, S. 3.
[100] Kleinaltenkamp, 1993, S. 20.
[101] Vgl. Kleinaltenkamp/Marra, 1993, S. 11.
[102] Die Grundlage für eine Norm kann ein Standard sein.
[103] DIN 820, Teil 3, Anhang A, in: Deutsches Institut für Normung e.V. (Hrsg.), 1982.

des „Standes der Technik“ oder der „anerkannten Regeln der Technik“ herangezogen werden“[104].

Für dieses Arbeit ist vor allem die Tätigkeit intermediärer Institutionen im Bereich der Normung von Interesse, so daß im folgenden nur auf de jure-Normen eingegangen wird.

Die volkswirtschaftliche Bedeutung von Standardisierungs- und Normungsprozessen kann aus zwei Bereichen abgeleitet werden:

- Standards sind „ein wesentlicher Bestimmungsfaktor für die internationale Wettbewerbsfähigkeit der nationalen Industrie, da die Durchsetzung des eigenen nationalen Standards auf dem Weltmarkt aus wirtschaftspolitischen Überlegungen äußerst attraktiv ist“[105].
- Eine Vereinheitlichung der Normen auf europäischer bzw. internationaler Ebene ist eine Voraussetzung „für die Globalisierung der Märkte und somit als Instrument für die Integration der verschiedenen, bisher noch durch nationale Normen bestimmten Märkte“[106].

„Während nämlich allein national gültige Normen Märkte schließen, haben international gültige Normen demgegenüber eine marktöffnende Funktion. Gemeinschaftliche Normen erweisen sich somit als Schlüssel zum Abbau von Handelshemmnissen ... Schätzungen für die den Unternehmen durch die nicht gegebene Harmonisierung einzelstaatlicher Normen und technischer Vorschriften jährlich entstehenden Mehrkosten belaufen sich auf etwa 100[107] bis 200 Milliarden DM[108]. So verwundert es nicht, daß die Existenz unterschiedlicher nationaler Normen von Vertretern der europäischen Industrie als größtes Hindernis für ein Zusammenwachsen der verschiedenen europäischen Volkswirtschaften angesehen wird“[109].

---

[104] Kleinaltenkamp/Marra, 1993, S. 13.
[105] Kleinaltenkamp/Marra, 1993, S. 4.
[106] Kleinaltenkamp/Marra, 1993, S. 4.
[107] Vgl. Krumrey, H.: Macht der Prädikate, in: Wirtschaftswoche, 43. Jg., 1989, Nr. 1/2, 6.1.1989, S. 73-75.
[108] Vgl. Mohr, C.: Antwort von CEN/CENELEC auf die Herausforderung der Neuen Konzeption, in: DIN-Mitteilungen, 67. Jg., 1988, Nr. 9, September 1988, S. 535-537.
[109] Kleinaltenkamp, 1990, S. 27.

3.3.1.2. Beschreibende Normen und Anforderungsnormen im Vergleich

In diesem Abschnitt wird die Wirkung inhaltlich unterschiedlich ausgestalteter Normen auf den technischen Fortschritt diskutiert. Am Beispiel der strukturellen Typologie von Produkt- und Werkstoffnormen läßt sich festmachen, daß sich Normen sowohl als innovationsfördernd als auch als innovationsbehindernd erweisen können: Normen, die sich auf Produkte und Werkstoffe beziehen, lassen sich bezüglich ihrer inhaltlichen Ausgestaltung in 'Beschreibende Normen' und 'Anforderungsnormen' unterscheiden.

„*Beschreibende Normen* legen in Form von festen Angaben die anzuwendenden Mittel zur Erreichung des Zweckes fest. Sie beschreiben im Detail die Methoden für die Konstruktion, die Zusammensetzung, den zu verwendenden Werkstoff usw. Sie sind eine Art Anleitung für die Herstellung, aber sie schreiben auch die zu verwendenden Techniken vor"[110]. Beschreibende Normen legen die Zweck-Mittel-Kombinationen im Detail fest, so daß es kaum Spielraum für kreative Innovationen als neuartige Zweck-Mittel-Kombinationen gibt.

„*Anforderungsnormen* sind auf das zu erreichende Ergebnis ausgerichtete Normen. Sie legen die Resultate, die das Produkt erbringen soll, fest, also z.B. seine Eigenschaften oder Leistungen. Sie erlauben dem Hersteller, die Mittel zur Erreichung der Ziele nach seinem Belieben auszuwählen"[111].

Der Trend in der Normung geht zur Anwendung von Anforderungsnormen, da sie - im Gegensatz zu 'Beschreibenden Normen' - Innovationen begünstigen. Die Erarbeitung einer Anforderungsnorm ist aber nicht immer möglich, weil sie z.T. „die Durchführung von komplexen, teuren und langwierigen Prüfverfahren zur Folge hätte, die sich von selbst verbieten"[112].

In dieser Studie wird untersucht, welche Anteile der Klassifikationsvorschriften den Charakter von 'Beschreibenden' bzw. 'Anforderungsvorschriften' haben und wie die Wirkung dieser unterschiedlichen Vorschriftentypen auf den technischen Fortschritt im Schiffbau wahrgenommen wird. Des weiteren wird untersucht, wie stark die Vorschriften der einzelnen Klassifikationsgesellschaften untereinander differieren.

---

[110] Thiard/Pfau, 1991, S.55.
[111] Ebenda.
[112] Ebenda.

These:	Beschreibende Vorschriften wirken eher innovationsbehindernd. Anforderungsvorschriften wirken eher innovationsfördernd.

3.3.1.3. ENTWICKLUNGSBEGLEITENDE NORMUNG (EBN)

In den letzten Jahren sieht sich die Normung dem Vorwurf ausgesetzt, daß die Geschwindigkeit der Normungsarbeit nicht mit der technischen Entwicklung schritthalten kann[113]. „Dies führt dazu, daß Innovationen ... nur zögernd von den Nachfragern übernommen werden, und somit die technologische Entwicklung sowie die Chancen der Hersteller, sich über den Heimatmarkt auch im Weltmarkt zu etablieren, deutlich eingeschränkt würden“[114].

Die wirtschaftliche Relevanz von Standardisierungs- und Normungsbemühungen ist in den letzten 10 bis 15 Jahren „vor allem wegen der in wichtigen Sektoren der Wirtschaft zu beobachtenden zunehmenden Entwicklung und Verbreitung von „modernen“ Systemtechnologien sprunghaft gestiegen“[115]. „Für die Nutzung von Systemtechnologien stellt ... die Existenz von Spezifikationen, in denen die Schnittstellen zwischen verschiedenen Komponenten oder Sub-Systemen eines Systems definiert werden, eine wesentliche Voraussetzung dar“[116].

These:	Die Geschwindigkeit der Technikentwicklung führt in vielen Industriezweigen zu Schwierigkeiten, den „Stand der Technik“ in Normen, Vorschriften usw. gleichzeitig adäquat zu erfassen, d.h. die für die Entwicklung von Normen, Vorschriften usw. verantwortlichen Institutionen sind in der gegenwärtigen Form zu träge.

U.a. aus diesen Gründen kam es „zu einer Erweiterung der Aufgaben der Normung und zu einer Annäherung der Normung an die Forschung und Entwicklung ..., denn die Normung kann sich nach allgemeiner Einschätzung nicht mehr darauf beschränken, nur die erreichten Fortschritte der technischen Entwicklung festzuhalten und in Form von technischen Regeln zu dokumentieren und zu

---

[113] Vgl. Krieg, 1995. Dieselbe Problematik besteht auch für das Patentwesen: „Grundsätzlich erfordert die tendenzielle Verkürzung des Lebenszyklus mancher hochtechnologischer Produkte eine parallele Verkürzung der Patentprüfzeit, damit der Wert des Patentschutzes im wirtschaftlichen Verkehr keine zu großen Einbußen hinnehmen muß“ (Täger, 1990, S. 9).

[114] Kleinaltenkamp/Marra, 1993, S. 5, vgl. auch Pfau, 1991, S. 67f.

[115] Kleinaltenkamp, 1990, S. 9. Vgl. auch Krieg, 1995.

[116] Kleinaltenkamp, 1990, S. 20.

verbreiten, sondern sie muß selbst integraler Bestandteil der technischen Neuerungen und der damit verbundenen FuE werden"[117]. Dies führte seit Mitte der 80er Jahre zu einer Initiierung von 'Entwicklungsbegleitender Normung' (EBN) beim DIN, die z.B. in den Bereichen Computer Integrated Manufacturing (CIM), Lasertechnik, Integrierte Optik, Qualitätsmanagement und Dünnschichttechnologie praktiziert wird[118]. Auch auf internationaler Ebene findet die Entwicklungsbegleitende Normung Beachtung, z.B. in einer Arbeitsgruppe beim Comité Européen de la Normalisation (CEN/BT WG 70 STAR (**St**andardization **a**nd **R**esearch & Development))[119].

Der grundsätzliche Unterschied zwischen der 'herkömmlichen' und der Entwicklungsbegleitenden Normung liegt darin, daß bei der EBN bereits in der Phase der Entwicklung einer neuen Technologie normungsrelevante Bereiche dieser Technologie erfaßt, den interessierten Kreisen in einem verkürzten Verfahren vorgestellt und in Vornormen festgehalten werden. „Kernpunkt des Gedankens der Entwicklungsbegleitenden Normung ist, daß neben den bisher im Rahmen der traditionellen Normung beteiligten Praktikern auch das F&E-Personal verstärkt zur Mitarbeit gewonnen wird. Dies setzt ein Umdenken voraus, weil die Normung bisher nicht als Instrument für den raschen Technologietransfer diente"[120].

Die Einsatzgebiete für die Entwicklungsbegleitende Normung sind durch die folgenden Kriterien gekennzeichnet:

- „ein frühes Entwicklungsstadium (vor Erreichen der Anwendungsreife),
- Systemcharakter der zur Normung anstehenden Technik oder Technologie,
- Einstufung der zur Normung anstehenden Technologie als „Schlüsseltechnologie" für die industrielle Entwicklung durch die Politik"[121].

Das Vorgehen zur Umsetzung der Entwicklungsbegleitenden Normung in der Praxis beruht auf unterschiedlichen Aspekten:

- „Parallelität und Kooperation von Forschung, Entwicklung und Normung,
- Beschränkung der Normung auf strategische Aspekte wie Terminologie, Schnittstellen, Meß- und Prüfverfahren und Sicherheitsaspekte (keine deskriptive, produktbeschreibende Normung),
- Ausdrückliche Vorläufigkeit der Empfehlungen in Form von Vornormen und/oder Fachberichten, um eine schnelle Revision zu ermöglichen,

---

[117] Eichener/Voelzkow, 1993.
[118] Vgl. Hartlieb, 1993.
[119] Vgl. Hartlieb, 1993.
[120] Krieg, 1995.
[121] Eichener/Voelzkow/Wegge, 1996.

- institutionelle „Privilegierung“ in Form von speziellen Kommissionen oder Stabsstellen bei den Normungsinstituten“[122],
- „schnelles Umsetzen neuester Erkenntnisse (Technologietransfer) auf eine breite Basis (Praxis) in Hinblick auf Produkte mit schnellen Lebenszyklen,
- interdisziplinäre Besetzung der Arbeitsgruppen im Hinblick auf das Gemeinwohl,
- schnelles Einbringen der Ergebnisse in die europäische und internationale Normungsarbeit durch nationale ‘Spiegelgremien’,
- schnelle Veröffentlichung und Bekanntmachung von normativen Erkenntnissen, z.B. DIN-Fachberichte, Tagungen“[123].

Abb. 3.4 veranschaulicht grafisch die Unterschiede zwischen der ‘traditionellen’ und der Entwicklungsbegleitenden Normung.

Bezüglich des optimalen Zeitpunkts für die EBN besteht ein Dilemma zwischen einzel- und gesamtwirtschaftlichen Interessen: „Aus gesamtwirtschaftlicher Perspektive wäre eine frühzeitige Normung unter breiter Beteiligung aller relevanten Interessen zu fordern, während die einzelnen Hersteller (noch) auf ihre eigenen Entwicklungspfade setzen und vermeiden wollen, daß „Trittbrettfahrer“ von ihren FuE-Investitionen profitieren“[124]. Dieselbe Problematik betont der ehemalige Bundesforschungsminister Riesenhuber mit der Aussage: „Eine zu frühe Normenfestschreibung ließe der Innovation einen zu schmalen Weg, eine zu späte Normung führte zu Doppelentwicklungen und behinderte eine schnelle Marktausbreitung“[125].

Um auf internationaler Ebene die Normenentwicklung zu beschleunigen, versucht die ‘International Electrotechnical Commission’ (IEC) zusammen mit der ‘International Organization for Standardization’ (ISO), die Elektronische Datenübertragung (EDI) zu intensivieren: Seit Ende 1992 kann elektronisch auf die IEC-Datenbank in Genf zugegriffen werden[126]. „Fernziel ist, daß die technischen Experten von ihrem Arbeitsplatz aus online miteinander korrespondieren und an der Entwicklung der Norm arbeiten können. Das bedeutet aber auch, daß Normen zunehmend auf elektronischen Medien veröffentlicht werden“[127].

---

[122] Eichener/Voelzkow/Wegge, 1996.
[123] Hartlieb, 1993.
[124] Eichener/Voelzkow/ Wegge, 1996.
[125] Riesenhuber, 1989.
[126] Gissel/Orth, 1993.
[127] Gissel/Orth,1993.

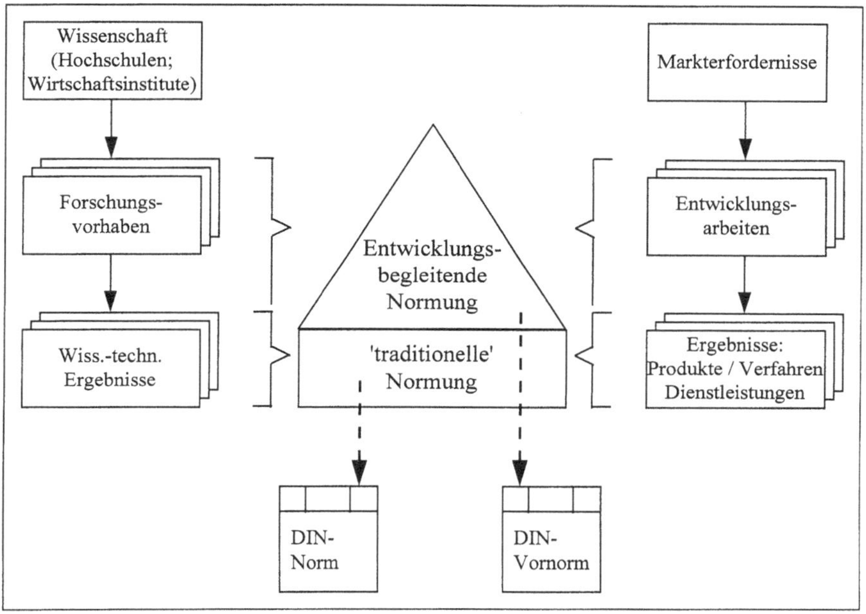

Abb. 3.4 Entwicklungsbegleitende Normung[128]

Das Konzept der Entwicklungsbegleitenden Normung wirft einige Fragen auf, die in der vorliegenden Studie aufgegriffen werden sollen:

1. Hat sich die Geschwindigkeit der Technikentwicklung im Schiffbau verändert? Ist der Anteil von Systemtechnologien oder systemorientierten Produkten an den Innovationen insgesamt gestiegen?
2. Falls ja, ergeben sich daraus ähnliche Schwierigkeiten bei der Bewältigung dieser Veränderungen wie bei der Normung?
   Läßt sich das Konzept der Entwicklungsbegleitenden Normung des DIN in Form einer 'Entwicklungsbegleitenden Schaffung von Vorschriften' auf Klassifikationsgesellschaften übertragen?

3.3.2. Wirkung des TÜVs auf den technischen Fortschritt

Anläßlich der Mitglieder-Versammlung des TÜVs Südwest am 14. Juni 1994 wurden von K. Ganzhorn einige Thesen zur Wirkung des TÜVs auf den techni-

[128] In Anlehnung an Hartlieb, 1993.

schen Fortschritt sowie zu zukünftigen Entwicklungsmöglichkeiten aufgestellt. Diese Thesen sollen an dieser Stelle kurz vorgestellt werden.

These 1: Nutzung des Potentials: „Der TÜV verfügt auf Grund seines breiten Aufgabenspektrums über ein einmalig weitgespanntes technisches Potential mit einer Vielfalt technischer Fachgebiete. Gerade der Vorteil breitgefächerter Kompetenzen gewinnt immer mehr an Bedeutung, weil die Vernetzung wirtschaftlicher und technischer Strukturen ständig zunimmt und damit auch immer mehr Fachdisziplinen einbezogen werden müssen“[129]. Um dieses weitgespannte technische Potential nutzen zu können, ist es erforderlich, „die internen interfunktionalen Querbeziehungen“ auszubauen und die Beziehungen zwischen den einzelnen Fachbereichen zu „produktiver Kooperation“ zu entwickeln[130].

These 2: Information und Kommunikation: Bei diesem Aspekt geht es um die qualitativ und quantitativ angemessene Versorgung interner Aufgabenträger. Eine präzise Informationsselektion und Kommunikation kann zur synergetischen Nutzung von Kompetenzen führen[131].

These 3: Der TÜV als Vordenker technischer Entwicklung: „In der Vergangenheit bezogen sich die Aufgabenstellungen eines TÜVs in erster Linie auf bestehende Techniken. Jetzt muß man daran denken, daß das vielseitige Erfahrungswissen auch eingesetzt werden kann, um bei neuen Entwicklungen und innovativen Gebieten von vornherein Anregungen oder gar Orientierungen zu geben. Das geht natürlich nur, wenn die Fachbereiche des TÜVs bereits in den ersten Phasen neuer Entwicklungen mit einbezogen werden. Dies wiederum setzt enge und beständige Kundenkontakte voraus. Nicht nur die Tatsache, daß der TÜV überwacht und prüft, sondern auch seine umfassende Kompetenz muß beim Kunden in den Köpfen der Entwicklungsingenieure gegenwärtig und respektiert sein“[132].

These 4: Ein neues Selbstverständnis des TÜVs: „Die traditionellen Arbeitsgebiete des TÜVs sind in erster Linie nachgeschaltete Technik-Assessments; die entsprechenden Tätigkeiten sind vornehmlich analytischer Natur und geschehen als reaktive Aufträge. Demgegenüber kann die Kompetenz des TÜVs im Zuge einer Wettbewerbsorientierung auch als initiatives Element gesehen und einge-

---

[129] Ganzhorn, 1994, S. 9.
[130] Ganzhorn, 1994, S. 9.
[131] Vgl. Ganzhorn, 1994, S. 9.
[132] Ganzhorn, 1994, S. 10.

setzt werden, um kreative Arbeit zu beeinflussen oder gar zu inspirieren"[133]. Dieser Aspekt zielt auf das beim TÜV konzentrierte technische Know-how:

- Durch die Überprüfung zulassungspflichtiger Produkte und Anlagen eignet sich der TÜV umfangreiches technisches Wissen an und ist umfassend informiert über den Stand der Technik in vielen Technikfeldern.
- Beim TÜV ist ein großes Ingenieurpotential konzentriert.

These 5: Technikfolgenabschätzung (TA): „Man kann sich gut vorstellen, daß diese gesellschaftspolitisch betriebene Funktion ganz wesentlich von den Erfahrungen und dem Wissen des TÜVs gefördert werden kann ... Heute gibt es bereits in vielen Ländern ... TA-Datenbanken, deren Inhalte für den TÜV relevant sein können"[134].

Diese Thesen lassen sich dahingehend zusammenfassen, daß der TÜV über sehr weitgefächertes und zugleich sehr detailliertes naturwissenschaftlich-technisches Know-how verfügt, das bisher nur zur Überwachung eingesetzt wurde. Um dieses Potential konsequent zu nutzen, empfiehlt Ganzhorn dem TÜV, sein Wissen zukünftig forschungs- und entwicklungsbegleitend sowie zur Unterstützung der Technikfolgenabschätzung einzusetzen.

Aus diesen Thesen lassen sich einige Fragen ableiten, deren Beantwortung zur Bestimmung des Einflusses von Klassifikationsgesellschaften auf den technischen Fortschritt im Schiffbau beitragen können:

- Nehmen Klassifikationsgesellschaften hinsichtlich ihres technologischen Fachwissens im Vergleich z.B. zu Werften und Reedereien eine Sonderstellung im Schiffbau ein?
- Falls ja: Nutzen die Klassifikationsgesellschaften dieses Wissen, um an der Spitze der Technologie zu forschen?
- Kann die Schiffbauindustrie von diesem Wissen profitieren?

---

133 Ganzhorn, 1994, S. 11.

134 Ebenda, S. 12.

4. Vermuteter Einfluss von Klassifikationsgesellschaften auf den technischen Fortschritt im Schiffbau

In diesem Abschnitt werden die vermuteten Einflüsse von Klassifikationsgesellschaften auf den technischen Fortschritt im Schiffbau dargestellt. Um die innovationsfördernden Aspekte der Tätigkeit von Klassifikationsgesellschaften zu systematisieren, werden in Abschnitt 4.1. die einzelnen Rollen des Promotorenmodells von Witte[135] - erweitert um die Rolle des Prozeßpromotors durch Hauschildt/Chakrabarti[136] und des Beziehungspromotors durch Gemünden/Walter[137] - auf die Tätigkeit von Klassifikationsgesellschaften übertragen. Es soll gezeigt werden, daß Klassifikationsgesellschaften Fach-, Beziehungs- und Machtpromotoren des technischen Fortschritts im Schiffbau sein können. In Abschnitt 4.2. werden die Aspekte der Tätigkeit von Klassifikationsgesellschaften dargestellt, die möglicherweise innovationsbehindernd wirken könnten. Abschnitt 4.3. faßt die vermuteten Einzeleffekte in zwei Schaubildern zusammen.

4.1. Innovationsfördernde Einflüsse von Klassifikationsgesellschaften

Promotoren sind „Personen, die einen Innovationsprozeß aktiv und intensiv fördern“[138]. Diese Definition ist intra-organisational auf eine Person bezogen. In der vorliegenden Arbeit wird ein Perspektivenwechsel vollzogen: Der Promotorenbegriff wird als Merkmal einer Organisation verwendet. Klassifikationsgesellschaften können in diesem Sinne als intermediäre Promotoren technischen Fortschritts angesehen werden. Die einzelnen Funktionen dieses Promotorenmodells sind in Abb. 4.1 zusammengefaßt.

Zu Fachpromotoren werden Klassifikationsgesellschaften vermutlich dadurch, daß sie ihr „objektspezifisches Fachwissen“[139] zur Förderung des technischen Fortschritts einsetzen.

„Der Prozeßpromotor steht wie ein soziometrischer Star im Zentrum der Informationsflüsse“[140]. In einem inter-organisationalen Tätigkeitsfeld wird diese Art

[135] Vgl. Witte, 1973.
[136] Vgl. Hauschildt/Chakrabarti, 1988.
[137] Vgl. Gemünden/Walter, 1995.
[138] Witte, 1973, S.15f.
[139] Witte, 1973, S.18.
[140] Hauschildt, 1997, S. 170.

des Promotors als Beziehungspromotor bezeichnet[141]: Beziehungspromotoren sind Personen, „die einen inter-organisationalen Austauschprozeß aktiv und intensiv fördern, und zwar auf Basis eines Netzwerks guter persönlicher Beziehungen zu wichtigen Akteuren der (potentiellen) Partnerorganisationen und relevanten Drittparteien sowie aufgrund von Fähigkeiten, neue Netzwerkbeziehungen zu entwickeln und zu nutzen“[142]. Die „bridging function“[143] des Beziehungspromotors könnten die Klassifikationsgesellschaften im Schiffbau aufgrund ihrer Stellung als Intermediäre übernehmen (vgl. Abschnitt 2.2.).

Der Machtpromotor verfügt über das hierarchische Potential, „die Opponenten des Nichtwollens mit Sanktionen zu belegen und die Innovationswilligen zu schützen“[144]. Durch die regulative Tätigkeit und die Wahrnehmung hoheitlicher Aufgaben könnten Klassifikationsgesellschaften auch zu inter-organisationalen Machtpromotoren werden.

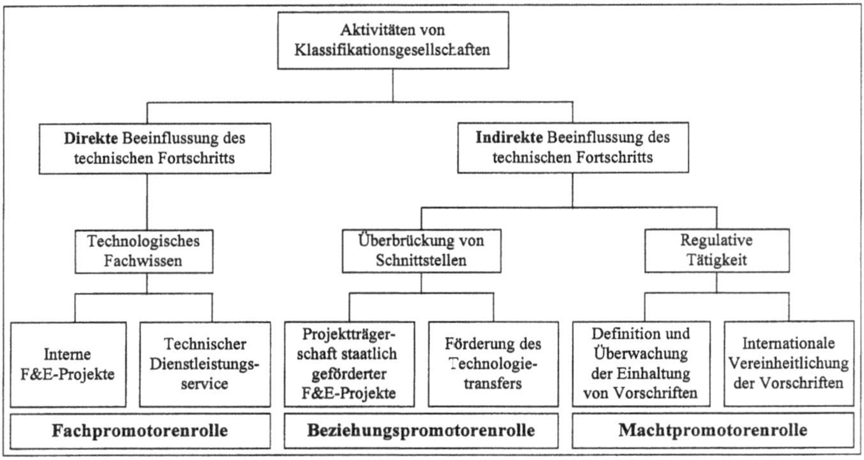

Abb. 4.1 Promotorenrollen von Klassifikationsgesellschaften

Im folgenden werden die vermuteten Promotorenfunktionen der Klassifikationsgesellschaften im einzelnen dargestellt.

[141] Hauschildt/Kirchmann, 1998, S. 94: „Offen ist bisher, ob der Beziehungspromotor eine Fortentwicklung des Prozeßpromotors darstellt oder ob damit eine zusätzliche Person benötigt wird“. Vgl. dazu auch Hauschildt, 1998, S. 259.

[142] Walter, 1998, S. 116.

[143] Hauschildt, 1997, S. 178.

[144] Witte, 1973, S. 17. Vgl. dazu auch Shepard, 1967, S. 471.

4.1.1. KLASSIFIKATIONSGESELLSCHAFTEN ALS FACHPROMOTOREN DES TECHNISCHEN FORTSCHRITTS

In dieser Arbeit wird untersucht, ob Klassifikationsgesellschaften aufgrund ihres F&E-Engagements und des Technischen Dienstleistungsservices für Werften und Reedereien (vgl. Abb. 4.2) direkte und aktive Fachpromotoren technischen Fortschritts im Schiffbau sind[145].

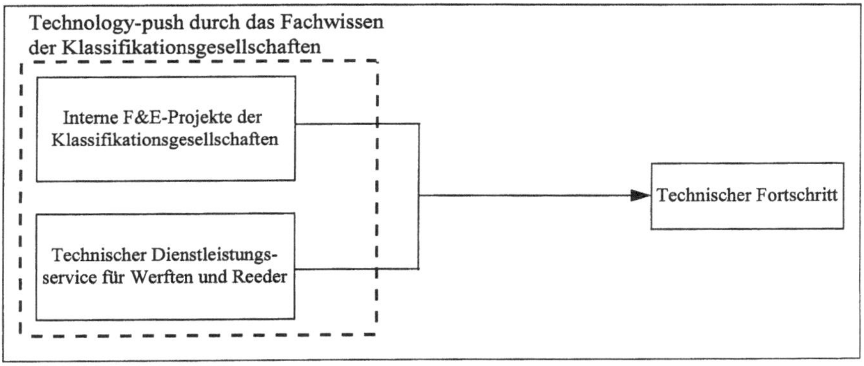

Abb. 4.2 Technology-push durch das Fachwissen der Klassifikations-gesellschaften

In diesem Abschnitt soll das objektspezifische Fachwissen von Klassifikationsgesellschaften dargestellt und beispielhaft der Germanische Lloyd als Fachpromotor charakterisiert werden.

4.1.1.1. EINFLUSS DER F&E DER KLASSIFIKATIONSGESELLSCHAFTEN AUF DEN TECHNISCHEN FORTSCHRITT

Durch interne Forschungs- und Entwicklungsprojekte (F&E-Projekte) sind die Klassifikationsgesellschaften aktiv an der Schaffung neuen technischen Wissens im Schiffbau beteiligt. Klassifikationsgesellschaften investieren nach eigenen Angaben in erheblichem Umfang in F&E. Die F&E-Projekte umfassen: „Three-dimensional and non-linear ship hydrodynamics, Fatigue damage assessment procedure, Advanced fracture mechanics, Structural performance of bulk carriers, Life assessment methods, Smart structure developments, Hull

145 Vgl. auch Abb. 4.1.

condition monitoring, Sloshing in partly filled tanks, Hull vibration and torsion analysis, Maintenance-friendly VLCC designs and Safe and efficient use of composite materials“ [146].

Wenn die IACS-Mitglieder die F&E-Gelder effektiv und effizient nutzen, können von der Forschung und Entwicklung der Klassifikationsgesellschaften starke Impulse für den technischen Fortschritt im Schiffbau ausgehen. Mit ihrer F&E verfolgen die Klassifikationsgesellschaften zwei Ziele: Zum einen sollen die Ergebnisse dieser Projekte in die Vorschriften einfließen. Zum anderen soll die Schiffstechnik allgemein weiterentwickelt werden, d.h. das Wissen kommt auch den Werften zugute. Vor diesem Hintergrund bietet sich die Kooperation von Werften und Klassifikationsgesellschaften bei F&E-Projekten an und wird auch praktiziert: Die Werften nutzen das generierte Know-how für die Weiterentwicklung ihrer Schiffstypen. Die Klassifikationsgesellschaften implementieren das Wissen in die Vorschriften. „Besonders der Germanische Lloyd (GL), der durch die Kooperation mit den diversen Forschungseinrichtungen in idealer Weise über ein Vorschriftenwerk die Umsetzung von Forschungsergebnissen in die Praxis ermöglicht hat, hat eine Schlüsselfunktion in der deutschen Forschungslandschaft. Die eigene Forschung des Germanischen Lloyd orientiert sich an den Bedürfnissen der Werften und Reedereien, erfüllt damit allgemeine Interessen und ist so der Forschung öffentlich rechtlicher Einrichtungen zuzuordnen“[147].

In knapper Form soll die Struktur der F&E-Projekte des Germanischen Lloyd beschrieben werden. Die F&E-Tätigkeit des Germanischen Lloyd gliedert sich in Projekte, die unmittelbar die Vorschriften zur Klassifikation von Schiffen betreffen und diese auf hohem technischen Niveau halten sollen, und Projekte, die sich allgemein mit der Weiterentwicklung der Schiffstechnik in den unterschiedlichsten Bereichen beschäftigen.
Im ersten angesprochenen Aufgabengebiet wurden 1994 vom Germanischen Lloyd 29 „überwiegend vom Bundesminister für Bildung, Wissenschaft, Forschung und Technologie und der Europäischen Union, aber auch von anderen öffentlichen und privatrechtlichen Institutionen geförderte Forschungsvorhaben teils eigenständig, teils in Zusammenarbeit mit anderen Stellen bearbeitet“[148]. Der innovative Charakter von Klassifikationsgesellschaften auf diesem Gebiet wird schon anhand des ersten Paragraphen der Gründungsstatuten des Germani-

[146] Vgl. International Association of Classification Societies (Hrsg.), o.J.
[147] Lehmann, 1993. Diese Aussage bezieht sich auf die Schiffbauforschung in Deutschland. In anderen Ländern wird dieselbe Rolle vermutlich von den dort ansässigen Klassifikationsgesellschaften übernommen.
[148] Germanischer Lloyd (Hrsg.), 1994, S.8.

schen Lloyd aus dem Jahre 1867 deutlich: „ ...Ferner wird sie [die Gesellschaft 'Germanischer Lloyd'] von anerkannt tüchtigen Fachmännern ausgearbeitete Vorschriften für Neubau und Reparaturen von Handelsschiffen, wie sie dem Interesse des Handels, der Schiffahrt und des Schiffbaues für Versicherer und Versicherte am besten entsprechen, herausgeben; ...“[149].

Im zweiten Aufgabengebiet der schiffstechnischen Entwicklungen führt der Germanische Lloyd im Auftrag des Bundesministers für Bildung, Wissenschaft, Forschung und Technologie die Projektträgerschaft durch. 1994 wurden 159 Forschungsvorhaben betreut und 34 „neue Forschungs- und Entwicklungsprojekte zur Förderung empfohlen und vom Minister bewilligt“[150].

Beispiele, die das Spektrum der vom Germanischen Lloyd getragenen Projekte deutlich machen, sind die 'Entwicklung eisbrechender Tanker für nördliche See- und Eisgebiete' im Bereich der Entwurfsgrundlagen für spezielle Schiffstypen, die 'Berechnung der Schallausbreitung auf Schiffen' auf dem Gebiet der Schiffsfestigkeit/ Schiffsschwingungen, die 'Rechnergestützte Kollisionsvermeidung' im Themenkreis 'Nautische Systeme' und 'Alternative Antriebssysteme für Gastankschiffe' im Bereich des Schiffsmaschinenbaus[151]. Im Rahmen dieser Projektträgerschaft ist der Germanische Lloyd vermutlich auch als Beziehungspromotor zu betrachten, worauf in Abschnitt 4.1.2. näher eingegangen wird.

Die angesprochenen Forschungsprojekte werden zum Teil auf nationaler Ebene eigenständig, zum Teil im Rahmen internationaler Kooperationen bearbeitet. Beispiele für die länderübergreifende Zusammenarbeit sind etwa neue Dimensionierungsvorschriften für Massengutschiffe, die von der IACS entwickelt wurden[152] oder die neuen Regeln für schnelle Schiffe, in denen die Klassifikationsgesellschaften Germanischer Lloyd, Bureau Veritas und Registro Italiano Navale „ihre jeweiligen Erkenntnisse und Vorschriften in einem konsolidierten Dokument zusammengefaßt und auf den neuesten Stand gebracht haben“[153].

---

[149] Wagner, 1996.
[150] Germanischer Lloyd (Hrsg.), 1994, S.8.
[151] Vgl. BMBF-Projektträger Schiffbau (Hrsg.), 1995.
[152] Vgl. Germanischer Lloyd (Hrsg.), 1995a, S.11.
[153] Germanischer Lloyd (Hrsg.), 1995a, S.13.

4.1.1.2. Einfluss des Technischen Dienstleistungsservices der Klassifikationsgesellschaften auf den technischen Fortschritt

Neben eigenen F&E-Projekten beeinflussen Klassifikationsgesellschaften technischen Fortschritt vermutlich auch über den Technischen Dienstleistungsservice (vgl. Abb. 4.2). Klassifikationsgesellschaften stellen ihr Fachwissen Werften und Reedereien zur Verfügung und sind auf diese Weise u.a. als Vertragsforschungsanbieter im Schiffbau tätig. Die Klassifikationsgesellschaften haben ein großes Ingenieurpotential und nehmen im Schiffbau aufgrund ihrer Tätigkeit eine übergeordnete Rolle ein: „Heute ist im Germanischen Lloyd das größte Ingenieurpotential für maritime Aufgaben in Deutschland konzentriert. Die Gesellschaft wird sich in Zukunft immer stärker mit den durch die moderne Technik unserer Tage geprägten Aufgaben befassen. Das gilt für den Schiffbau, aber auch im weitesten Sinne für den Schiffsbetrieb“[154]. Angebotene technische Dienstleistungen sind etwa mathematische Berechnungen von Schiffsneubauten, z.B. Schwingungs-, Schallausbreitungs- und Festigkeitsberechnungen für neu zu entwickelnde Passagier- und Fährschiffe mit Hilfe von Finite-Elemente-Modellen (FE-Modelle)[155].

Die Wirkung der vermuteten innovationsfördernden Einflüsse auf den technischen Fortschritt aufgrund einer Fachpromotorenfunktion von Klassifikationsgesellschaften kann als „technology push“ bezeichnet werden.

4.1.1.3. Thesen zur Rolle der Klassifikationsgesellschaften als Fachpromotoren des technischen Fortschritts im Schiffbau

Dieser Abschnitt schließt mit Thesen zur Rolle der Klassifikationsgesellschaften als Fachpromotoren des technischen Fortschritts im Schiffbau.

- Klassifikationsgesellschaften verfügen aufgrund ihrer überwachenden Tätigkeit über mehr technologisches Fachwissen als einzelne Werften.
- Klassifikationsgesellschaften setzen dieses technologische Fachwissen ein, um an der Spitze der Technologie zu forschen.
- Die Mitarbeiter der F&E-Abteilungen und des Technischen Dienstleistungsservices der Klassifikationsgesellschaften sind fachlich besonders qualifiziert.

---

[154] Groß, 1992.

[155] Vgl. Germanischer Lloyd (Hrsg.), 1995a, S. 44.

- Die Klassifikationsgesellschaften sind beim Einsatz ihres Know-hows sehr kreativ.
- Durch die Inanspruchnahme des Technischen Dienstleistungsservices können die Werften von dem Know-how der Klassifikationsgesellschaften profitieren.
- Klassifikationsgesellschaften betreiben F&E mit dem Schwerpunkt „Forschung“, Werften bauen u.a. auf diesem Wissen auf und betreiben F&E mit dem Schwerpunkt „Entwicklung“.

4.1.2. Klassifikationsgesellschaften als Beziehungspromotoren des technischen Fortschritts

In der vorliegenden Arbeit wird untersucht, ob Klassifikationsgesellschaften als Beziehungspromotoren den technischen Fortschritt im Schiffbau fördern. In Abb. 4.3 sind noch einmal die beiden Aktivitäten dargestellt, welche die Klassifikationsgesellschaften durch die Überbrückung von Schnittstellen vermutlich zu Beziehungspromotoren des technischen Fortschritts im Schiffbau werden lassen.

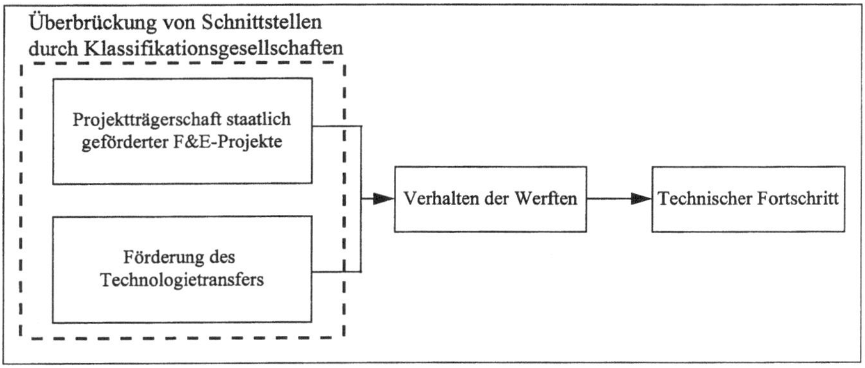

Abb. 4.3 Überbrückung von Schnittstellen durch Klassifikationsgesellschaften

Im folgenden werden die Einflüsse der Projektträgerschaft der Klassifikationsgesellschaften und der Förderung des Technologietransfers durch Klassifikationsgesellschaften auf den technischen Fortschritt analysiert.

4.1.2.1. Einfluss der Projektträgerschaft der Klassifikationsgesellschaften auf den technischen Fortschritt

Durch die Übernahme der Projektträgerschaft staatlich geförderter Forschungs- und Entwicklungsprojekte[156] werden die Klassifikationsgesellschaften vermutlich nicht nur zu Fach-, sondern auch zu Beziehungspromotoren des technischen Fortschritts, die ihre Organisationskenntnis und ihr Kommunikationspotential[157] als Intermediäre folgendermaßen nutzen können:

1. Klassifikationsgesellschaften verfügen über viele Schnittstellen zu Institutionen, die mit dem Schiffbau in Verbindung stehen, und können somit vermutlich einen guten Überblick über aktuelle Probleme geben und dieses Wissen zur Steuerung von F&E-Projekten einsetzen.
2. Klassifikationsgesellschaften könnten ihre nationalen und internationalen Kontakte nutzen, um bezüglich einzelner Projekte firmenintern oder als Berater extern für die optimale Zusammensetzung der jeweiligen Forschungsteams zu sorgen.
3. Klassifikationsgesellschaften könnten als 'Informationsquellen' die Wissensverbreitung der erzielten Forschungsergebnisse fördern.

4.1.2.2. Einfluss der Förderung des Technologietransfers durch Klassifikationsgesellschaften auf den technischen Fortschritt

Ein weiteres wichtiges Gebiet, auf dem die Klassifikationsgesellschaften als Beziehungspromotoren innovationsfördernden Einfluß auf den technischen Fortschritt zu nehmen scheinen, ist in Abb. 4.3 mit dem Begriff Förderung des Technologietransfers[158] bezeichnet.

Technischer Fortschritt vollzieht sich auf Trajektorien[159] oder Innovationspfaden. Diese Innovationspfade werden entscheidend durch die technologische Entwicklung in der Vergangenheit geprägt. „Eine Ursache kann in der kumulativen Eigenschaft technologischen Wissens gesehen werden. Innovationsprozesse setzen an Problemen an, die nach dem Stand der bisherigen Entwicklung ungelöst sind, und verwenden Problemlösungsstrategien, die auf dem in der

[156] Vgl. Abschnitt 4.1.1.

[157] Vgl. Hauschildt, 1988, S.383.

[158] Strothmann (1982, S. 260) definiert den Begriff 'Technologietransfer' folgendermaßen: „Technologietransfer beinhaltet die Gesamtheit aller Maßnahmen, die zur Praxisorientierung technik-relevanter Forschung beitragen und der Vermittlung von Forschungsergebnissen technischer und naturwissenschaftlicher Disziplinen in die Praxis förderlich sind".

[159] Vgl. Hanusch/Cantner, 1993, S. 22.

Vergangenheit gebildeten Wissen aufbauen"[160]. Technischer Fortschritt ist also durch die Abhängigkeit vom Innovationspfad gekennzeichnet. Es kann vermutet werden, daß Klassifikationsgesellschaften aufgrund ihrer intermediären Tätigkeit über umfangreiche Informationen aller relevanten Gruppen des Schiffbaus verfügen und aufgrund ihres technologischen Fachwissens (vgl. Abschnitt 4.1.1.) den Stand der Technik kennen. Vor diesem Hintergrund können die Klassifikationsgesellschaften vermutlich:

1. einen guten Überblick über aktuelle Probleme geben sowie
2. die jeweils besten Problemlösungsstrategien vorschlagen.

Klassifikationsgesellschaften können durch Bündelung von technischem Wissen ihrer eigenen F&E-Bereiche und technischen Dienstleistungsabteilungen sowie der Werften und sonstiger Institutionen, mit denen sie zusammenarbeiten, einen viel detaillierteren Überblick über die Entwicklung von Innovationen in der Vergangenheit und den Stand der Technik gewinnen als eine einzelne Werft (oder jede andere Institution im Schiffbau). Das bei den Klassifikationsgesellschaften konzentrierte Wissen kann genutzt werden, um den innovationspfadabhängigen technischen Fortschritt zu forcieren. Dies kann zum einen intern bei den Klassifikationsgesellschaften geschehen oder zum anderen in Zusammenarbeit mit Werften oder Institutionen der Wissenschaft.

Bezüglich des Technologietransfers ist zwischen intra- und inter-organisationalen Aspekten zu unterscheiden:

Intra-organisationaler Technologietransfer:

Klassifikationsgesellschaften sind international agierende Wirtschaftseinheiten, die Vertretungen in vielen Staaten unterhalten. Der Germanische Lloyd z.B. ist in mehr als 100 Staaten tätig. Die meisten ausländischen Mitarbeiter werden am Hauptsitz des Germanischen Lloyd in Hamburg 6 Monate ausgebildet[161], um ihnen den neuesten technischen Wissensstand zu vermitteln. Diese Ausbildung von ausländischen Fachkräften hat zwei Aspekte:

- Einerseits aus der Sicht der Klassifikationsgesellschaft ist dieser Technologietransfer auf ausländische Mitarbeiter und damit auf das Ausland erwünscht und notwendig, um überall in der Welt den gleichen Service und die gleichen Leistungen anbieten zu können.
- Andererseits könnte die Ausbildung der ausländischen Mitarbeiter des Germanischen Lloyd in Deutschland aus der Perspektive der Werften insofern als Bedrohung empfunden werden, daß diese ausländischen Fachleute mit dem deutschen Fachwissen in ihre Heimatländer zurückkehren und das so erworbene Know-how von den Werften dieser Länder in technisch gleichwertige,

[160] Domrös, 1994, S. 149.
[161] Vgl. Germanischer Lloyd (Hrsg.), Tätigkeitsbericht 1993, S. 95.

aber aufgrund möglicherweise niedrigerer Lohnkosten in billigere Schiffe umgesetzt werden könnte.

Unabhängig von einer Wertung dieses Sachverhalts vollzieht sich im Rahmen der Ausbildung von ausländischen Mitarbeitern des Germanischen Lloyd ein Technologietransfer von Standorten mit großem Know-how über das weltweite Netzwerk. Die Klassifikationsgesellschaften könnten damit auf intraorganisationaler Ebene zur Verbreitung des technischen Fortschritts im Schiffbau allgemein und im speziellen im Bereich der Klassifikation beitragen.

Um der aus der weltweiten Tätigkeit resultierenden Umweltheterogenität gerecht zu werden, haben die Klassifikationsgesellschaften in für sie besonders bedeutenden Ländern Komitees eingerichtet, denen „führende Vertreter aus Schiffahrt, Wirtschaft und Verwaltung des jeweiligen Landes“[162] angehören. Durch die Arbeit dieser Komitees soll der Erfahrungsaustausch vor Ort und der Einblick in Marktbesonderheiten gefördert werden. Des weiteren können diese Komitees als Foren genutzt werden, um den Dialog mit regionalen Experten zu suchen.

Inter-organisationaler Technologietransfer:
„Innovation processes are information processes, that is processes in which knowledge is acquired, processed, and transferred“[163]. Klassifikationsgesellschaften als Intermediäre zwischen den vier in Abschnitt 2.2. genannten Gruppen des Intermediärenmodells scheinen über geeignete Strukturen zu verfügen, um diese Informationsprozesse, d.h. die Innovationsprozesse, unterstützen zu können.

„As a rule, the informational relations are assymmetrical in the sense that in the initial phase, the sender has a qualitatively higher level of knowledge than the recipient“[164]. Klassifikationsgesellschaften sind zunächst „Wissenssenken“, in die spezielles Know-how aus vielen am Schiffbau beteiligten Unternehmen und Behörden einfließt. Im nächsten Schritt könnten die Klassifikationsgesellschaften dann als Vermittler technischen Wissens fungieren, indem sie das Know-how an die jeweils relevanten Gruppen des Intermediärenmodells weiterleiten.

Diesem Verhalten steht begrenzend die Verpflichtung der Klassifikationsgesellschaften entgegen, das ihnen im Rahmen der Zusammenarbeit mit den Werften

---

[162] O.V., 1995, S. 26.
[163] Hauschildt, 1992, S.105.
[164] Hauschildt, 1992, S.106.

offenbarte Wissen treuhänderisch zu verwalten[165]. „Die Weitergabe von Unterlagen und Informationen kann nur nach schriftlicher Zustimmung des Verfügungsberechtigten erfolgen"[166]. Implementiert eine Werft eine Innovation in einen Schiffsneubau, so darf das betreffende technische Know-how von der den Bau begleitenden Klassifikationsgesellschaft nur mit der Zustimmung der Werft transferiert werden. Wenn die einzelnen Werften zum Transfer ihres technischen Wissens bereit wären, könnten die Klassifikationsgesellschaften zu interorganisationalen Wissensbörsen werden. Möglicherweise verzichten die Werften derzeit aus Angst davor, Know-how und damit Wettbewerbsvorteile an die Mitbewerber zu verlieren, ohne gleichermaßen technisches Know-how von anderen Wettbewerbern zu bekommen, auf die Möglichkeit, technisches Wissen unter Beziehungspromotion der Klassifikationsgesellschaften zu „tauschen".

Klassifikationsgesellschaften können also zum Katalysator eines interorganisationalen Technologietransfers werden. Über das inter-organisationale Informationsnetz der Klassifikationsgesellschaften wird vermutlich nicht nur fremdes Wissen, sondern auch Know-how aus internen F&E-Tätigkeiten vermittelt. Es existieren bereits erste Ansätze für die Einrichtung eines elektronischen inter-organisationalen Informationsnetzes: Mitte 1992 wurde das vom BMBF geförderte Forschungsprogramm ITiS (**I**nformations**t**echnik **i**m **S**chiffbau) aufgelegt[167]. Darin wurden branchenübergreifend die Voraussetzungen und die technologische Umgebung für den Einsatz und die Entwicklung unterschiedlicher Softwaremodule geschaffen. In ITiS gelang erstmals die elektronische Vernetzung verschiedener am Schiffbauprozeß beteiligter Unternehmen, wie z.B. Werften, Schiffbauversuchsanstalten, Klassifikationsgesellschaften, externe Konstruktionsbüros und Zulieferer.

In diesem Zusammenhang wäre es von Interesse zu ermitteln, ob sich ITiS im Schiffbau in absehbarer Zeit in der Praxis durchsetzen kann und ob die Klassifikationsgesellschaften in einem derartigen Netzwerk eine zentrale Funktion übernehmen können.

---

[165] Vgl. o.V., 1994.

[166] Germanischer Lloyd (Hrsg.) 1995b, S. 1-1.

[167] Vgl. Germanischer Lloyd (Hrsg.): GL-Magazin, Nr. 2, Dez. 1995/Jan. 1996.

4.1.2.3. Thesen zur Rolle der Klassifikationsgesellschaften als Beziehungspromotoren des technischen Fortschritts im Schiffbau

Der Abschnitt 4.1.2. endet mit Thesen zur Rolle der Klassifikationsgesellschaften als Beziehungspromotoren des technischen Fortschritts im Schiffbau.

- Klassifikationsgesellschaften haben Informationsbeziehungen zu allen wichtigen Unternehmen und Behörden des Schiffbaus.
- Klassifikationsgesellschaften verfügen über ein hohes Kommunikationspotential zur Vermittlung zwischen den relevanten Unternehmen und Behörden des Schiffbaus.
- Klassifikationsgesellschaften weisen auf aktuelle technische Probleme im Schiffbau hin und geben Anregungen für Forschungsprojekte.
- Klassifikationsgesellschaften wissen, wer von Innovationen betroffen sein könnte und fördern die Verbreitung von neuem technischen Wissen im Schiffbau.
- Klassifikationsgesellschaften lösen Konflikte zwischen Unternehmen und Behörden im Schiffbau.
- Klassifikationsgesellschaften koordinieren den technischen Fortschritt im Schiffbau.
- Klassifikationsgesellschaften nutzen ihr technologisches Fachwissen, ihre Kontakte zu wichtigen Unternehmen und Behörden sowie die mit der Definition und Überwachung der Vorschriften verbundene Macht optimal zur Förderung des technischen Fortschritts im Schiffbau.
- Das Kommunikationspotential und das technologische Fachwissen der Klassifikationsgesellschaften könnten die Basis bilden, ein Netzwerk zur Förderung des technischen Fortschritts im Schiffbau aufzubauen, das alle relevanten Unternehmen und Behörden miteinander verbindet.

4.1.3. Klassifikationsgesellschaften als Machtpromotoren des technischen Fortschritts

In dieser Studie wird untersucht, ob Klassifikationsgesellschaften als Machtpromotoren des technischen Fortschritts im Schiffbau wirken und, wenn dies der Fall ist, wie die vermutete Machtpromotorenrolle, die aus den Tätigkeiten 'Definition und Überwachung der Einhaltung von Vorschriften' und 'internationale Vereinheitlichung der Vorschriften' resultieren könnte, von den Klassifikationsgesellschaften, den Werften und den Sachverständigen Dritten bewertet wird.

Die vermutete Machtpromotorenrolle der Klassifikationsgesellschaften leitet sich aus der regulativen Tätigkeit dieser Gesellschaften her[168]. Deshalb ist es zunächst erforderlich, die Funktion und Wirkung der regulativen Tätigkeit der Klassifikationsgesellschaften und damit den Rechtscharakter der Vorschriften zu verdeutlichen (vgl. Abb. 4.4): Beabsichtigt eine Werft, ein Schiff für den Einsatz in internationalen Gewässern zu bauen, so müssen für dieses Schiff internationale Sicherheitszeugnisse vorliegen, die von den zehn Vollmitgliedern sowie von den drei assoziierten Mitgliedern der IACS[169] ausgestellt werden können. Eine Erteilung des Klassifikationszertifikates durch eine dieser Gesellschaften erfolgt nur dann, wenn das betreffende Schiff den Vorschriften der klassifizierenden Gesellschaft entspricht.

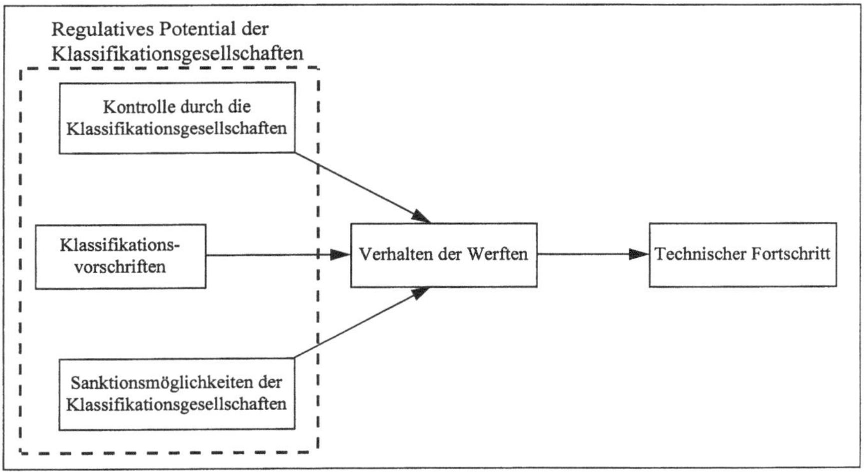

Abb. 4.4 Funktionsweise regulativer Politik - übertragen auf die Tätigkeit von Klassifikationsgesellschaften[170]

Die Sanktionsmöglichkeiten der Klassifkationsgesellschaften bestehen in einer Verweigerung des Klassifikationszertifikats bzw. in einer eingeschränkten Er-

---

[168] Die gesetzlichen Regelungen für die hoheitliche Tätigkeit des Germanischen Lloyd in der Bundesrepublik Deutschland finden sich im Seeaufgabengesetz (SeeAufgG) von 1965 (novellierte Fassung von 1987) und in der Schiffssicherheitsverordnung (SchSV) von 1986. Vgl. hierzu Drobnig, 1995, S. 48ff.

[169] Die Mitglieder der IACS sind in Abschnitt 5.3.1. aufgelistet.

[170] In Anlehnung an Fuchs, 1992, S. 148.

teilung[171]. Die Kontrolle seitens der Klassifikationsgesellschaften erfolgt durch Besichtigung in allen Phasen der Bauausführung sowie durch regelmäßige Inspektionen nach der Indienststellung des Schiffes. Die regulative Tätigkeit der Klassifikationsgesellschaften beeinflußt direkt das Verhalten der Werften und somit indirekt den technischen Fortschritt. Den Reedern bzw. Werften steht allerdings die Wahl offen, mit welchem der 13 Mitglieder der IACS zusammengearbeitet werden soll.

Von dieser regulativen Tätigkeit der Klassifikationsgesellschaften gehen vermutlich innovationsfördernde und -behindernde Wirkungen aus. Die Wirkung der Vorschriften auf den technischen Fortschritt hängt dabei entscheidend von der Aktualität der jeweiligen Vorschrift ab, d.h. von dem 'time-lag' des abgebildeten gegenüber dem tatsächlichen Stand der Technik[172] (vgl. Abb. 4.5). Es sind drei Fälle zu unterscheiden:

1. Schafft die Klassifikationsvorschrift einen „neuen" Stand der Technik, wie z.B. nach dem Unglück der Estonia (s.u.), so kann dies innovationsfördernd wirken.
2. Wird eine Klassifikationsvorschrift unmittelbar nach Einführung einer Marktneuheit durch eine Werft an den Stand der Technik angepaßt, so kann diese Vorschrift den Diffusions- und damit den Innovationsprozeß anderer Werften im Schiffbau fördern.
3. Wird der wissenschaftlich-technische Erkenntnisstand erst spät in den Klassifikationsvorschriften berücksichtigt, d.h. mit großem 'time-lag', so kann dies innovationsbehindernd wirken.

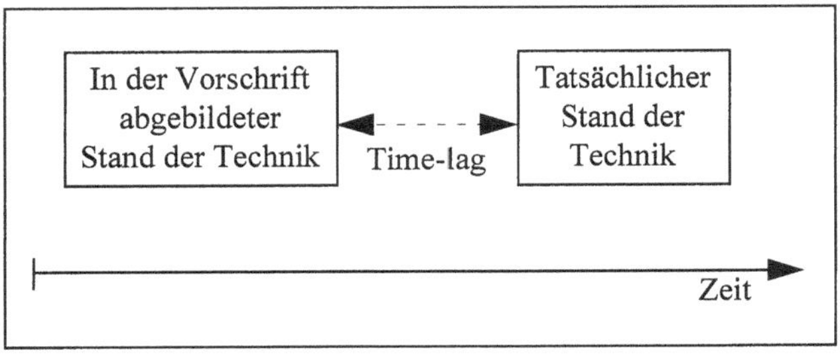

Abb. 4.5 Time-lag zwischen tatsächlichem und abgebildetem Stand der Technik

[171] Z.B. wird ein Eisbrecher nicht in die angestrebte, sondern nur in eine niedrigere Eisklasse eingestuft.

[172] Vgl. hierzu auch Abschnitt 3.2.3. und 3.2.4.

In Abschnitt 4.1.3.1. wird näher auf die ersten beiden Fälle eingegangen, die vermutlich innovationsfördernd wirken. Mögliche innovationsbehindernde Aspekte (Fall **3**) werden in Abschnitt 4.2. betrachtet.

4.1.3.1. EINFLUSS DER DEFINITION UND ÜBERWACHUNG DER EINHALTUNG VON VORSCHRIFTEN AUF DEN TECHNISCHEN FORTSCHRITT

Als Machtpromotoren können Klassifikationsgesellschaften innovationsfördernd wirken, indem sie durch regulative Tätigkeit Innovationsdruck auf die Werften ausüben. Dabei sind die in Abschnitt 4.1.3. genannten Fälle 1 und 2 zu unterscheiden:

1. Die administrative Prozeßinnovation, d.h. die Änderung der Vorschriften, geht der Produkt- bzw. der technischen Prozeßinnovation voraus: So hat z.B. das Fährunglück der 'Estonia' schwere Sicherheitsmängel von Ro-Ro-Fahrgastschiffen aufgezeigt. Daraufhin wurde von der International Maritime Organization (IMO) ein 'Panel of Experts' berufen, dem auch Sachverständige von Klassifikationsgesellschaften angehörten, um Vorschläge zur Erhöhung der Sicherheit von Fährschiffen zu sammeln[173]. Es wurden u.a. erhöhte Anforderungen an den mechanischen Schutz gegen Eindringen von Wasser und an die Leckstabilität gestellt[174]. Daraufhin sind die Werften gezwungen, den geänderten Vorschriften entsprechende Neuerungen zu entwickeln.
2. Die administrative Prozeßinnovation, d.h. die Änderung der Vorschriften, folgt der Branchenneuheit nach. Dies ist etwa der Fall, wenn eine bestimmte Werft im Rahmen eines Schiffsneubaus eine Innovation klassifizieren läßt, die zu einer Erhöhung der Sicherheit auf See beiträgt. Die Klassifikationsgesellschaft wird im allgemeinen auf diese Innovation reagieren und ihre Vorschriften anpassen. Die Klassifikationsgesellschaften sind allerdings zur Geheimhaltung des im Rahmen der Schiffsklassifikation von der Werft offenbarten Wissens verpflichtet. Auf diesem Wege erworbenes technisches Know-how darf nicht an andere Werften weitergegeben werden (vgl. Abschnitt 4.1.2.). Um den erhöhten Sicherheitsstandard dennoch zum status quo machen zu können, kann die Klassifikationsgesellschaft eine Anforderungsvorschrift formulieren, die die Innovation zwar nicht explizit beschreibt, aber darstellt, welche Leistungen die betreffende Komponente zukünftig erbringen muß (vgl. Abschnitt 3.3.1.2.). Es wird somit nur das anzustrebende Sicherheitsziel angegeben. Das „Mittel zum Zweck", d.h. die eigentliche technische Innovation der Werft, wird nicht veröffentlicht. Die technische Umsetzung der neuen Vorschrift bleibt also jeder Werft selbst überlassen. Dabei ist es

---

[173] Vgl. beu, 1995.

[174] Vgl. Germanischer Lloyd (Hrsg.), 1995a, S.41.

durchaus möglich, daß die einzelnen Werften unterschiedliche Wege zur Erreichung desselben Sicherheitszieles einschlagen. Durch die Pionierrolle einer Werft ist der Nachweis der technischen Umsetzbarkeit der Vorschrift erbracht. Problematisch für den hier dargestellten Fall ist allerdings die Festlegung eines maximal zulässigen Zeitraumes zwischen der Markteinführung durch den Innovator und der Berücksichtigung in den Vorschriften durch die Klassifikationsgesellschaften. Mit welcher zeitlichen Verzögerung kann die Vorschrift noch innovationsfördernd wirken, wann wirkt sie innovationsbehindernd (Fall 3 aus Abschnitt 4.1.3.)?

Innovationsdruck im Schiffbau wird vermutlich nicht nur von den Klassifikationsgesellschaften auf die Werften ausgeübt. Auch der umgekehrte Fall ist denkbar, wenn z.B. Werften eine Neuerung klassifizieren lassen wollen, die sich nicht mit den vorhandenen Vorschriften prüfen läßt. In dieser Situation haben die Klassifikationsgesellschaft eigene Forschungen durchzuführen, um Vorschriften zu entwickeln (technische und/oder administrative Prozeßinnovationen), die dem Stand der Technik entsprechen.

Die Machtbasen der Klassifikationsgesellschaften gegenüber den Werften gehen aus Abb. 4.4 hervor. Interessant wäre es zu untersuchen, ob auch die Werften gegenüber den Klassifikationsgesellschaften über Macht verfügen, die sie einsetzen können, um die Klassifikationsgesellschaften zur Entwicklung aktueller Vorschriften zu „zwingen“.

4.1.3.2. Einfluss der internationalen Vereinheitlichung der Vorschriften auf den technischen Fortschritt

Die Beschleunigung von Technikentwicklungen im Schiff- und Schiffsmaschinenbau und die Anwendung nationaler Gesetze und Vorschriften drohten ein Auseinanderdriften der Sicherheitsstandards der einzelnen Ländern zu bewirken[175]. Um dieser Entwicklung gegenzusteuern, wurde die internationale Vereinheitlichung der Vorschriften und der dahinterstehenden Sicherheitsansprüche auf internationaler Ebene erforderlich[175]. Das zentrale Instrument, um diese „Wettbewerbsverzerrungen durch unterschiedliche Sicherheitsstandards“ zu verhindern, „waren und sind die großen Klassifikationsgesellschaften mit ihren allgemein anerkannten Regeln der Technik und der Beratungstätigkeit für offi-

[175] Kistner, 1992, S. 48.

[176] „International by nature, maritime trade cannot cope with disparities in standards, which cause uncertainty and confusion“ (Boisson, 1994, S. 315).

zielle Regierungsstellen"[177]. Die Angleichung der Klassifikationsvorschriften der einzelnen Gesellschaften auf internationaler Ebene erfolgt im Rahmen der Aktivität der International Association of Classification Societies (IACS) und der European Association of Classification Societies (EURACS).

4.1.3.3. Thesen zur Rolle der Klassifikationsgesellschaften als Machtpromotoren des technischen Fortschritts im Schiffbau

Der Abschnitt 4.1.3. schließt mit Thesen zur Rolle der Klassifikationsgesellschaften als Machtpromotoren des technischen Fortschritts im Schiffbau. Die Macht der Klassifikationsgesellschaften zur Festlegung und Überwachung von Vorschriften ist gesetzlich legitimiert. Kontroll- und Sanktionsmöglichkeiten, z.B. die Nichterteilung bzw. eingeschränkte Erteilung des Klassifikationszertifikates, gewährleisten die Umsetzung der Vorschriften (vgl. Abb. 4.4). Die Werften sind somit an die Einhaltung der Klassifikationsvorschriften gebunden. Im folgenden werden Thesen zur Wirkung dieser Vorschriften auf den technischen Fortschritt im Schiffbau formuliert.

Aktualität der Vorschriften

- Je weniger aktuell eine Klassifikationsvorschrift ist, desto innovationsbehindernder ist ihre Wirkung.
- Die Komplexitätszunahme des Systems von Klassifikationsvorschriften, die aus einer Zunahme systemorientierter Innovationen resultiert, und die Beschleunigung der Technikentwicklung haben abnehmende Aktualität der Vorschriften zur Folge.
- Die Nutzung moderner Simulations- und Prüfeinrichtungen erleichtert die Berücksichtigung naturwissenschaftlich-technischer Erkenntnisse in den Klassifikationsvorschriften und führt zu einer Erhöhung der Aktualität der Vorschriften.

Vereinheitlichung der Vorschriften

- Je einheitlicher die Vorschriften der Klassifikationsgesellschaften sind, desto innovationsfördernder ist ihre Wirkung.
- Die Zusammenarbeit der Klassifikationsgesellschaften in internationalen Organisationen fördert die Vereinheitlichung der Vorschriften.
- Erst daraus ergibt sich für die Werften die Möglichkeit, weltweit Aufträge für Schiffsneubauten und -umbauten entgegenzunehmen und mit unterschiedlichen Klassifikationsgesellschaften zusammenzuarbeiten.

---

[177] Kistner, 1992, S. 48.

Ausgestaltung der Vorschriften

- Beschreibende Vorschriften (Vorschriften, die im Detail die Methoden für die Konstruktion, die Zusammensetzung, den zu verwendenden Werkstoff usw. festlegen) wirken eher innovationsbehindernd. Anforderungsvorschriften (Vorschriften, die die Resultate (Eigenschaften oder Leistungen) festlegen, die ein Produkt erbringen soll) wirken eher innovationsfördernd.

Durch die Definition und Überwachung der Einhaltung der Klassifikationsvorschriften werden die IACS-Mitglieder zu Machtpromotoren des technischen Fortschritts im Schiffbau.

4.2. Innovationshemmende Einflüsse von Klassifikationsgesellschaften

Im vorangegangenen Abschnitt wurden die vermuteten innovationsfördernden Aktivitäten der Klassifikationsgesellschaften mit Hilfe des Promotorenmodells geordnet. In diesem Abschnitt sollen die Aspekte der Tätigkeit von Klassifikationsgesellschaften, die sich vermutlich innovationsbehindernd auswirken, mit Hilfe eines Opponentenmodells dargestellt werden.
Wie in Abb. 4.6 dargestellt können Klassifikationsgesellschaften durch ihre regulative Tätigkeit zu Macht- und Prozeßopponenten des technischen Fortschritts im Schiffbau werden.

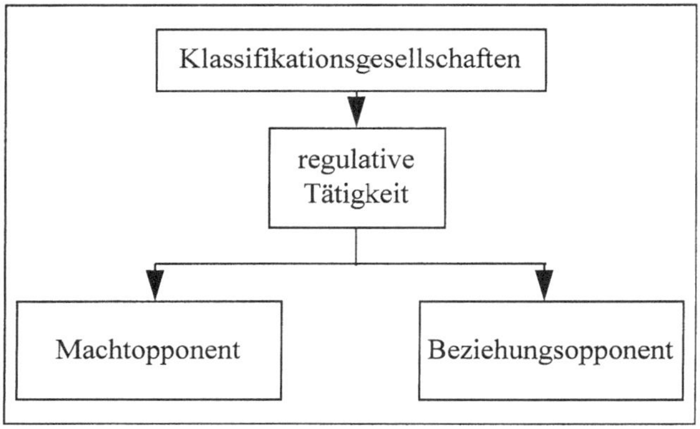

Abb. 4.6 Klassifikationsgesellschaften als Innovationsopponenten

Im folgenden wird näher auf die vermuteten Opponentenrollen der Klassifikationsgesellschaften eingegangen.

4.2.1. Klassifikationsgesellschaften als Machtopponenten des technischen Fortschritts

Klassifikationsgesellschaften haben aufgrund der Wahrnehmung hoheitlicher Aufgaben den Charakter von Behörden. Behörden neigen dazu, Innovationen mit Hilfe der bestehenden Vorschriften zu beurteilen oder „Innovationen aus Furcht vor Unabsehbarkeiten prohibitiv zu behandeln"[178].

Die Klassifikationsgesellschaften sind für die Sicherheit aller von ihnen klassifizierten Schiffe zuständig und sollen ein hohes Sicherheitsniveau gewährleisten. Zieht man z.B. das Umweltgefährdungspotential eines vollbeladenen Öltankers in Erwägung, so wird deutlich, welche enorme Verantwortung mit dieser Aufgabe verbunden ist. Um dieser Verantwortung gerecht zu werden, haben die Klassifikationsgesellschaften umfangreiche Vorschriftenkataloge ausgearbeitet, die als eine Art 'Maßstab für Sicherheit' die Grundlage für die Prüfung der Schiffe bilden. Diese Vorschriften basieren auf teilweise jahrzehntelangen Erfahrungen.

Erfahrungen erfordern Zeit: Daraus ergeben sich Probleme bei der Beurteilung des technischen Fortschritts, denn das Wesen von Innovationen als neuartige Zweck-Mittel-Kombinationen liegt gerade darin, daß Erfahrungen im Umgang mit ihnen noch nicht oder nur in sehr begrenztem Umfang vorliegen. Diese Problematik ist nicht neu, wie ein Protokollauszug des Germanischen Lloyd aus dem Jahre 1909 belegt: „Die bisherige Achtung vor den überlieferten Konstruktionen geht verloren, und immer mehr wird versucht, Neues d.h. Leichteres an die Stelle des Alten zu setzen. Diese Bestrebungen sind an sich erfreulich, denn sie bringen den Fortschritt. Sie nehmen aber oft Formen an, die unsere äußerste Wachsamkeit erforderlich machen. Wenn wir auch unsere Aufgabe, den Fortschritt zu fördern, nicht verkennen, so vergessen wir doch nicht, daß wir die Verantwortung für die Sicherheit und Dauerfestigkeit tragen; und da uns bei neuen Konstruktionen die Erfahrung fehlt und die Rechnung uns meistens im Stich läßt, so bleibt die Vorsicht die wichtigste Grundlage für die Entscheidung. Der Fortschritt im Schiffbau kommt in den Bauvorschriften der Klassifikationsgesellschaften zum Ausdruck"[179].

Das führt zu dem folgenden Dilemma: Einerseits soll sich eine Innovation zunächst in der Praxis bewähren, bevor sie genehmigt wird, andererseits kann sich

[178] Hauschildt, 1997, S. 130.
[179] Kistner, 1992, S.34f.

eine Neuerung nur bewähren, wenn sie genehmigt wird und in der Praxis erprobt werden kann. Die Änderung bestehender Vorschriften bzw. die Entwicklung neuer Vorschriften ist durch eine ganz bestimmte, im Kern der Sache liegende Trägheit, d.h. durch eine zeitliche Verzögerung zwischen wissenschaftlich-technischer Erkenntnis und Berücksichtigung in den Vorschriften, gekennzeichnet. Damit scheint eine Klassifikationsgesellschaft insofern innovationshemmend zu wirken, als daß sich Innovationen gegen bestehende Vorschriften behaupten und sich im Laufe der Zeit gegen sie durchsetzen müssen, d.h. eine innovationsbehindernde Wirkung von Klassifikationsgesellschaften ist immer dann zu vermuten, wenn die bestehenden Vorschriften nicht dem aktuellen Stand der Technik entsprechen[180].

Bezugnehmend auf das oben angesprochene Dilemma zwischen praktischer Erprobung und Zulassung von Innovationen wäre es interessant zu untersuchen, wie sich die Existenz moderner Simulations- und Prüfmöglichkeiten auf diese Problematik auswirkt (vgl. Thesen zur Rolle der Klassifikationsgesellschaften als Machtpromotoren in Abschnitt 4.1.3.3.). Möglicherweise kann durch den Einsatz moderner Methoden schon ein ausreichendes Maß an Sicherheit und damit eine schnelle Umsetzung technischer Neuerungen in die Vorschriften erreicht werden.

Weiterhin innovationsbehindernd können sich sogenannte „Großvaterklauseln“[181] auswirken: Die Vorschriften sind zwar möglicherweise aktuell, es gibt jedoch bestimmte Klauseln in den Vorschriften, denen zufolge der Inhalt der Vorschriften nur auf Schiffsneubauten anzuwenden ist. Ältere Schiffe müssen erst nach mehreren Jahren oder eventuell gar nicht umgerüstet werden.

4.2.2. Klassifikationsgesellschaften als Beziehungsopponenten des technischen Fortschritts

Für die Normung wurde in Abschnitt 3.3.1.3. der aus der Beschleunigung der Technikentwicklung und einer Zunahme des Anteils von Systemtechnologien erwachsende Veränderungsdruck dargestellt. Das DIN versucht, diese Problematik durch die Entwicklungsbegleitende Normung in den Griff zu bekommen. In diesem Abschnitt sollen einige theoretische Überlegungen darüber angestellt werden, ob für die Klassifikationsvorschriften dieselbe Problematik zum Tragen kommt.

---

[180] Vgl. Fall **3** in Abschnitt 4.1.3.

[181] Vgl. Abschnitt 3.2.3. und 3.2.4.

Die im Laufe der Zeit wachsende Menge des naturwissenschaftlich-technischen Know-hows bildet zum einen für die Innovatoren die Basis für immer neue technische Entwicklungen, d.h. F&E-Abteilungen können auf immer umfangreichere Informationen zurückgreifen, um Innovationen hervorzubringen. Zum anderen wird sich für die „Überwacher" dieser technischen Entwicklung auch die Zahl der Vorschriften erhöhen, die den 'Stand der Technik' abbilden. Durch eine Zunahme der Systemtechnologien, die auch für den Bereich des Schiffbaus angenommen wird[182], kommt außerdem hinzu, daß die einzelnen Vorschriften immer stärker voneinander abhängen bzw. sich immer stärker gegenseitig beeinflussen. Das System der Vorschriften wächst also nicht nur bezüglich der Zahl seiner Elemente, sondern auch hinsichtlich der Zahl der logischen Verknüpfungen zwischen diesen Elementen.

Daraus resultiert für regulative Institutionen, wie z.B. Klassifikationsgesellschaften, die Konsequenz, daß immer mehr Vorschriften bei Erlaß neuer oder Aktualisierung bestehender Vorschriften auf Konsistenz geprüft bzw. angepaßt werden müssen. Auf diese Weise wird der Arbeitsaufwand der Klassifikationsgesellschaft vermutlich mit jeder weiteren Vorschrift zunehmen. Es muß ein ständig wachsender Apparat von Vorschriften verwaltet werden. Berücksichtigt man außerdem die Möglichkeit einer Beschleunigung der Technikentwicklung (vgl. Abb. 4.7), so muß dieses wachsende System von Vorschriften mit zunehmender Interdependenz der Teilbereiche zusätzlich noch immer schneller bearbeitet werden, um nicht an Aktualität der Vorschriften einzubüßen. Aufgrund der vermuteten Komplexitätszunahme des Systems von Klassifikationsvorschriften gibt es möglicherweise eine Obergrenze für die Anpassungsgeschwindigkeit der Vorschriften.

These: Die Komplexitätszunahme des Systems von Klassifikationsvorschriften, die aus einer Zunahme systemorientierter Innovationen resultiert, hat abnehmende Aktualität der Vorschriften zur Folge.

Da weiterhin mit einer Technikentwicklung zu rechnen sein wird, stellt sich die Frage, ob bzw. wie die Klassifikationsgesellschaften dieser Entwicklung gerecht werden können oder ob die steigende Zahl technischer Produkte und Prozesse langfristig nicht mehr mit dem Instrument der Vorschriften in der bisherigen Form beherrscht werden kann. In diesem Zusammenhang ist zu untersuchen, wie aktuell die Vorschriften der Klassifikationsgesellschaften sind, d.h. wie groß die zeitliche Lücke zwischen wissenschaftlich-technischer Erkenntnis und Berücksichtigung in den Vorschriften ist. Kommt es im Schiffbau, wie in

[182] Ob der Anteil systemorientierter Innovationen im Schiffbau tatsächlich zunimmt, ist Bestandteil der empirischen Untersuchung. Vgl. hierzu Abschnitt 6.4.1.

anderen Industriezweigen, zu einer Beschleunigung der Technikentwicklung und zu einem Anstieg des Anteils der Systemtechnologien? Wenn ja, wie wirkt sich dies auf die Aktualität der Klassifikationsvorschriften aus?

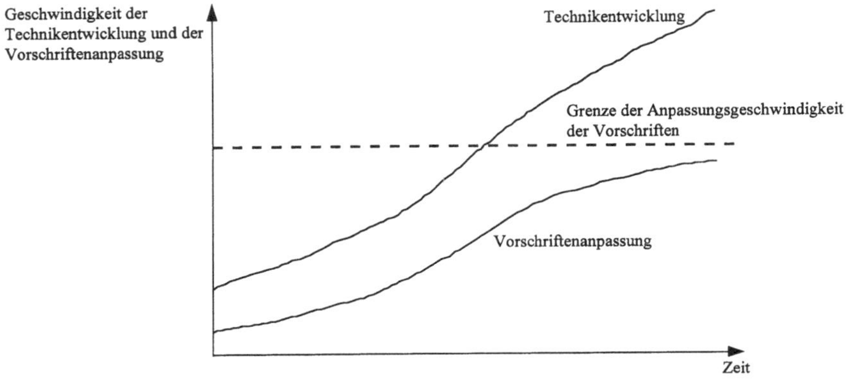

Abb. 4.7 Geschwindigkeit der Technikentwicklung und der Vorschriftenanpassung über die Zeit

4.3. Zusammenfassung der vermuteten Einzeleffekte

Im Abschnitt 4.1. wurden Klassifikationsgesellschaften als Promotoren technischen Fortschritts im Schiffbau dargestellt. Die Aspekte, die Klassifikationsgesellschaften möglicherweise zu Innovationsopponenten werden lassen, sind in Abschnitt 4.2. angerissen worden. Diese Einzeleffekte lassen sich zu einem Gesamtmodell der Wirkung von Klassifikationsgesellschaften auf den technischen Fortschritt im Schiffbau zusammenfassen, indem das Promotoren-/Opponentenmodell mit dem Intermediärenmodell verbunden wird (vgl. Abb. 4.8). Die Wirkungsrichtungen der einzelnen Funktionen werden durch die Pfeile veranschaulicht. Mit gestrichelten Pfeilen sind möglicherweise existente Einflüsse dargestellt, die nicht in dieser Arbeit untersucht werden, d.h. die Einflußnahme auf die Werften von Seiten der internationalen Organisationen bzw. nationaler Regierungen und Behörden soll nur betrachtet werden, sofern diese über die Tätigkeit der Klassifikationsgesellschaften zum Tragen kommt.

Das Ziel der empirischen Erhebung ist es herauszufinden, ob die positiven oder die negativen Einflüsse der Klassifikationsgesellschaften auf den technischen Fortschritt im Schiffbau überwiegen.

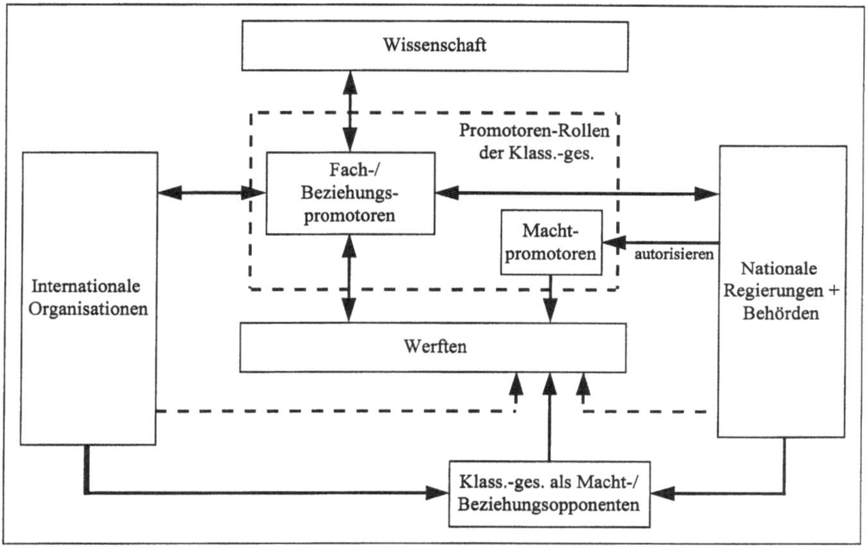

Abb. 4.8 Modell der vermuteten Gesamtwirkung von Klassifikationsgesellschaften auf den technischen Fortschritt im Schiffbau

In Abb. 4.9 werden die Klassifikationsgesellschaften als Ganzes betrachtet und der technische Fortschritt im Schiffbau in Teilbereiche differenziert. Hinsichtlich der Wirkung von Klassifikationsgesellschaften auf diese Teilbereiche des technischen Fortschritts im Schiffbau lassen sich vier Fälle unterscheiden:
Feld **1** gibt den Teilbereich des technischen Fortschritts an, auf den die Klassifikationsgesellschaften verlangsamend einwirken,
Feld **2** betrifft den Teilbereich des technischen Fortschritts, der durch die Tätigkeit der Klassifikationsgesellschaften weder verlangsamt noch beschleunigt wird,
Feld **3** gibt den Teilbereich des technischen Fortschritts im Schiffbau an, der durch die Klassifikationsgesellschaften beschleunigt wird,
Feld **4** verdeutlicht, daß es im Schiffbau auch Innovationen gibt, die nicht dem Einfluß von Klassifikationsgesellschaften unterliegen.

Der Bereich in Abb. 4.9, der die Tätigkeit der Klassifikationsgesellschaften darstellt, ist größer als der Kasten, der die Innovationen im Schiffbau repräsentiert: Dies soll veranschaulichen, daß die Klassifikationsgesellschaften nicht nur im Schiffbau Einfluß auf technischen Fortschritt ausüben, sondern u.a. auch in der Offshore-, der Windenergie- und der Sicherheitstechnik, die nicht im Rahmen dieser Arbeit betrachtet werden.

Im empirischen Teil der Studie wird analysiert, wie sich die Innovationen im Schiffbau auf die vier genannten Felder verteilen (vgl. Abschnitt 6.2.3. und 6.2.4.). Aus dieser Verteilung lassen sich Aussagen zur Bestimmung des Innovationspotentials von Klassifikationsgesellschaften gewinnen.

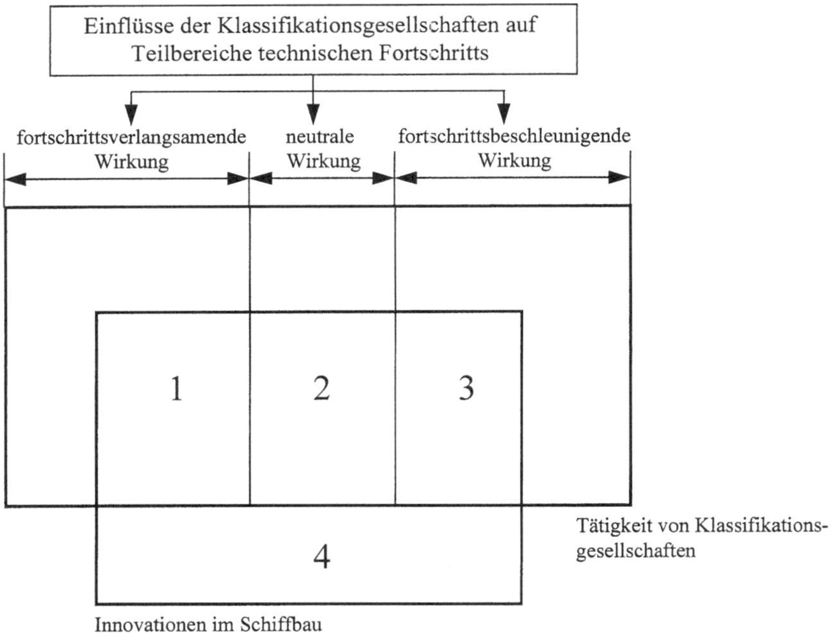

Abb. 4.9 Unterschiedliche Wirkung von Klassifikationsgesellschaften auf Teilbereiche technischen Fortschritts im Schiffbau

5. Untersuchungsdesign

In Abschnitt 3. wurden theoretische Überlegungen über die Notwendigkeit des Eingreifens regulierender Institutionen und über den Einfluß dieser Institutionen auf den technischen Fortschritt angestellt. In Abschnitt 4. wurden einzelne Aktivitäten der Klassifikationsgesellschaften identifiziert, die vermutlich den technischen Fortschritt im Schiffbau beeinflussen.

In diesem Abschnitt wird das Konzept der Befragung dieser Arbeit präsentiert. In Abschnitt 5.1. wird eine Abgrenzung des Untersuchungsbereiches vorgenommen. Abschnitt 5.2. faßt einige Bemerkungen zu den Pretests zusammen. Abschließend wird in Abschnitt 5.3. die Zusammensetzung der drei Stichproben beschrieben.

5.1. Abgrenzung des Untersuchungsbereiches

Im Zentrum der Betrachtung steht die Bestimmung des Einflusses von Klassifikationsgesellschaften auf den technischen Fortschritt im Schiffbau. Um diese Aufgabe effizient gestalten zu können, soll der Untersuchungsbereich im folgenden hinsichtlich des Meßobjektes, des Meßbereiches und der Meßdimension abgegrenzt werden.

Meßobjekt:
Meßobjekt dieser Untersuchung ist das Innovationspotential von Klassifikationsgesellschaften als resultierende Größe aller innovationsfördernden und -hemmenden Einflüsse auf den technischen Fortschritt im Schiffbau. Dabei steht die wechselseitige Beeinflussung zwischen den Klassifikationsgesellschaften und den Werften im Mittelpunkt der Betrachtung.

Die Abgrenzungskriterien 'Meßbereich' und 'Meßdimension' orientieren sich an Hauschildt[183], wobei diese allerdings hier nicht der Messung des Innovationserfolges, sondern der Beurteilung des Innovationspotentials dienen sollen.

Meßbereich:
Das Innovationspotential kann auf unterschiedlichen Ebenen gemessen werden (vgl. Abb. 5.1). Das Potential einzelner Projekte wird auf der Mikro-Ebene gemessen. Die Messung des Potentials einer „Projektfamilie“ vollzieht sich auf der Semi-Mikro-Ebene. Werden viele Projekte zusammengefaßt und gemeinsam bewertet, geschieht dies auf der Makro-Ebene, wobei nach steigendem

---

[183] Hauschildt, 1991, S. 466ff.

Abstraktionsgrad zwischen der Unternehmens-Ebene, einer Branche und einer Nation bzw. eines Wirtschaftsblockes unterschieden wird.

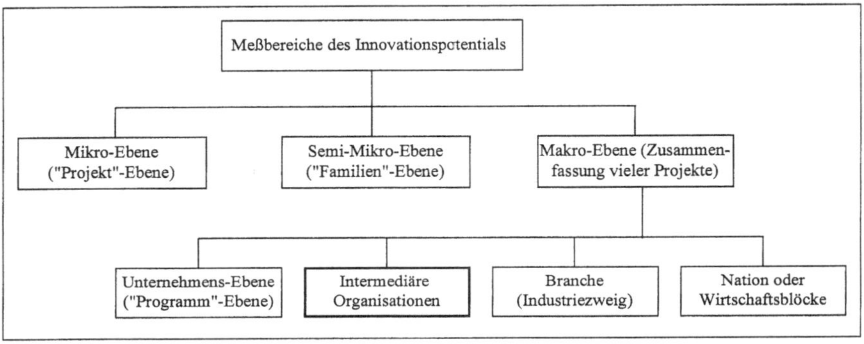

Abb. 5.1 Meßbereiche des Innovationspotentials[184]

Um das Innovationspotential eindeutig ermitteln zu können, muß dessen Meßbereich auf das Meßobjekt abgestimmt werden: Im Rahmen dieses intermediären Ansatzes wird das Innovationspotential auf der Makro-Ebene gemessen. Die Messung erfolgt auf einem Abstraktionsniveau, das zwischen der Unternehmens-Ebene und der Branche 'Schiffbau' liegt.

Meßdimension:
Welche Eigenschaften des Innovationsobjektes sind zur Beurteilung des Innovationserfolges relevant?
Die Dimensionen des Innovationspotentials können differenziert werden in technische, ökonomische und sonstige Effekte (vgl. Abb. 5.2). Individuelle Effekte werden in dieser Untersuchung nicht berücksichtigt, weil sich die Studie auf die Analyse inter-organisationaler Einflüsse konzentriert und somit vom Abstraktionsgrad oberhalb einer personenorientierten Ebene operiert.

[184] In Anlehnung an Hauschildt, 1997, S. 390.

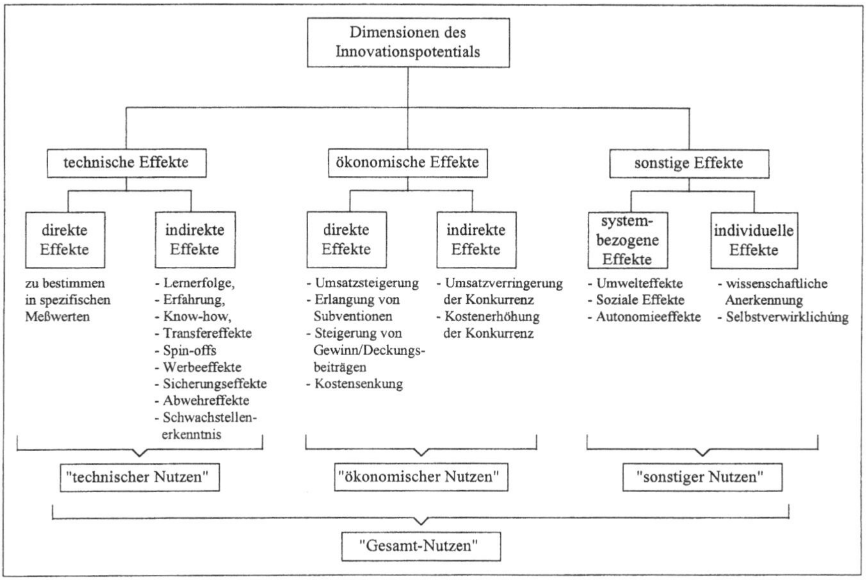

Abb. 5.2 Dimensionen des Innovationspotentials[185]

Aufgrund der Betrachtung eines Intermediärs in dieser Studie ist es wichtig zu erwähnen, daß die einzelnen Effekte nicht intra-organisational zum Tragen kommen, sondern sich inter-organisational auf die gesamte Branche auswirken. Der „Gesamt-Nutzen" als Ergebnis technischer, ökonomischer und sonstiger Effekte kann dem Schiffbau insgesamt Wettbewerbsvorteile verschaffen bzw. zu einer allgemeinen Schwächung der Wettbewerbssituation führen, falls der „Gesamt-Nutzen" negativ ist.

5.2. PRETEST

In der endgültigen Erhebung wurden drei unterschiedliche Fragebögen eingesetzt, zwei deutschsprachige für die Gruppe der Werften und der Sachverständigen Dritten sowie ein englischsprachiger Fragebogen für die Gruppe der Klassifikationsgesellschaften. Inhaltlich sind die Fragebögen für die drei Gruppen weitestgehend deckungsgleich, um die Vergleichbarkeit der Wahrnehmungen der einzelnen Gruppen in möglichst großem Umfang gewährleisten zu können.

[185] In Anlehnung an Hauschildt, 1997, S. 392.

Der deutschsprachige Fragebogen wurde in zwei Interviews bei Werften getestet. Ziel des Pretests war im wesentlichen, die Relevanz der theoretischen Überlegungen für die Praxis zu prüfen, die Verständlichkeit der Fragestellung und die Dauer des Ausfüllens des Fragebogens zu testen sowie zu diskutieren, ob mit den Leitern der Konstruktions- bzw. Projektabteilung die geeigneten Ansprechpartner zur Beantwortung des Fragebogens ausgewählt wurden[186]. Die Interviewpartner bestätigten die Relevanz der Fragen und die Eignung der identifizierten Ansprechpartner. Inhaltlich wurde der Fragebogen in einzelnen Aspekten für die endgültige Erhebung leicht modifiziert.

Der englischsprachige Fragebogen[187] für die Befragung der in der IACS zusammengeschlossenen Klassifikationsgesellschaften wurde in zwei Interviews mit Vertretern des Germanischen Lloyd detailliert besprochen. Der Fragebogen erwies sich hinsichtlich der inhaltlichen Ausgestaltung und der sprachlichen Formulierung als geeignet.

5.3. Ausgewählte Klassifikationsgesellschaften, Werften und sachverständige Dritte

Im Rahmen einer explorativen Spiegelbilderhebung werden die subjektiven Wahrnehmungen von Vertretern der Klassifikationsgesellschaften, der Werften und Sachverständiger Dritter erhoben und miteinander verglichen (vgl. Abb. 5.3). Die Wahrnehmungen werden aus drei Perspektiven erhoben, um evtl. vorhandene Wahrnehmungsdifferenzen zwischen den regulierenden Institutionen, den regulierten Unternehmen und externen Beobachtern aufzeigen zu können. Die erhobenen Daten dienen des weiteren der empirischen Überprüfung der in den Abschnitten 3. und 4. abgeleiteten Thesen.

In den Abschnitten 5.3.1. bis 5.3.3. werden die ausgewählten Vertreter der drei Gruppen genannt.

---

[186] Zu den Aufgaben des Pretests bei schriftlicher Befragung vgl. z.B. Friedrichs, 1990, S. 245.

[187] Dieser wurde von einer gebürtigen US-Amerikanerin korrigiert.

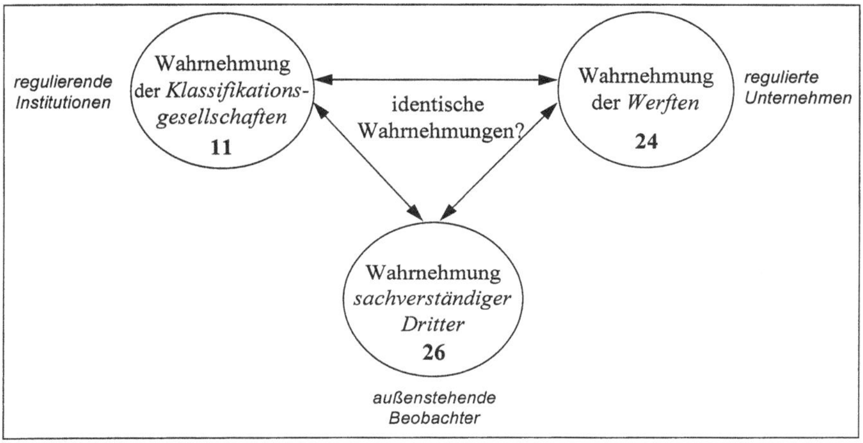

Abb. 5.3 Vergleich der subjektiven Wahrnehmungen der Klassifikationsgesellschaften, der Werften und der Sachverständigen Dritten

5.3.1. KLASSIFIKATIONSGESELLSCHAFTEN

In diese Studie wurden die zehn Vollmitglieder und die drei assoziierten Mitglieder[188] der International Association of Classification Societies (IACS) einbezogen (vgl. Tab. 5.1). Befragt wurden durch die Versendung von Fragebögen die Vertreter der einzelnen Gesellschaften in der IACS General Policy Group. Dieses Gremium setzt sich aus Management-Vertretern der einzelnen IACS-Mitglieder zusammen[189].

Die Vertreter dieses Gremiums wurden aus mehreren Gründen ausgewählt:
1. Die jeweiligen Vertreter der einzelnen Gesellschaften arbeiten auf internationaler Ebene zusammen, so daß die Befragten nicht nur ihre eigene Klassifikationsgesellschaft, sondern auch ihre Wettbewerber einschätzen können.
2. Die IACS General Policy Group ist ein kleines Gremium, dessen Mitglieder sich persönlich kennen. Das Interesse, die Einschätzungen der Kollegen kennenzulernen, erhöht möglicherweise die Bereitschaft, selbst an der Erhebung teilzunehmen.

---

[188] Die in Tab. 5.1 mit einem Stern gekennzeichneten Klassifikationsgesellschaften sind assoziierte Mitglieder der IACS.

[189] Die Namen und Anschriften der jeweiligen Ansprechpartner wurden dankenswerter Weise vom Germanischen Lloyd zur Verfügung gestellt.

3. Die ausgewählten Klassifikationsgesellschaften sind in 13 verschiedenen Staaten mit zwölf unterschiedlichen Muttersprachen beheimatet, d.h. es mußte gewährleistet werden, daß der in englischer Sprache formulierte Fragebogen von allen Befragten verstanden wird. In den Klassifikationsgesellschaften mußten also Ansprechpartner mit hinreichend guten Englischkenntnissen identifiziert werden. In der General Policy Group der IACS wird in englischer Sprache kommuniziert. Deshalb wurden die Vertreter der einzelnen Klassifikationsgesellschaften in diesem Gremium für die Erhebung ausgewählt.

Name der Klassifikationsgesellschaft	**Sitz der Hauptniederlassung**
American Bureau of Shipping (ABS)	New York, USA
Bureau Veritas (BV)	Paris, Frankreich
China Classification Society (CCS)	Beijing, Volksrepublik China
Hrvatski Registar Brodova (CRS)*	Split, Kroatien
Det Norske Veritas (DNV)	Hovik, Norwegen
Germanischer Lloyd (GL)	Hamburg, Deutschland
Indian Register of Shipping (IRS)*	Bombay, Indien
Korean Register of Shipping (KR)	Taejon, Korea
Lloyd's Register of Shipping (LR)	London, England
Nippon Kaiji Kyokai (NK)	Tokyo, Japan
Polski Rejestr Statkow (PRS)*	Gdansk, Polen
Registro Italiano Navale (RINA)	Genua, Italien
Maritime Register of Shipping (RS)	St. Petersburg, GUS

Tab. 5.1 In die Erhebung einbezogene Klassifikationsgesellschaften

Zwei Erhebungswellen führten zu einem Rücklauf von elf Fragebögen.

5.3.2. Werften

Die in diese Studie einbezogenen Werften wurden nach drei Kriterien ausgewählt:

- Die Werften müssen im Seeschiffbau in Deutschland tätig sein,
- Die Werften müssen über eine firmeninterne Konstruktionsabteilung verfügen und
- im Jahre 1996 mindestens 100 Mitarbeiter beschäftigt haben.

Die Anwendung dieser Kriterien führte zu einer Auswahl von 25 deutschen Werften[190]. Während der im Rahmen der Pretests geführten Interviews wurden die Leiter der Konstruktions- bzw. Projektabteilung als die fachlich geeignetesten Gesprächspartner identifiziert (vgl. Abschnitt 5.2.). Nach telefonischen Anfragen waren Vertreter von 24 dieser Werften zu persönlichen Interviews bereit.

5.3.3. Sachverständige Dritte

Die Gruppe der *Sachverständigen Dritten* setzt sich folgendermaßen zusammen:

- 14 Schiffbau-Sachverständige,
- 12 Vertreter deutscher Reedereien (Leiter der Neubauabteilungen),
- 8 Vertreter aus der Wissenschaft,
- 8 Repräsentanten von Vereinen und Verbänden,
- 3 Vertreter von Schiffbau-Ingenieurbüros und
- 2 Behördenvertreter.

Bei der Zusammenstellung dieser Gruppe wurde darauf geachtet, daß die einzelnen Befragten unabhängig von der Gruppe der Klassifikationsgesellschaften und der Werften sind und keine Interessenskonflikte entstehen. Die Auswahl geeigneter Experten des Schiffbaus wurde im Rahmen der Interviews mit den Gesprächspartnern der Werften diskutiert. Sukzessive Anpassungen an die Anmerkungen der Interviewpartner führten letztendlich zur obigen Zusammenstellung dieser Gruppe. Die Daten wurden durch die Versendung von Fragebögen erhoben[191]. Der Rücklauf der Fragebögen in dieser Gruppe lag bei 26, das entspricht einer Quote von 55 %.

---

[190] Die Grundlage zur Identifikation der relevanten Werften bildeten die Branchenübersicht Schiffbau aus dem Handbuch der Großunternehmen (Verlag Hoppenstedt GmbH (Hrsg.), 1994) und Übersichten über Ablieferungen und Aufträge deutscher Werften aus zwei Schiffbau-Fachzeitschriften (o.V., 1997a, in: HANSA - Schiffahrt - Schiffbau - Hafen, 134. Jahrgang, 1997, Nr. 1; o.V., 1997b, in: Schiff & Hafen, 2/97).

[191] Telefonisch wurde vorab die Bereitschaft abgefragt, an dieser Erhebung teilzunehmen.

6. Empirische Befunde

In diesem Abschnitt werden die Ergebnisse der Datenauswertung zur Bestimmung des Einflusses von Klassifikationsgesellschaften auf den technischen Fortschritt im Schiffbau vorgestellt: In Abschnitt 6.1. werden zunächst die befragten Klassifikationsgesellschaften und Werften charakterisiert und quantitative Angaben über den Umfang ihrer F&E-Tätigkeit ausgewertet. In Abschnitt 6.2. werden die wahrgenommenen Einflüsse der Klassifikationsgesellschaften untersucht. Dieser Abschnitt umfaßt u.a. die Auswertung der wahrgenommenen Innovationswirkung der verschiedenen Aktivitäten der Klassifikationsgesellschaften im Schiffbau sowie ihrer Tätigkeit insgesamt. In Abschnitt 6.3. werden Aspekte einer erfolgreichen Förderung des technischen Fortschritts durch Klassifikationsgesellschaften näher betrachtet. Es wird analysiert, welche Schwerpunkte den technischen Fortschritt im Schiffbau derzeit kennzeichnen und wie die Klassifikationsgesellschaften diese einzelnen Innovationsfelder beeinflussen. Es wird untersucht, als wie effizient und effektiv die interne Forschung und Entwicklung der Klassifikationsgesellschaften beurteilt werden. Abschließend werden in diesem Abschnitt Daten ausgewertet, die die Effektivität der Klassifikationsgesellschaften bei der Ausübung ihrer Hauptaktivität, der Definition und Überwachung der Einhaltung von Vorschriften, betreffen. In den Abschnitten 6.4. - 6.6. werden die empirischen Befunde dargestellt, die sich auf das in Abschnitt 4.1. präsentierte Promotorenmodell beziehen. In diesen Abschnitten werden die aus theoretischen Überlegungen abgeleiteten Thesen geprüft: Abschnitt 6.4. befaßt sich mit den Aspekten der Tätigkeit der Klassifikationsgesellschaften, die diese als Machtpromotoren des technischen Fortschritts erscheinen lassen. In Abschnitt 6.5. sind die Ergebnisse dargestellt, die Klassifikationsgesellschaften als Fachpromotoren charakterisieren könnten. In Abschnitt 6.6. werden die Resultate präsentiert, die die Rolle der Klassifikationsgesellschaften als Beziehungspromotoren des technischen Fortschritts betreffen.

6.1. Charakterisierung und F&E-Tätigkeit der befragten Klassifikationsgesellschaften und Werften

In diesem Abschnitt werden die befragten Klassifikationsgesellschaften (Abschnitt 6.1.1.) und Werften (Abschnitt 6.1.2.) charakterisiert und quantitative Aspekte ihrer F&E-Tätigkeit analysiert. In Abschnitt 6.1.3. werden die Beziehungsstrukturen zwischen den in der International Association of Classification Societies (IACS) zusammengeschlossenen Klassifikationsgesellschaften und den deutschen Werften dargestellt.

6.1.1. Charakterisierung und F&E-Tätigkeit der Klassifikationsgesellschaften

In diesem Abschnitt werden deskriptive Angaben der Klassifikationsgesellschaften zu folgenden Bereichen ausgewertet:

- Zahl der Beschäftigten in Konstruktion/F&E,
- Zahl der Beschäftigten im Technischen Dienstleistungsservice,
- Verteilung des Konstruktions-/F&E-Budgets auf Grundlagen-, angewandte Forschung, Entwicklung und Konstruktion und
- Trägerschaft staatlich geförderter F&E-Projekte.

Die IACS-Mitglieder beschäftigten im Jahre 1996 durchschnittlich 54 *Mitarbeiter in Konstruktion/F&E* (n = 10)[192]. Die Standardabweichung liegt bei 46 Mitarbeitern, wobei die Angaben zwischen 8 und 150 Mitarbeitern schwankten.

Neun Klassifikationsgesellschaften beantworteten die Frage nach der Zahl *der Mitarbeiter im Technischen Dienstleistungsservice*. Acht dieser Gesellschaften verfügen über derartige Abteilungen: Die Zahl der Mitarbeiter in diesen Abteilungen variierte zwischen 3 und 148 Mitarbeitern. Sie lag im Durchschnitt bei 42 Mitarbeitern (n = 8; STAW = 49).

Das Konstruktions-/F&E-Budget der IACS-Mitglieder verteilte sich im Jahre 1996 folgendermaßen auf Grundlagen-, angewandte Forschung, Entwicklung und Konstruktion (vgl. Tab. 6.1). Im Durchschnitt investierten die IACS-Mitglieder etwa die Hälfte des gesamten Konstruktions-/F&E-Budgets in Forschung, ein Viertel jeweils in Entwicklung und Konstruktion. Die hohen Anteile für Grundlagen- und angewandte Forschung bekunden ein ausgeprägtes Forschungsinteresse der Klassifikationsgesellschaften und können als ein erster Hinweis auf von den IACS-Mitgliedern ausgehende Impulse zur aktiven Förderung des technischen Fortschritts im Schiffbau betrachtet werden. Diese Ergebnisse zeigen allerdings nur relative Anteile auf, sie sagen nichts über die absolute Höhe der Konstruktions-/F&E-Budgets der Klassifikationsgesellschaften. Das folgende Zitat deutet darauf hin, daß diese Budgets auch absolut betrachtet beachtliche Volumina aufweisen: „Collectively, the IACS Members invest more in research and development (R&D) into ship structural and engineering design and other safety aspects than any other single maritime-related organisation“[193].

---

[192] n gibt die Zahl der Nennungen an.

[193] IACS (Hrsg.), A Unique Contribution to Safe Shipping and Clean Seas, o.J. Einschränkend muß hinzugefügt werden, daß es sich hierbei um eine Selbsteinschätzung des Verbandes der Klassifikationsgesellschaften handelt.

Anteil des Konstruktions-/F&E-Budgets der IACS-Mitglieder, der verwendet wird für:	**MW**[194]	**STAW**
Grundlagenforschung	**11,89 %** (n = 9)	6,68 %
Angewandte Forschung	**40,75 %** (n = 8)	18,13 %
Entwicklung	**25,25 %** (n = 8)	11,61 %
Konstruktion	**21,67 %** (n = 9)	23,85 %

Tab. 6.1 Anteile des Konstruktions-/F&E-Budgets der IACS-Mitglieder für Grundlagen-, angewandte Forschung, Entwicklung und Konstruktion

Es bleibt hier zunächst offen, ob die Klassifikationsgesellschaften durch ihr F&E-Engagement nur ihre interne Wissensbasis stärken oder ob das Know-how in Form überarbeiteter Vorschriften, der Veröffentlichung von F&E-Ergebnissen oder durch den Technischen Dienstleistungsservice dem Schiffbau insgesamt zu Gute kommt. Die erhobenen subjektiven Wahrnehmungen der Befragten zum Einfluß der F&E-Projekte der Klassifikationsgesellschaften auf den technischen Fortschritt im Schiffbau zeigen an späterer Stelle, daß die Einflüsse von Forschung und Entwicklung der Klassifikationsgesellschaften auf den technischen Fortschritt im Schiffbau einheitlich als sehr stark wahrgenommen werden (vgl. Abschnitt 6.2.2. und 6.5.).

Zehn Klassifikationsgesellschaften äußerten sich zu der Frage, ob ihre Gesellschaften in den Jahren 1992 bis 1996 die *Projektträgerschaft* staatlich geförderter F&E-Projekte im Schiffbau innehatten. Demzufolge fungierten acht IACS-Mitglieder als Träger derartiger Projekte. Sehr unterschiedlich wurde die Höhe der öffentlichen F&E-Budgets beziffert, die von den Klassifikationsgesellschaften verwaltet wurden. Angaben zu dieser Frage machten sechs Gesellschaften: Drei IACS-Mitglieder verwalteten ein kleines 5-Jahres-Budget von 60.000 bis 150.000 US-$. Drei Gesellschaften waren für sehr große Gesamtbudgets in Höhe von 5 bis 15 Millionen US-$ verantwortlich. Insgesamt wurde über den 5-Jahres-Zeitraum von 1992 bis 1996 von den Klassifikationsgesellschaften in ihrer Funktion als Träger staatlich geförderter F&E-Projekte ein Gesamtbudget von knapp 26 Mio. US-$ verwaltet.

Acht Klassifikationsgesellschaften machten Angaben zur Zahl geförderter, abgebrochener bzw. erfolgreich abgeschlossener staatlich geförderter Projekte unter ihrer Trägerschaft. Die Zahl der über diesen Zeitraum geförderten Projekte unter der Trägerschaft der IACS-Mitglieder schwankte bei den einzelnen Ge-

[194] Aufgrund von Unterschieden in der Zahl der Nennungen addieren sich die Mittelwerte nicht zu 100 %.

sellschaften zwischen zwei und 150 Projekten[195]. In den Jahren 1992 bis 1996 wurden insgesamt 252 Projekte gefördert. Über die Anteile abgebrochener bzw. erfolgreich abgeschlossener Projekte lassen sich keine quantitativen Aussagen machen, weil zum Zeitpunkt der Befragung nicht alle F&E-Projekte abgeschlossen waren. Den Angaben der IACS-Mitglieder zufolge wurde aber der überwiegende Teil der F&E-Projekte erfolgreich abgeschlossen.

6.1.2. Charakterisierung und F&E-Tätigkeit der Werften

Dieser Abschnitt umfaßt die Darstellung von Ergebnissen bezüglich der:

- Gesamtmitarbeiterzahl der Werften im Jahre 1996,
- Zahl der Beschäftigten in Konstruktion/F&E,
- Höhe des Konstruktions-/F&E-Budgets und
- Verteilung des Konstruktions-/F&E-Budgets auf Grundlagen-, angewandte Forschung, Entwicklung und Konstruktion.

Zunächst wird die Größenverteilung der befragten deutschen Werften gemessen an der Zahl der Mitarbeiter im Jahre 1996 wiedergegeben (vgl. Abb. 6.1). Knapp die Hälfte dieser 24 Werften hatte 1996 zwischen 100 und 400 Mitarbeiter.

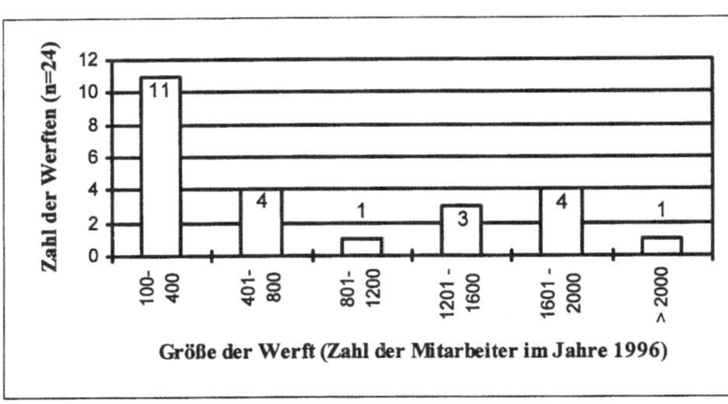

Abb. 6.1 Größenverteilung der befragten Werften (in Zahl der Mitarbeiter im Jahre 1996)

Der Anteil der Mitarbeiter in Konstruktion/F&E an der Gesamtmitarbeiterzahl der Werften betrug durchschnittlich 7,82 % (n = 24; STAW = 3,38 %). Die ein-

[195] Zwei Klassifikationsgesellschaften treten bei einer großen Zahl von F&E-Projekten (≥ 70) als Träger auf, fünf Gesellschaften betreuen zwischen zwei und vier Projekte.

zelnen Angaben schwankten dabei zwischen 2,0 % und 16,7 %. Insgesamt arbeiteten bei den befragten Werften im Jahre 1996 1724 Mitarbeiter in Konstruktion/F&E. Mehrere Einflüsse könnten die z.T. erheblichen relativen Größenunterschiede der Konstruktions-/F&E-Abteilungen der Werften erklären:

- *Unterschiedliche Anteile der von den Werften an Drittfirmen vergebenen Konstruktionsaufgaben*: Nicht allen Werften gelingt es, den unsteten Arbeitsanfall in den einzelnen Phasen eines Schiffbauprojektes durch die parallele Bearbeitung mehrerer Projekte auszugleichen. Viele Werften nutzen deshalb die Möglichkeit, Spitzen in der Arbeitsbelastung der Konstruktionsabteilung durch die Einbindung externer Ingenieurbüros abzufangen.
- *Abhängigkeit der F&E-Intensität der Werften vom technischen Niveau der Schiffbauprojekte*: Werften, die technologisch anspruchsvolle Schiffe bauen, haben möglicherweise einen höheren Personalbedarf in Forschung, Entwicklung und Konstruktion als Werften, die überwiegend Standardschiffe bauen. Folgende Korrelationen stützen diesen Zusammenhang: In der Gruppe der Werften korreliert der Anteil des Konstruktions-/F&E-Personals an der Gesamtmitarbeiterzahl positiv mit dem Anteil der Grundlagen-[196] bzw. angewandten Forschung[197] am gesamten Konstruktions-/F&E-Budget. Das bedeutet, daß die Werften mit großem Engagement in der Forschung anteilsmäßig mehr Mitarbeiter in Konstruktion und F&E beschäftigen als andere Werften.
- *Vielfalt der von einer Werft angebotenen Schiffstypen*: Je vielfältiger das Spektrum der angebotenen Schiffstypen, desto höher ist vermutlich der Personalaufwand in Forschung, Entwicklung und Konstruktion.
- *Nicht abgeschlossene Umstrukturierungsmaßnahmen*: Der deutsche Schiffbau befindet sich nach wie vor in einer Umstrukturierungsphase. Der damit verbundene Personalabbau kann sich nicht gleichzeitig und gleichmäßig in allen Bereichen einer Werft vollziehen. Hohe Mitarbeiteranteile in Konstruktion und F&E einer Werft könnten also auch ein Indiz für nicht abgeschlossene Personalreduzierungen im Unternehmen sein.

Zur absoluten Höhe des im Jahre 1996 zur Verfügung stehenden Konstruktions-/F&E-Budgets konnten oder wollten sich die meisten der befragten Vertreter der Werften nicht äußern. Angaben hierzu wurden lediglich von sechs Werften gemacht. Demnach standen jeder dieser Werften im Jahre 1996 im Mittel 27,5 Millionen DM für Konstruktion und F&E zur Verfügung. Das Budget pro Arbeitsplatz in Konstruktion/F&E schwankte bei den einzelnen Werften zwischen 108.000 DM und 240.000 DM.

---

[196] Pearson-Korrelationskoeffizient $r = 0{,}4834$, Signifikanzniveau $\alpha = 0{,}05$.
[197] Pearson-Korrelationskoeffizient $r = 0{,}4773$, Signifikanzniveau $\alpha = 0{,}05$.

Zum Anteil des Konstruktions-/F&E-Budgets am Gesamtumsatz der Werft machten neun Unternehmen Angaben: Die Anteile schwankten für das Jahr 1996 zwischen 1,6 % und 5 %. Der Durchschnitt liegt bei 2,14 %. Die Gründe für die Unterschiede der Umsatzanteile, die für Konstruktion und F&E bereitgestellt werden, sind vermutlich deckungsgleich mit denen, die zur Erklärung der relativen Größenunterschiede der Konstruktions-/F&E-Abteilungen der Werften genannt wurden.

Die Verteilung des gesamten Konstruktions-/F&E-Budgets auf die Bereiche Grundlagenforschung, angewandte Forschung, Entwicklung und Konstruktion ist Tabelle 6.2 zu entnehmen. Von 22 Werftenvertretern, die die Frage nach der Aufteilung des Konstruktions-/F&E-Budgets beantworteten, gaben 14 an, daß ihre Unternehmen *keinerlei Grundlagenforschung* betreiben. Die Befragten von sechs der acht Grundlagenforschung betreibenden Werften konnten den Anteil der Grundlagenforschung am Konstruktions-/F&E-Budget beziffern: Für diese sechs Werften ergab sich ein durchschnittlicher Anteil von 3,08 % für Grundlagenforschung. Befragte von elf Werften gaben an, daß ihre Unternehmen angewandte Forschung betreiben. Neun Befragte konnten diesen Anteil beziffern: Für diese neun Werften berechnet sich der durchschnittliche Anteil angewandter Forschung zu 3,39 %. Alle Gesprächspartner, die sich zur Aufteilung der Konstruktions-/F&E-Anteile äußerten, erklärten, daß ihre Werften Entwicklung betreiben. Der Mittelwert liegt bei knapp zehn Prozent. Den mit Abstand größten Anteil am Konstruktions-/F&E-Budget hat die Konstruktion mit im Mittel 87,8 %.

Anteil des Konstruktions-/F&E-Budgets der Werften, der verwendet wird für:	**MW**	**STAW**
Grundlagenforschung	**0,93 %** (n = 20)	2,24 %
Angewandte Forschung	**1,53 %** (n = 20)	2,61 %
Entwicklung	**9,74 %** (n = 21)	4,75 %
Konstruktion	**87,80 %** (n = 22)	6,66 %

Tab. 6.2 Anteile des Konstruktions-/F&E-Budgets der Werften für Grundlagen-, angewandte Forschung, Entwicklung und Konstruktion

Diese Ergebnisse zeigen, daß die deutschen Werften Forschung und Entwicklung nur in sehr geringem Umfang betreiben. Die Zahlen geben insofern keine Hinweise auf starke Impulse der Werften für technischen Fortschritt im Schiffbau. Die Anteile für Forschung und Entwicklung, die sich aus der Befragung der Werften in dieser Studie ergeben, sollen mit diesbezüglichen Angaben von

Bertram[198] aus dem Jahre 1991 verglichen werden. Bertram beziffert den Anteil der Forschung und Entwicklung im Schiffbau auf etwa 0,2 % bis 0,5 % *des Umsatzes*[199]. Die Ergebnisse der hier vorliegenden Studie sind nicht auf den Umsatz, sondern auf das Konstruktions-/F&E-Budget bezogen, das gemäß der obigen Ergebnisse im Jahre 1996 nur 2,14 % des Umsatzes (n = 9) der Werften ausmachte. Rechnet man die auf das Konstruktions-/F&E-Budget bezogenen Anteile für F&E auf den Umsatz um, so ergibt sich ein durchschnittlicher Umsatzanteil von 0,26 %[200], den die deutschen Werften im Jahre 1996 für Forschung und Entwicklung aufwendeten. Dieser Umsatzanteil liegt am unteren Rand des von Bertram genannten Intervalls[201]. Bertram weist bereits im Jahre 1991 darauf hin, daß die deutsche Schiffbauindustrie einer leistungsfähigen Forschung bedarf, „um sich gegen die internationale Konkurrenz auch langfristig behaupten zu können"[202]. Die Ergebnisse dieser Studie zeigen keine Trendwende im F&E-Aufwand der deutschen Werften.

Perlitz/Löbler untersuchen in einer Studie von 1985, ob die Innovationstätigkeit von Unternehmen davon abhängt, ob sich die Unternehmen in einer Chancen- oder Krisensituation[203] befinden. Sie kommen zu dem Schluß, „daß Unternehmen zum Innovieren Krisen benötigen"[204], d.h. Unternehmen zeichneten sich in Krisensituationen durch höhere Risikobereitschaft aus. Sie streben nach Produkt- und Prozeßinnovationen, die einen Strukturwandel auslösen könnten. In Chancensituationen seien Unternehmen eher risikoavers und weniger innovationsbereit. Überträgt man diese Befunde auf die hier vorliegende Studie, so müßte die deutsche Schiffbauindustrie, die sich seit Jahren in einer Strukturkrise befindet, sehr innovationsfreudig agieren. Dies müßte sich in hohen For-

---

198 Vgl. Bertram, 1991, S. 802.

199 Zum Vergleich nennt Bertram (1991, S. 802) folgende Anteile für F&E-Ausgaben vom Umsatz: Fahrzeugbau 3-5 %, Chemie 3,5-7 %, Elektrotechnik/Elektronik 7-12 %, Luft- und Raumfahrt 25-30 %.

200 2,14 % (Anteil des Konstruktions-/F&E-Budgets am Umsatz) * [0,93 % (Anteil der Grundlagenforschung am Konstruktions-/F&E-Budget der Werften) + 1,53 % (Anteil der angewandten Forschung am Konstruktions-/F&E-Budget der Werften) + 9,74 % (Anteil der Entwicklung am Konstruktions-/F&E-Budget der Werften)] = 0,26 %.

201 Aufgrund der indirekten Berechnung der Umsatzanteile und der Tatsache, daß nur Vertreter von 9 Werften in der Lage waren, den Umsatzanteil des Konstruktions-/F&E-Budgets zu beziffern, kann nicht davon ausgegangen werden, daß der berechnete Wert von 0,26 % die tatsächlichen Verhältnisse im Schiffbau exakt widerspiegelt. Die Größenordnung dürfte dennoch stimmen.

202 Bertram, 1991, S. 800.

203 Die Chancensituation ist durch eine positive Renditeerwartung charakterisiert, die Krisensituation spiegelt hauptsächlich Verlusterwartungen wider. Vgl. Perlitz/Löbler, 1985, S. 427f.

204 Perlitz/Löbler, 1985, S. 444.

schungs- und Entwicklungsaufwendungen der Werften niederschlagen. Dies kann nicht festgestellt werden. Es scheint sich vielmehr Gegenteiliges zu vollziehen: Die Unternehmen sind in Krisensituationen weniger risikobereit, d.h. die Werften reduzieren F&E noch weiter, um sich kurzfristig etwas vom bestehenden Kostendruck zu befreien.

Die Befunde der vorliegenden Arbeit geben keine Hinweise darauf, an welcher Position deutsche Werften in einem internationalen Technologieranking im Schiffbau stehen. Es kann aber vermutet werden, daß die betrachteten Werften mit dem derzeitigen F&E-Aufwand Schwierigkeiten bei der Verteidigung ihrer bisherigen Position auf dem Weltmarkt haben werden[205].

Vergleicht man diese Ergebnisse mit der Aufteilung der Konstruktions-/F&E-Budgets der Klassifikationsgesellschaften (vgl. Abschnitt 6.1.1.), so wird deutlich, daß die IACS-Mitglieder entscheidend mehr Gewicht auf Grundlagen-, angewandte Forschung und Entwicklung legen als die deutschen Werften.

Absolute Zahlen über die von den Klassifikationsgesellschaften und den Werften aufgewendeten Beträge für F&E liegen leider nicht vor. Da weder die Höhe der Forschungsbudgets noch die Mitarbeiterzahlen in der Forschung bei den IACS-Mitgliedern und den Werften erhoben wurden, soll ein Gedankenspiel helfen, die Größenverhältnisse des Forschungsengagements der Klassifikationsgesellschaften und der betrachteten Werften zu vergleichen: Erhoben wurden bei den IACS-Mitgliedern und den Werften die Zahl der in Konstruktion und F&E tätigen Mitarbeiter und die Aufteilung des Konstruktions-/F&E-Budgets auf Grundlagen-, angewandte Forschung, Entwicklung und Konstruktion. Unter der Annahme, daß die Verteilung der Mitarbeiter auf die Bereiche F&E und Konstruktion in etwa proportional zum aufgewendeten Budget ist, liefert das Produkt aus dem Anteil des Budgets für Forschung und der Zahl der Mitarbeiter in Konstruktion/F&E einen Richtwert für die Zahl der Forscher in diesem Unternehmen. Diese Berechnung wird für jede Klassifikationsgesellschaft und jede Werft durchgeführt[206]. Die Bildung der Produktsummen ergibt, daß bei den IACS-Mitgliedern insgesamt etwa 248 Mitarbeiter in der Forschung tätig sind. Bei den deutschen Werften sind es insgesamt nur 50 Forscher.

---

[205] Vgl. Horn, 1998.

[206] Innerhalb der Gruppe der Klassifikationsgesellschaften standen für den Anteil der Grundlagenforschung Daten von neun Unternehmen, für den Anteil der angewandten Forschung von acht Unternehmen zur Verfügung. Lediglich acht Werften gaben an, Grundlagenforschung zu betreiben. Zahlen liegen von sechs dieser Unternehmen vor. Elf Werften betreiben angewandte Forschung. Für neun dieser Unternehmen stehen zahlenmäßige Einschätzungen zur Verfügung.

Dieses Gedankenspiel wird für den Bereich der Entwicklung wiederholt[207]: Bei den IACS-Mitgliedern arbeiten demnach 91 Entwickler. Bei den deutschen Werften sind es 126 in der Entwicklung tätige Beschäftigte.

Diese Rechenbeispiele können nicht zu den exakten Zahlen der bei den Klassifikationsgesellschaften und den deutschen Werften tätigen Forschern und Entwicklern führen. Sie zeichnen aber ein Bild der Größenverhältnisse: Die IACS-Mitglieder setzen insgesamt etwa fünfmal so viele Mitarbeiter in der Forschung ein wie die deutschen Werften. In der Entwicklung sieht das Verhältnis aus der Perspektive deutscher Werften günstiger aus. Die Klassifikationsgesellschaften beschäftigen mehr als 2,5-mal so viele Mitarbeiter in der Forschung wie in der Entwicklung. Bei den Werften ist die Relation umgekehrt. Die Zahl der Beschäftigten in der Entwicklung ist 2,5-mal so hoch wie die der Forscher. Diese Zahlen zeigen das Potential der Klassifikationsgesellschaften auf, das diese zur Förderung des technischen Fortschritts im Schiffbau einsetzen können.

Die persönlichen Interviews bei den Werften wurden dazu genutzt, nach den Ursachen für die eingeschränkte F&E-Tätigkeit deutscher Werften zu fragen. Viele Gesprächspartner führten den extremen Kostendruck auf dem Weltschiffbaumarkt als den wesentlichen Grund für drastische Kürzungen von F&E an: Aktuell müsse jede Möglichkeit genutzt werden, die Baukosten zu senken. Forschung und Entwicklung würden deshalb fast vollständig gestrichen. Die Werften verkennen Forschung und Entwicklung als Aufwand anstatt sie als Investitionen zu betrachten.

Die langfristigen Auswirkungen dieser Strategie zur Kostenreduzierung sind nicht absehbar: Forschung und Entwicklung bilden gemeinsam mit gesellschaftlichen und staatlichen sowie betriebswirtschaftlichen Rahmenbedingungen die Grundlage für Innovationen, die die betriebliche und volkswirtschaftliche Wettbewerbsfähigkeit entscheidend bestimmen[208]. Bei der Diskussion der Frage, welche Auswirkungen sich langfristig aus einer Reduzierung von F&E eines Unternehmens ergeben, ist von besonderer Bedeutung, daß die Wirkungszusammenhänge zwischen F&E und Wettbewerbsfähigkeit zeitlich verzögert sind. Aus der Perspektive eines Unternehmens ist daher die Versuchung groß, Forschung und Entwicklung zu reduzieren, weil Kostensenkungen sofort, negative Konsequenzen erst mit einer gewissen (zeitlich schwer quantifizierbaren) Verzögerung spürbar werden. Mit einem derartig zurückhaltenden F&E-

[207] Es lagen Daten von acht Klassifikationsgesellschaften und 21 Werften vor.

[208] Vgl. hierzu das Konzept von Brockhoff (1999, S. 22ff.) über den Zusammenhang von Forschung und Entwicklung mit Wettbewerbsfähigkeit. Vgl. auch Brockhoff, 1997.

Engagement läuft der deutsche Schiffbau Gefahr, seine volkswirtschaftliche Wettbewerbsfähigkeit zu verlieren[209].

Im folgenden werden einige Argumente zusammengetragen, die erklären könnten, warum die Klassifikationsgesellschaften wesentlich mehr Geld in Forschung investieren als die betrachteten deutschen Werften:

- Die IACS-Mitglieder sind sich der oben dargestellten Zusammenhänge stärker bewußt als die deutschen Werften, d.h. die Klassifikationsgesellschaften haben im Gegensatz zu den Werften die Bedeutung der Forschung zur langfristigen Aufrechterhaltung der Wettbewerbsfähigkeit erkannt.
- Der finanzielle Druck, der auf den Klassifikationsgesellschaften lastet, ist nicht so hoch wie bei den Werften, d.h. der Wettbewerb auf dem Weltschiffbaumarkt ist härter als der auf dem Markt für Klassifikationsleistungen.
- Der Organisationstyp einiger IACS-Mitglieder[210] erlaubt es nicht, sämtliche erwirtschafteten Gewinne auszuschütten. Die im Unternehmen verbleibenden Überschüsse werden teilweise in F&E investiert.
- Möglicherweise verlassen sich die deutschen Werften auf die Forschung[211] und Forschungsförderung[212] durch öffentlich-rechtliche Einrichtungen in Deutschland und hoffen darauf, dieses externe Wissen nutzen zu können.

---

[209] Auf den Zusammenhang zwischen F&E und internationaler Konkurrenzfähigkeit im Schiffbau weisen z.B. Krapp et al. (1992) hin: „Um die Konkurrenzfähigkeit der deutschen Schiffbauindustrie und ihrer Zulieferer im internationalen Wettbewerb, besonders im Bereich der hochwertigen Tonnage und des Spezialschiffbaues zu erhalten, ist ein kontinuierliches Bemühen erforderlich, Forschung und Entwicklung trotz wirtschaftlich ungünstiger Umfeldbedingungen im erforderlichen Umfang zu betreiben".
Der gleichen Ansicht ist auch Bühler, 1995, S. 27: „Von besonderer Bedeutung sind auch die Forschungs- und Entwicklungsaktivitäten (F&E) der deutschen Schiffbauindustrie. Sie braucht eine leistungsfähige Forschung, um sich gegen die internationale Konkurrenz auch langfristig behaupten zu können".
Morbey und Reithner (1990) können in einer großzahligen empirischen Untersuchung für amerikanische Unternehmen u.a. einen signifikanten Zusammenhang zwischen F&E-Aufwand pro Angestelltem und dem erwirtschafteten Gewinn der Unternehmen nachweisen.

[210] Beispielsweise ist der Germanische Lloyd als Aktiengesellschaft mit gemeinnützigem Charakter organisiert. Die Höhe der Gewinne, die ausgeschüttet werden dürfen, ist begrenzt.

[211] Forschungseinrichtungen im Schiffbau bestehen an der TU Berlin, der Universität Hamburg, der TU Hamburg-Harburg, Universität Rostock. Außerdem sind Schiffbauversuchsanstalten in Hamburg (HSVA) und Potsdam (SVP) sowie die Versuchsanstalt für Wasserbau und Schiffbau (VWS) in Berlin als Forschungseinrichtungen zu nennen. Vgl. dazu Lehmann, 1993.

[212] Die Forschung im Schiffbau in Deutschland wird u.a. gefördert durch das Forschungszentrum des deutschen Schiffbaus (FDS), das BMBF, die Deutsche Forschungsgemeinschaft (DFG), die Volkswagenstiftung. Vgl. dazu Lehmann, 1993.

In Abschnitt 4.1.1.3. wurde die These formuliert, daß Klassifikationsgesellschaften F&E mit Schwerpunkt „Forschung" betreiben. Die Werften bauen u.a. auf diesem Wissen auf und betreiben F&E mit Schwerpunkt „Entwicklung". In Abschnitt 6.5. werden die direkt erhobenen subjektiven Wahrnehmungen zu dieser These ausgewertet. Die bisherigen Ergebnisse zeigen bereits, daß die Klassifikationsgesellschaften größeres Gewicht auf Forschung legen als die deutschen Werften. Auf der Basis der bisherigen Ergebnisse kann die These über die F&E-Schwerpunkte der Klassifikationsgesellschaften und der Werften nicht widerlegt werden.

6.1.3. Beziehungsstrukturen zwischen Klassifikationsgesellschaften und Werften

Um einen Einblick in die Beziehungsstrukturen zwischen den IACS-Mitgliedern und den deutschen Werften zu bekommen, wurden die Vertreter der Werften befragt, mit welchen IACS-Mitgliedern ihre Unternehmen regelmäßig zusammenarbeiten. Die folgende Abbildung veranschaulicht, wie viele Werften regelmäßig mit wie vielen IACS-Mitgliedern zusammenarbeiten (vgl. Abb. 6.2). Die meisten Werften arbeiten regelmäßig mit fünf verschiedenen Klassifikationsgesellschaften zusammen. Eine Werft arbeitet im Durchschnitt mit drei bzw. vier Klassifikationsgesellschaften zusammen.

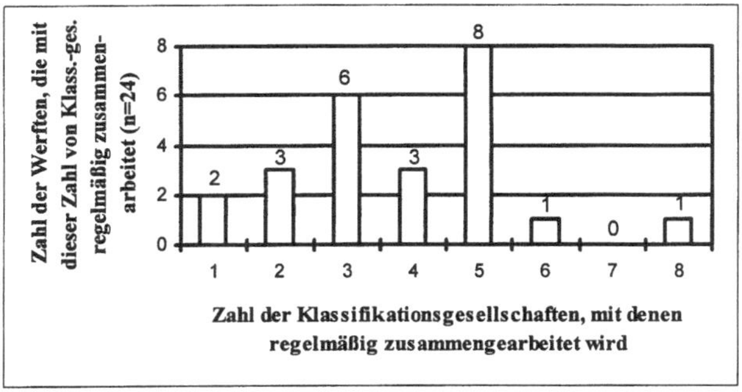

Abb. 6.2 Zahl der Werften, die regelmäßig mit einer bestimmten Zahl von Klassifikationsgesellschaften zusammenarbeiten

In Abbildung 6.3 ist dargestellt, wie viele der befragten Werften jeweils mit den einzelnen IACS-Mitgliedern zusammenarbeiten. Keine der Werften arbeitet regelmäßig mit der kroatischen (CRS), der indischen (IRS), der koreanischen (KR) oder der polnischen Klassifikationsgesellschaft (PRS) zusammen. Die einzige asiatische Klassifikationsgesellschaft, mit der in nennenswertem Umfang zusammengearbeitet wird, ist die chinesische (CCS). Alle befragten Werften arbeiten regelmäßig mit dem Germanischen Lloyd (GL) zusammen. Insgesamt beziehen sich die Wahrnehmungen der Werften schwerpunktmäßig auf American Bureau of Shipping, Bureau Veritas, Det Norske Veritas, Germanischer Lloyd und Lloyd's Register of Shipping, d.h. die deutschen Werften arbeiten überwiegend mit den IACS-Mitgliedern der westlichen Industrieländer zusammen, die zugleich die weltweit größten sind.

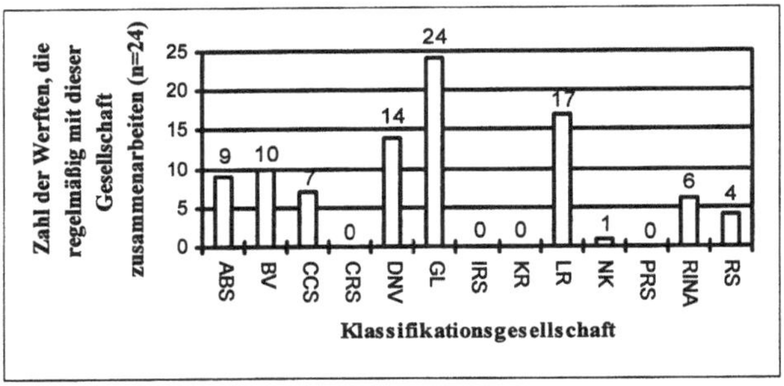

Abb. 6.3 Zahl der deutschen Werften, die mit den einzelnen Klassifikationsgesellschaften zusammenarbeiten

Aus den Antworten auf die Frage, mit welcher Klassifikationsgesellschaft die jeweilige Werft am häufigsten zusammenarbeitet, ergab sich die folgende Verteilung[213] (vgl. Abb. 6.4).

Mit Abstand die meisten deutschen Werften arbeiten am häufigsten mit dem Germanischen Lloyd zusammen. Diese Tatsache läßt eine systematische Verzerrung der Daten innerhalb dieser Gruppe erwarten, der im weiteren Verlauf der Datenauswertung Rechnung zu tragen ist.

An diese Frage anknüpfend wurde mit einigen Interviewpartnern bei den Werften diskutiert, wie bei einem geplanten Schiffsneubau eine Klassifikationsgesellschaft ausgewählt wird, d.h. wer im Zusammenspiel von Reeder und Werft entscheidet, mit welcher Klassifikationsgesellschaft zusammengearbeitet

[213] Es ergaben sich mehr als 24 Nennungen, da von einem Interviewpartner drei, von drei Interviewpartnern zwei Klassifikationsgesellschaften genannt wurden, mit denen am häufigsten zusammengearbeitet wird.

wird[214]. Es ergibt sich: In der ganz überwiegenden Zahl der Fälle bestimmt der Reeder, mit welchem IACS-Mitglied ein Schiff gebaut werden soll. Weniger häufig nennt der Reeder mehrere Klassifikationsgesellschaften alternativ, von denen die Werft eine auswählen kann. In noch selteneren Fällen hat die Werft die freie Wahl der Klassifikationsgesellschaft. Der dominierende Einfluß der Reeder bei der Wahl der Klassifikationsgesellschaft kann vermuten lassen, daß eine Abhängigkeit der Klassifikationsgesellschaften von den Interessen der Reeder besteht. Das Phänomen, daß Regulierer zu Abhängigen der Regulierten werden, wird in der Literatur als Capture Theorie der Regulierung diskutiert: „Regulierungsinstanzen können von den zu beaufsichtigenden Unternehmen so weit vereinnahmt und manipuliert werden, daß sie die Interessen der „regulierten" Unternehmen vertreten"[215].

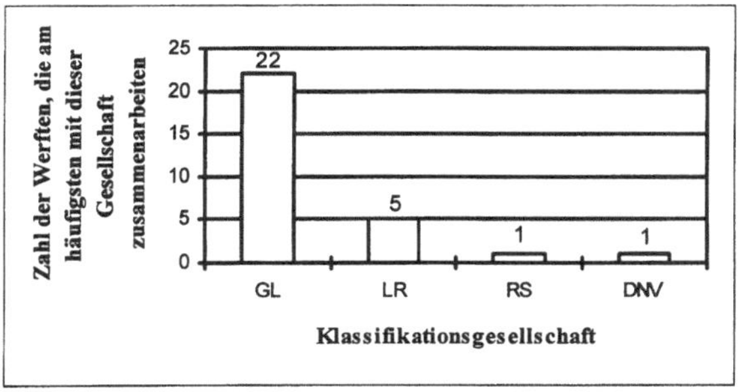

Abb. 6.4 Zahl der Werften, die am häufigsten mit den genannten Klassifikationsgesellschaften zusammenarbeiten

Die vermutete Abhängigkeit der Klassifikationsgesellschaften von den Interessen der Reeder kann möglicherweise zu einem Absinken der Sicherheitsstandards in Schiffahrt und Schiffbau führen. Die folgende Überlegung soll die vermuteten Zusammenhänge zwischen der Entscheidung eines Reeders für eine Klassifikationsgesellschaft und der Sicherheit der Schiffe darstellen: Ein entscheidendes Auswahlkriterium der Reeder bilden die von der ausgewählten Klassifikationsgesellschaft abhängigen Kosten. Diese Kosten sind wiederum u.a. abhängig von den Sicherheitsstandards dieser Gesellschaft, wobei die Kosten mit höheren Sicherheitsstandards steigen[216]. Ein Beispiel soll dies anhand

---

[214] Diese Aussagen beziehen sich auf die Einschätzungen einzelner Gesprächspartner und sind deshalb nicht statistisch abgesichert.

[215] Picot/Burr, 1996, S. 176.

[216] Vgl. z.B. Wilde (1997) und Klar (1993), die auf einen positiven Zusammenhang zwischen den Kosten und der Sicherheit der Schiffe hinweisen.

des Zusammenhanges der Zahl der Schotten, der Sicherheit und der Kosten eines Schiffes illustrieren: Einerseits erhöht eine größere Zahl von Schotten die Sicherheit eines Schiffs, eindringendes Wasser verursacht lediglich die Flutung eines abgeschotteten Bereiches. Das Risiko eines Kenterns oder Untergangs des Schiffes nimmt mit zunehmender Zahl der Schotten ab. Außerdem verstärken derartige bauliche Maßnahmen die Steifigkeit der Stahlstruktur, so daß das Risiko des Auseinanderbrechens eines Schiffes aufgrund einer Kollision, einer Grundberührung o.ä. reduziert wird. Andererseits steigen die Bau- und Betriebskosten eines Schiffes mit zunehmender Zahl abzuschottender Bereiche. Dies ergibt sich aus höherem Aufwand beim Bau des Schiffes und steigenden Betriebskosten bezogen auf das Ladevolumen, weil das Ladevolumen bei gleichen Außenmaßen des Schiffes durch zusätzliche Schotten verringert wird. Darüber hinaus, und das ist ganz entscheidend, gilt: Je größer die Zahl der Schotten, desto kleiner sind die maximalen Außenmaße der Güter, die transportiert werden können. Gegenüber anderen Transportmitteln hat der Transport per Schiff den Vorteil, extrem große Güter transportieren zu können. Dieser Vorteil des Seetransports wird, wie dieses Beispiel zeigt, durch eine zunehmende Zahl der Schotten begrenzt. Umsatzeinbußen der Reedereien sind wahrscheinlich.

Die Klassifikationsgesellschaften konkurrieren um Aufträge zur Klassifikation von Schiffen. Es besteht die Gefahr, daß die Klassifikationsgesellschaften die oben dargestellten Zusammenhänge nutzen, um sich von Mitbewerbern zu differenzieren, indem sie ihre Sicherheitsstandards senken. Dies reduziert zunächst die Kosten der Reeder und könnte eine Entscheidung zugunsten des IACS-Mitglieds mit den niedrigsten Sicherheitsstandards nach sich ziehen. Um nicht an Marktanteilen zu verlieren, könnten sich andere Klassifikationsgesellschaften veranlaßt sehen, dem Beispiel zu folgen und ebenfalls die Sicherheitsstandards abzusenken[217]. Ein aktuelles Beispiel, das zwar nicht den Schiffsneubau, sondern den Betrieb von Schiffen betrifft, soll als Beleg dafür angeführt werden, daß der Wettbewerb unterschiedlicher Gesellschaften auf einem Markt für Klassifikationsleistungen zu einem Verfall von Sicherheitsstandards führen kann: Im Mai 1997 wurde die polnische Klassifikationsgesellschaft Polski Rejestr Statkow (PRS) wegen Verletzung des „Transfer of Class Agreement" (TOCA) vorübergehend aus der IACS ausgeschlossen. „Die Übereinkunft soll das sogenannte „class hopping" von Reedern verhindern, den Versuch, durch schnelles Wechseln der Klasse laschere Klasse-Konditionen für ihre Schiffe zu erhalten"[218]. Anlaß für den vorübergehenden Ausschluß der polnischen Klassi-

[217] Ein australischer Parlamentsausschuß zum Thema „Schiffssicherheit" diagnostiziert genau diesen Zusammenhang als eine Ursache für das Absinken von Sicherheitsstandards in der Schiffahrt. Vgl. o.V., 1993a.

[218] O.V.: Täglicher Hafenbericht, THB vom 23.5.97, S. 1.

fikationsgesellschaft aus der IACS war die Tatsache, daß in jüngster Vergangenheit mehrfach Reeder ihre Schiffe von anderen IACS-Mitgliedern zur polnischen Klassifikationsgesellschaft transferiert hatten, denen eine Besichtigung durch Vertreter der vor dem Wechsel zuständigen Klassifikationsgesellschaft unmittelbar bevorstand. Nach dem Wechsel zur polnischen Klassifikationsgesellschaft blieb den Inspektoren der ehemaligen Klassifikationsgesellschaft der Zutritt zu diesen Schiffen verwehrt[219].

Dem Marktmechanismus, der zu Sicherheitseinbußen im Seeverkehr führen könnte, sind allerdings Grenzen gesetzt:

1. Wie der vorübergehende Ausschluß der polnischen Klassifikationsgesellschaft aus der IACS zeigt, gibt es Sanktionsmöglichkeiten, die dem Verfall der Sicherheitsstandards entgegenwirken können.
2. Der Einfluß von Versicherungen, die Schiffe und Ladungen versichern, darf nicht unterschätzt werden: Häufen sich Schadensfälle bei Schiffen einer bestimmten Klassifikationsgesellschaft, werden die Versicherungen vermutlich die Prämien für diese Schiffe und die von ihnen transportierten Ladungen erhöhen[220]. Damit steigen die Kosten der Reeder. Die Reeder haben einen Anreiz, die Sicherheit ihrer Schiffe zu erhöhen und zu einer anderen Klassifikationsgesellschaft zu wechseln.

Die Freiheit des Reeders bei der Wahl der Klassifikationsgesellschaft erhöht die Anforderungen an diese Gesellschaften in Bezug auf die Flexibilität und Kundenorientierung. Die positiven Auswirkungen des Konkurrenzdrucks unter den IACS-Mitgliedern werden ausführlich im Zusammenhang mit der Gesamtwirkung dieser Gesellschaften auf den technischen Fortschritt im Schiffbau diskutiert (vgl. Abschnitt 6.2.5.).

Abschließend soll darauf hingewiesen werden, daß die Auswahl einer Klassifikationsgesellschaft nicht allein abhängig ist von den Präferenzen des Reeders, sondern auch von der Art des zu bauenden Schiffes. Das technologische Know-how für einzelne Schiffstypen ist bei unterschiedlichen IACS-Mitgliedern konzentriert. Aus den Gesprächen bei den Werften ergab sich, daß z.B. der Germanische Lloyd im Bereich der Containerschiffe, Det Norske Veritas bei schnellen leichten Hochleistungsfahrzeugen und Lloyd's Register im Yachtbau als technologische Spitzenreiter angesehen werden. Wenn eine Werft ein technologisch

---

[219] O.V., Täglicher Hafenbericht, THB vom 23.5.97, S. 14.

[220] Salvarani (1996, S. 13) fordert im Zusammenhang mit einer Initiative gegen Substandard-Schiffe: „Die Versicherer sollten trotz des harten Wettbewerbes im Versicherungsmarkt Druck über hohe Prämien bis hin zur Verweigerung der Deckung ausüben". Vgl. Böhme/Sichelschmidt, 1995, S. 26.

anspruchsvolles Schiff bauen möchte, ist sie vermutlich an einer Zusammenarbeit mit einer für diesen Schiffstyp technologisch führenden Klassifikationsgesellschaft interessiert. Baut eine Werft unterschiedliche Schiffstypen, arbeitet sie wahrscheinlich bevorzugt mit den jeweils technologisch führenden Klassifikationsgesellschaften zusammen.

6.2. Ermittlung des Einflusses von Klassifikationsgesellschaften auf den technischen Fortschritt im Schiffbau

In diesem Abschnitt werden die empirischen Befunde vorgestellt, die die Intensität (Abschnitt 6.2.1.) und die Innovationswirkung der verschiedenen Aktivitäten der Klassifikationsgesellschaften im Schiffbau betreffen (Abschnitt 6.2.2.). Es wird analysiert, wie bedeutend der Umfang des technischen Fortschritts im Schiffbau ist, der außerhalb der Regulierungsbefugnisse der Klassifikationsgesellschaften liegt (Abschnitt 6.2.3.). Für die Bereiche, die innerhalb der Regulierungsbefugnisse der Klassifikationsgesellschaften liegen, wird dargestellt, wie bedeutend der Umfang der Innovationen im Schiffbau wahrgenommen wird, auf die Klassifikationsgesellschaften fortschrittsbeschleunigend, -neutral bzw. -verlangsamend einwirken (Abschnitt 6.2.4.). In Abschnitt 6.2.5. werden die Ergebnisse hinsichtlich der Wahrnehmung der Gesamtwirkung der Klassifikationsgesellschaften auf den technischen Fortschritt im Schiffbau dargestellt. In Abschnitt 6.2.6. werden die Befunde eines Ranking der in der IACS zusammengeschlossenen Klassifikationsgesellschaften im Hinblick auf die Förderung des technischen Fortschritts im Schiffbau präsentiert. In Abschnitt 6.2.7. werden unterschiedliche Methoden zur Bestimmung des Gesamteinflusses von Klassifikationsgesellschaften auf den technischen Fortschritt im Schiffbau miteinander verglichen. Abschnitt 6.2.8. faßt die Ergebnisse überblickartig zusammen.

6.2.1. Intensität der Aktivitäten der Klassifikationsgesellschaften im Schiffbau

In Abschnitt 4.1. wurden die Aktivitäten von Klassifikationsgesellschaften mit Hilfe des Promotorenmodells systematisch dargestellt: Es wurde vermutet, daß die Klassifikationsgesellschaften in ihrer Rolle als Fachpromotoren den technischen Fortschritt im Schiffbau durch interne F&E-Projekte sowie den Technischen Dienstleistungsservice für Werften fördern. Die Förderung des Technologietransfers sowie die Projektträgerschaft staatlich geförderter F&E-Projekte lassen die IACS-Mitglieder möglicherweise zu Beziehungspromotoren des technischen Fortschritts werden. Durch die Definition und Überwachung von

Vorschriften sowie die internationale Vereinheitlichung der Vorschriften könnten die Klassifikationsgesellschaften als Machtpromotoren aktiv werden.
Um die Intensität einschätzen zu können, mit der die IACS-Mitglieder den einzelnen in dem Modell dargestellten Aktivitäten nachgehen, sollten die Klassifikationsgesellschaften zunächst einschätzen, welchen zeitlichen Anteil an der Gesamttätigkeit im Schiffbau sie den Aktivitäten jeweils widmen (vgl. Tab. 6.3).
Die neun IACS-Mitglieder, die diese Frage beantworteten, setzen durchschnittlich 11 % ihres gesamten Zeitbudgets für interne F&E-Projekte ein. Dieser hohe Anteil zeigt das Potential der Klassifikationsgesellschaften auf, das diese zur direkten Förderung des technischen Fortschritts im Schiffbau einsetzen können. Verstärkt wird dieser Eindruck durch einen Anteil von fünf Prozent des Zeitbudgets für die Förderung des Technologietransfers und knapp vier Prozent für die Tätigkeit der Projektträgerschaft staatlich geförderter F&E-Projekte.

Zeitlicher Aufwand für:	**MW_K**[221]	**$STAW_K$**
Interne F&E-Projekte	**11,00%** (n = 9)	6,50%
Technischen Dienstleistungsservice	**25,44%** (n = 9)	28,97%
Projektträgerschaft staatlich geförderter F&E-Projekte	**3,89%** (n = 9)	3,76%
Förderung des Technologietransfers	**5,11%** (n = 9)	3,95%
Definition und Überwachung der Einhaltung von Vorschriften	**45,33%** (n = 9)	28,54%
Vereinheitlichung von Vorschriften	**6,22%** (n = 9)	3,67%

Tab. 6.3 Zeitanteile der verschiedenen Aktivitäten der Klassifikationsgesellschaften an der Gesamttätigkeit im Schiffbau

Die hohen Standardabweichungen bei der zeitlichen Bewertung der Aktivitäten 'Technischer Dienstleistungsservice' und 'Definition und Überwachung der Einhaltung von Vorschriften' lassen darauf schließen, daß diese beiden Aktivitäten im Fragebogen nicht klar verständlich beschrieben wurden. Gespräche mit Vertretern des Germanischen Lloyd ergaben, daß sich die Klassifikationsgesellschaften insgesamt als technische Dienstleistungsunternehmen im Schiffbau verstehen. Einige der Befragten haben den Ausdruck 'Technischer Dienstlei-

[221] Der Index K steht für **K**lassifikationsgesellschaften.

stungsservice' möglicherweise nicht in dem engen Sinne aufgefaßt wie er in dieser Studie verwendet wird, nämlich als die Übernahme von Forschungs-, Entwicklungs- bzw. Konstruktionsaufträgen, bei denen die Werften als Auftraggeber und die Klassifikationsgesellschaften als Auftragnehmer fungieren. Die Befragten, die dieser Aktivität einen großen Anteil am gesamten Zeitbudget zugewiesen haben, verstanden diesen Begriff möglicherweise in einer weiten Fassung, die die regulative Tätigkeit der IACS-Mitglieder mit einschließt. Dies könnte dazu geführt haben, daß der Anteil des 'Technischen Dienstleistungsservices' im engen Sinne am Zeitbudget systematisch überbewertet, der Anteil der 'Definition und Überwachung der Einhaltung von Vorschriften' unterbewertet ist. Dennoch hat die letztgenannte Aktivität den größten Anteil am Zeitbudget der Klassifikationsgesellschaften.

6.2.2. Einfluss der Aktivitäten der Klassifikationsgesellschaften auf den technischen Fortschritt im Schiffbau

Die zuvor ausgewerteten Angaben der Klassifikationsgesellschaften geben Hinweise auf die Bedeutung ihrer verschiedenen Aktivitäten im Schiffbau. Darauf aufbauend sollten die Befragten der Klassifikationsgesellschaften, der Werften und der Sachverständigen Dritten jeweils den Einfluß dieser Aktivitäten der Klassifikationsgesellschaften auf den technischen Fortschritt im Schiffbau bewerten. Die Skala der Bewertungsmöglichkeiten reichte von 1 (= sehr stark innovationsbehindernd) bis 7 (= sehr stark innovationsfördernd). Tabelle 6.4 faßt die subjektiven Wahrnehmungen hinsichtlich der Innovationswirkung der einzelnen Aktivitäten der Klassifikationsgesellschaften zusammen.

Auf den ersten Blick fällt auf, daß *alle* Aktivitäten von allen Gruppen einheitlich als innovationsfördernd bewertet wurden. Vor dem Hintergrund, daß es sich bei den Daten um subjektive Wahrnehmungen aus unterschiedlichen Perspektiven handelt, wäre es nicht verwunderlich gewesen, wenn die sich selbsteinschätzenden Klassifikationsgesellschaften den Einfluß ihrer Aktivitäten im Schiffbau deutlich höher bewertet hätten als die Werften und Sachverständigen Dritten. Die Anwendung des Scheffé-Tests bzw. des Kruskal-Wallis-3-Gruppen-Tests auf Mittelwertdifferenzen[222] zeigt aber, daß bei keinem dieser

[222] Der Scheffé-Test wurde verwendet, wenn das Untersuchungsmerkmal in allen drei Stichproben normalverteilt war und die Varianzen in den drei Grundgesamtheiten in etwa gleich waren. Anderenfalls wurde der Kruskall-Wallis-3-Gruppen-Test auf Mittelwertdifferenzen genutzt. Vgl. zu den Voraussetzungen der Anwendung der Tests: Bauer, 1986, S. 68f.; Böhler, 1985, S. 190; Bühl/Zöfel, 1994, S. 231; Daniel, 1987, S. 610; Hair et al., 1995, S. 274ff; Krafft, 1995, S. 212f; Winer/Brown/ Michels, 1991, S. 191.

Untersuchungsmerkmale signifikante Mittelwertunterschiede[223] der Wahrnehmungen vorliegen. Daher können die drei Einzelstichproben für diese Untersuchungsmerkmale zu einer Gesamtstichprobe von Schiffbauexperten aggregiert und gemeinsam weiter ausgewertet werden.

Aktivitäten der IACS-Mitglieder:	MW_K[224]	$STAW_K$	MW_W	$STAW_W$	MW_D	$STAW_D$
Interne F&E-Projekte	**6,00** (n=11)	1,10	**5,00** (n=21)	1,34	**5,35** (n=26)	1,09
Technischer Dienstleistungs-service für Werften	**5,45** (n=11)	1,13	**5,42** (n=24)	0,83	**4,92** (n=26)	1,49
Projektträgerschaft staatlich geförderter F&E-Projekte	**5,09** (n=11)	1,14	**4,64** (n=22)	1,71	**4,92** (n=26)	1,63
Förderung des Technologie-transfers	**4,73** (n=11)	1,42	**4,83** (n=23)	1,07	**5,00** (n=26)	1,41
Definition und Überwachung der Einhaltung von Vorschrif-ten	**5,18** (n=11)	1,66	**4,48** (n=23)	1,50	**4,50** (n=26)	1,70
Internationale Vereinheitli-chung der Klassifikationsvor-schriften	**5,09** (n=11)	1,58	**4,26** (n=23)	1,32	**4,77** (n=26)	1,34

Tab. 6.4 Vergleich der Wahrnehmungen bezüglich der Innovationswirkung der verschiedenen Aktivitäten der Klassifikationsgesellschaften im Schiffbau

Von dieser Gesamtstichprobe sollen Rückschlüsse auf den Mittelwert der Wahrnehmungen der Grundgesamtheit bezüglich der einzelnen Variablen gezogen werden. Das heißt, mit Hilfe eines approximativen Gaußtests[225] soll ermittelt werden, ob die Stichprobe aus einer Grundgesamtheit stammt, die die einzelnen Aktivitäten der Klassifikationsgesellschaften als innovationsfördernd wahrnimmt. Von einer den technischen Fortschritt fördernden Wahrnehmung kann dann ausgegangen werden, wenn die Hypothese, daß der Populationsmittelwert kleiner gleich vier[226] ist, abgelehnt werden kann. Die zu testende Nullhypothese lautet H_0: $\mu \leq 4$. Die Alternativhypothese ist H_1: $\mu > 4$. Das Signifikanzniveau wird festgelegt auf $\alpha = 0,05$. Der Verwerfungsbereich B wird gebildet durch das Intervall $(1,645; \infty)$. Tabelle 6.5 gibt die relevanten Zahlen der aggregierten Daten wieder.

---

[223] Signifikanzniveau $\alpha = 0,05$.

[224] Die Indizes K, W, D stehen für **K**lassifikationsgesellschaften, **W**erften und (Sachverständige) **D**ritte.

[225] Vgl. Bamberg/Baur, 1987, S. 187ff.

[226] Vier ist die Mitte der Skala.

Nr.	Aktivitäten der IACS-Mitglieder	MW	STAW	Nennungen	Testfunktions-wert v
1	Interne F&E-Projekte	5,34	1,22	58	8,36
2	Technischer Dienstleistungsservice für Werften	5,21	1,21	61	7,81
3	Projektträgerschaft staatlich geförderter F&E-Projekte	4,84	1,56	58	4,10
4	Förderung des Technologietransfers	4,88	1,28	60	5,33
5	Definition und Überwachung der Einhaltung von Vorschriften	4,62	1,62	60	2,96
6	Internationale Vereinheitlichung der Klassifikationsvorschriften	4,63	1,39	60	3,51

Tab. 6.5 Aggregierte Daten und Testfunktionswerte für die Einschätzung der Innovationswirkung der verschiedenen Aktivitäten der Klassifikationsgesellschaften

Die Testfunktionswerte v aller Variablen liegen innerhalb des Verwerfungsbereiches B, d.h. die Nullhypothese, daß die Stichprobe bezüglich dieser Untersuchungsmerkmale aus einer Grundgesamtheit stammt, die einen Mittelwert kleiner gleich vier hat, wird verworfen. Demzufolge beurteilt die Grundgesamtheit der Experten des Schiffbaus die Wirkung aller Aktivitäten der Klassifikationsgesellschaften als innovationsfördernd. Für die interne F&E der Klassifikationsgesellschaften wird sogar eine verschärfte Nullhypothese (H_0: $\mu \leq 5$)[227] verworfen. Die Innovationswirkung der internen F&E-Projekte der Klassifikationsgesellschaften wird folglich von der Grundgesamtheit als sehr innovationsfördernd wahrgenommen.

Die Standardabweichung der Wahrnehmung der Innovationswirkung der Hauptaktivität der Klassifikationsgesellschaften, der Definition und Überwachung der Einhaltung von Vorschriften, ist in allen Gruppen relativ hoch. Abb. 6.5 zeigt die Verteilung der Häufigkeiten der aggregierten Daten.

Aus Gesprächen mit den Vertretern der Werften ergab sich, daß die Experten des Schiffbaus hinsichtlich der regulativen Tätigkeit der IACS-Mitglieder offensichtlich in zwei Lager gespalten sind: Zum einen gibt es das Lager derjenigen, die Klassifikationsgesellschaften als „notwendiges Übel" beim Bau und Betrieb von Schiffen betrachten und diesen eher innovationsbehindernden Charakter attestieren. Zum anderen existiert das Lager derjenigen, die Klassifikationsgesellschaften und speziell die Klassifikationsvorschriften als Motor des

[227] Testfunktionswert v = 2,12; Signifikanzniveau $\alpha = 0{,}05$.

technischen Fortschritts ansehen. Die Bewertung dieser Aktivität polarisiert demnach die Befragten.

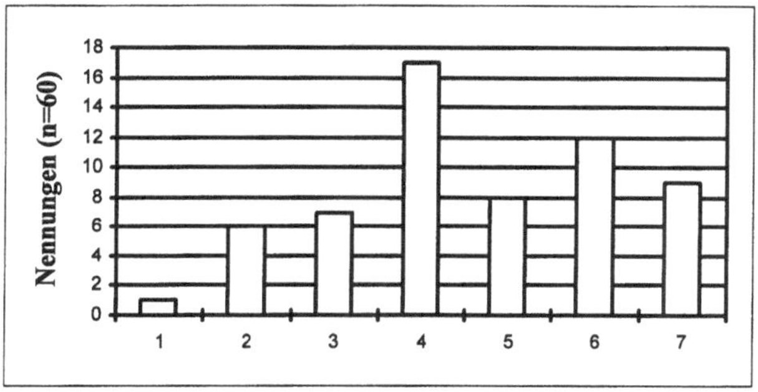

Abb. 6.5 Einschätzungen der Befragten bezüglich der Innovationswirkung der Definition und Überwachung von Vorschriften durch die IACS-Mitglieder (aggregierte Stichprobe)

Aus der Perspektive der Werften könnten die unterschiedlichen Wahrnehmungen des Einflusses der 'Definition und Überwachung von Vorschriften' abhängig sein vom Forschungsengagement der Werften: Eine Werft, die Forschung betreibt, könnte die Vorschriften für innovationsbehindernd halten, weil ihr Know-how über das der Klassifikationsgesellschaften hinausgeht. Eine Werft, die nicht in Forschung investiert, nutzt das in den Vorschriften veröffentlichte Know-how als Basis zum Erwerb externen Wissens und nimmt die IACS-Mitglieder als Motor des technischen Fortschritts wahr. Empirisch lassen sich mit Hilfe einer Korrelationsanalyse allerdings keine signifikanten Zusammenhänge zwischen der Wahrnehmung der Innovationswirkung der Definition und Überwachung der Vorschriften und dem Forschungsengagement der Werften (als Anteil der Grundlagen- bzw. angewandten Forschung am gesamten Konstruktions-/F&E-Budget der Werft) nachweisen.
Die Ursachen dieses Phänomens werden im weiteren Verlauf der Datenauswertung näher untersucht. Im Mittel wird die Aktivität der 'Definition und Überwachung der Einhaltung von Vorschriften' dennoch von allen Gruppen positiv beurteilt.

Polarisationen konnten auch für die Beurteilung der Innovationswirkung der Projektträgerschaft von Klassifikationsgesellschaften festgestellt werden[228]:

[228] Die an dieser Stelle zusammengefaßten Aussagen beziehen sich überwiegend auf den Germanischen Lloyd.

Vertreter einiger Werften bemängelten den starken Formalismus in der Phase der Projektbeantragung. Kritisiert wurde außerdem, daß die Klassifikationsgesellschaften in Interessenskonflikte gerieten, weil sie einerseits im Rahmen der Trägerschaft staatlich geförderter F&E-Projekte die finanziellen Mittel verwalteten, andererseits selbst F&E-Fördermittel beantragten.

Interessant sind die Ausführungen einzelner Gesprächspartner bei den Werften bezüglich der Beurteilung der Förderung des Technologietransfers durch die IACS-Mitglieder: Die weltweite Tätigkeit der Klassifikationsgesellschaften fördere den *internationalen* Technologietransfer. Einigen Interviewpartnern geht dieser Technologietransfer zu weit. Sie würden den Wissenstransfer gerne auf den deutschen Schiffbau begrenzt sehen. Der Konkurrenzdruck auf dem Weltschiffbaumarkt und die trotz des geringen F&E-Aufwandes (vgl. Abschnitt 6.1.2.) wahrgenommene Technologiestärke des deutschen Schiffbaus schüren offenbar die Angst, durch Verlust von Wissen an das Ausland einen der letzten Standortvorteile Deutschlands einzubüßen.

Die Sorgen deutscher Schiffbauer lassen sich folgendermaßen erklären: Die deutschen Werften arbeiten intensiv mit dem Germanischen Lloyd zusammen, z.B. im Rahmen der Klassifikation von Schiffsneubauten, F&E-Kooperationen zwischen Werften und dem Germanischen Lloyd sowie bei staatlich geförderten F&E-Projekten, an denen deutsche Werften beteiligt sind und der Germanische Lloyd als Projektträger auftritt. Auf diese Weise erwirbt der Germanische Lloyd umfangreiches Wissen über den Stand der Technik auf deutschen Werften, das in die Vorschriften eingearbeitet wird und für den Technischen Dienstleistungsservice auch ausländischen Werften zur Verfügung steht. Dies ist ein sehr sensibler Bereich, denn der Vertrauensschutz des im Rahmen der Klassifikation offenbarten Wissens einer Werft (z.B. Pläne sowie Besichtigung des Neubaus und der Werft) ist von höchster Bedeutung[229].

Einige Interviewpartner bei den Werften wiesen auf die Gefahr hin, daß Knowhow aus dem deutschen Schiffbau auf dem Wege der Klassifikation von Schiffen ausländischer Werften durch den Germanischen Lloyd ins Ausland transferiert werden könnte: Zum einen sei dies denkbar durch das in den Vorschriften dokumentierte Wissen. Zum anderen können ausländische Werften das Ingenieurpotential des Germanischen Lloyd über den Technischen Dienstleistungsservice in Anspruch nehmen, um aktuelle technische Probleme vom Germanischen Lloyd lösen zu lassen und externes Wissen zu erwerben. Hinter dem

[229] Eine Vertrauensverletzung durch eine Klassifikationsgesellschaft kann zu einer existenzbedrohenden Rufschädigung führen.

Fachwissen des Germanischen Lloyd steht z.T. auch das Know-how deutscher Werften.

Dieser Argumentation läßt sich Folgendes entgegenhalten: Neben dem Germanischen Lloyd gibt es andere Klassifikationsgesellschaften mit herausragendem schiffbaulichen Fachwissen[230]. Die deutschen Werften könnten auf die oben beschriebene Weise von dem Know-how dieser IACS-Mitglieder genauso profitieren wie ausländische Werften vom Know-how des Germanischen Lloyd. Die niedrigen Anteile der Grundlagen- und angewandten Forschung am gesamten Konstruktions-/F&E-Budget deutscher Werften zeigen, daß auf den deutschen Werften derzeit sehr wenig F&E betrieben wird. Die technologische Führerschaft deutscher Werften, sofern es sie denn gibt[231], könnte deshalb schnell an ausländische Werften verloren gehen, die möglicherweise intensiver in F&E investieren. Basierend auf diesen Überlegungen könnte der Nettoeffekt des Know-how-Zugewinns deutscher Werften durch die Zusammenarbeit mit ausländischen Klassifikationsgesellschaften gegenüber dem Know-how-Verlust an ausländische Werften durch den Germanischen Lloyd langfristig sogar positiv sein.

Neben den aufgelisteten Aktivitäten der Klassifikationsgesellschaften hatten die Befragten die Möglichkeit, weitere zu nennen und ihre Bedeutung für den technischen Fortschritt im Schiffbau zu bewerten. In keiner der Gruppen wurden weitere Aktivitäten genannt. Das Promotorenmodell scheint die Aktivitäten der Klassifikationsgesellschaften im Schiffbau somit gut zu erfassen.

Das entscheidende Ergebnis der Wahrnehmung bezüglich der Innovationswirkung der Aktivitäten der Klassifikationsgesellschaften lautet: Keine der Aktivitäten der Klassifikationsgesellschaften wird als innovationsbehindernd eingestuft. Die Befragten aller drei Gruppen stimmen darin überein, daß alle genannten Aktivitäten mindestens schwach innovationsfördernd wirken.

Die Einschätzung hinsichtlich der Innovationswirkungen der verschiedenen Aktivitäten der Klassifikationsgesellschaften lassen sich auf Basis des Zeitaufwands der IACS-Mitglieder für diese Aktivitäten zu einem Gesamtinnovationswert verdichten. Hierzu wird ein gewichtetes arithmetisches Mittel gebildet. Die Gewichte bestimmen sich aus der Bewertung des zeitlichen Aufwandes für die einzelnen Aktivitäten der Klassifikationsgesellschaften. Für jede Gruppe wird die Summe der Produkte aus zeitlichem Aufwand einer Aktivität (bewertet

[230] Vgl. hierzu z.B. das Ranking der Klassifikationsgesellschaften in Abschnitt 6.2.6.

[231] Ein Technologie-Ranking der einzelnen Schiffbaunationen ist im Rahmen dieser Studie nicht durchgeführt worden.

durch die IACS-Mitglieder) und der Einschätzung der Innovationswirkung dieser Aktivität gebildet (vgl. Tab. 6.6).

	IACS-Mitglieder	Werften	Dritte
Produktsumme aus zeitlichem Aufwand für einzelne Aktivitäten und deren Innovationswirkung	5,15	4,63	4,62

Tab. 6.6 Gesamtmaße der Innovationswirkung der IACS-Mitglieder berechnet als Produktsumme aus zeitlichem Aufwand der Klassifikationsgesellschaften für einzelne Aktivitäten und deren wahrgenommener Innovationswirkung

Es ergibt sich aus Sicht der Werften und der Sachverständigen Dritten eine leicht innovationsfördernde Wirkung der Klassifikationsgesellschaften. Die IACS-Mitglieder selbst bewerten ihren Einfluß auf den technischen Fortschritt etwas höher, was aufgrund der Tatsache, daß die Klassifikationsgesellschaften ihre eigenen Leistungen bewerten, nicht überraschend ist.
Die auf diese Weise berechneten Produktsummen liefern einen etwas schwächeren Befund als die an späterer Stelle direkt erhobenen Wahrnehmungen der Gesamtinnovationswirkung von Klassifikationsgesellschaften im Schiffbau (vgl. Abschnitt 6.2.5.).

6.2.3. Bedeutung des Umfangs des technischen Fortschritts im Schiffbau ausserhalb der Regulierungsbefugnisse der Klassifikationsgesellschaften

Ziel dieses Abschnittes ist es, den Umfang, als kombiniertes Maß der Häufigkeit und Bedeutung, der Innovationen im Schiffbau abzuschätzen, der nicht den Regulierungsbefugnissen der Klassifikationsgesellschaften unterliegt. Konkret heißt dies: Wie viele bedeutende Innovationen werden von den Werften gemacht, die nicht von den Klassifikationsgesellschaften unter Anwendung ihrer Vorschriften abgenommen werden müssen?

Es gibt zwei wichtige Gebiete technischen Fortschritts im Schiffbau, die außerhalb der Regulierungsbefugnisse der Klassifikationsgesellschaften liegen: Dies sind *zum einen* Innovationen im Schiffbau, die in den Bereich der Zuständigkeit der International Maritime Organization (IMO) fallen (vgl. Abschnitt 2.3.). Die IMO-Konventionen werden theoretisch von den Behörden der Flaggenstaaten überwacht. In der Praxis haben allerdings viele Flaggenstaaten diese Tätigkeit auf Klassifikationsgesellschaften übertragen, die diese Aufgaben in hoheitlichem Auftrage wahrnehmen. Je nachdem, unter welcher Flagge und mit welcher Klassifikationsgesellschaft ein Schiff gebaut wird, kann die Wahrnehmung von

Befugnissen bei der Überwachung und Genehmigung eines Neubaus unterschiedlich sein. Dieser Umstand könnte erklären, warum einige Gesprächspartner der Werften Schwierigkeiten bei der genauen Abgrenzung der Tätigkeiten der IACS-Mitglieder und der Behörden der Flaggenstaaten hatten. *Zum anderen* entziehen sich Innovationen im Fertigungsprozeß auf den Werften den Regulierungsbefugnissen der Klassifikationsgesellschaften. Ob z.B. die Rohrfertigung einer Werft umstrukturiert wird und die Rohrstränge nicht wie bisher in Fließ-, sondern in Gruppenfertigung vorproduziert werden, obliegt nicht der Zuständigkeit der Klassifikationsgesellschaften. Die IACS-Mitglieder prüfen einzig und allein, ob die Produkteigenschaften und die -qualität der gefertigten Rohrstränge (weiterhin) mit den in den Klassifikationsvorschriften verankerten übereinstimmen.

Die Bedeutung des Umfangs des technischen Fortschritts im Schiffbau, der außerhalb der Zuständigkeit der Klassifikationsgesellschaften liegt (1 = sehr unbedeutend; 7 = sehr bedeutend), wurde von den drei Gruppen sehr unterschiedlich wahrgenommen (vgl. Tab. 6.7).

MW_K	$STAW_K$	MW_W	$STAW_W$	MW_D	$STAW_D$
5,27 (n=11)	1,56	**4,25** (n=24)	1,98	**6,00** (n=25)	1,00

Tab. 6.7 Vergleich der Wahrnehmungen hinsichtlich der Bedeutung des Umfangs technischen Fortschritts im Schiffbau, der außerhalb der Regulierungsbefugnisse der Klassifikationsgesellschaften liegt

Aus der Perspektive der regulierten Werften ist der Umfang des technischen Fortschritts, der außerhalb der Regulierungsbefugnisse der Klassifikationsgesellschaften liegt, nur von mittlerer Bedeutung. Die Werften betrachten die IACS-Mitglieder demzufolge als ihre entscheidenden Partner im Innovationsprozeß und als herausragende Impulsgeber. Die Klassifikationsgesellschaften bewerten die Bedeutung des technischen Fortschritts, der der Überwachung durch andere Institutionen (z.B. den Behörden der Flaggenstaaten) bzw. nicht der Überwachung durch schiffbauliche Behörden unterliegt (z.B. Innovationen im Fertigungsprozeß), etwas höher als die Werften. Die Sachverständigen Dritten schätzen die Bedeutung des Umfangs des technischen Fortschritts, der außerhalb der Regulierungsbefugnisse der Klassifikationsgesellschaften liegt, signifikant höher ein als die IACS-Mitglieder und die Werften[232]. Die Wahrneh-

[232] Kruskal-Wallis-3-Gruppen-Test mit anschließenden paarweisen Mann-Whitney-U-Tests, $\alpha = 0,05$.

mungen der Klassifikationsgesellschaften und der Werften weichen nicht signifikant voneinander ab.

6.2.4. Einfluss der Klassifikationsgesellschaften auf den technischen Fortschritt im Schiffbau innerhalb ihrer Regulierungsbefugnisse

In Abschnitt 6.2.2. wurden die Wahrnehmungen hinsichtlich der Innovationswirkung der verschiedenen Aktivitäten der Klassifikationsgesellschaften im Schiffbau dargestellt (vgl. Tab. 6.4). Zum Vergleich sollte an dieser Stelle des Fragebogens für den technischen Fortschritt, der innerhalb der Regulierungsbefugnisse der Klassifikationsgesellschaften liegt, beurteilt werden:

- wie bedeutend der Umfang der Innovationen im Schiffbau ist, auf die Klassifikationsgesellschaften fortschrittsbeschleunigend einwirken,
- wie bedeutend der Umfang der Innovationen im Schiffbau ist, auf die Klassifikationsgesellschaften weder beschleunigend noch verlangsamend einwirken,
- wie bedeutend der Umfang der Innovationen im Schiffbau ist, auf die Klassifikationsgesellschaften fortschrittsverlangsamend einwirken.

Die Wahrnehmungen der drei Gruppen sind in Tabelle 6.8 zusammengefaßt.

Bedeutung des Umfangs der Innovationen, auf die die IACS-Mitglieder	MW_K	$STAW_K$	MW_W	$STAW_W$	MW_D	$STAW_D$
Fortschrittsbeschleunigend einwirken	**5,77** (n=11)	1,21	**4,33** (n=24)	1,76	**4,81** (n=26)	1,63
Weder beschleunigend noch verlangsamend einwirken	**4,80** (n=10)	1,14	**4,58** (n=24)	1,18	**4,35** (n=26)	0,94
Fortschrittsverlangsamend einwirken	**3,05** (n=10)	1,71	**3,33** (n=24)	1,61	**3,12** (n=26)	1,75

Tab. 6.8 Vergleich der Wahrnehmungen hinsichtlich der Bedeutung des Umfangs der Innovationen, auf die die IACS-Mitglieder fortschrittsbeschleunigend, -neutral bzw. fortschrittsverlangsamend einwirken (1 = sehr unbedeutend; 7 = sehr bedeutend)

Bei der Bewertung dieser Fragen gab es keine signifikanten Mittelwertunterschiede zwischen den Gruppen[233]. Deshalb konnten die Daten zu einer Gesamtstichprobe aggregiert werden (vgl. Tab. 6.9).

---

[233] Scheffé-Test bzw. Kruskal-Wallis-3-Gruppen-Test auf Mittelwertdifferenzen, $\alpha = 0{,}05$.

Bedeutung des Umfangs der Innovationen, auf die die IACS-Mitglieder	**MW**	**STAW**	**Nennungen**
Fortschrittsbeschleunigend einwirken	4,80	1,67	61
Weder beschleunigend noch verlangsamend einwirken	4,52	1,07	60
Fortschrittsverlangsamend einwirken	3,19	1,66	60

Tab. 6.9 Aggregierte Daten bezüglich der Einschätzung der Bedeutung des Umfangs der Innovationen, auf die die IACS-Mitglieder fortschrittsbeschleunigend, -neutral bzw. fortschrittsverlangsamend einwirken

Mit Hilfe eines t-Tests für gepaarte Stichproben[234] läßt sich zeigen, daß der Umfang der Innovationen, auf die Klassifikationsgesellschaften fortschrittsbeschleunigend bzw. fortschrittsneutral einwirken, als signifikant bedeutender eingeschätzt wird als der Umfang der Innovationen, auf die Klassifikationsgesellschaften fortschrittsverlangsamend einwirken[235].
Die Wahrnehmungen der Bedeutung des Umfangs der Innovationen, auf die Klassifikationsgesellschaften fortschrittsbeschleunigend einwirken, unterscheiden sich nicht signifikant von den Wahrnehmungen der Bedeutung des Umfangs der Innovationen, auf die Klassifikationsgesellschaften fortschrittsneutral wirken[236]. Beide Bereiche sind von mittlerer Bedeutung. Der Bereich, der fortschrittsbehindernden Einflüssen der Klassifikationsgesellschaften unterliegt, wird als von geringerer Bedeutung empfunden.

Die subjektiven Wahrnehmungen aller Befragten zeigen demnach insgesamt, daß der Umfang der Innovationen, die innerhalb der Regulierungsbefugnisse der Klassifikationsgesellschaften liegen und von diesen entweder positiv beeinflußt oder zumindest nicht behindert werden, signifikant bedeutender ist als der Umfang der Innovationen, die die Klassifikationsgesellschaften negativ beeinflussen. Insgesamt bestätigt also auch die Auswertung dieser Frage den technologiefördernden Einfluß der Klassifikationsgesellschaften.

---

[234] Vgl. hierzu Bühl/Zöfel, 1994, S. 213ff.

[235] Die Ergebnisse des t-Tests auf signifikante Mittelwertunterschiede zwischen der Wahrnehmung der Bedeutung des Umfangs der Innovationen, auf die Klassifikationsgesellschaften fortschrittsbeschleunigend und der Wahrnehmung der Bedeutung des Umfangs der Innovationen, auf die Klassifikationsgesellschaften fortschrittsverlangsamend einwirken, lauten: t-Wert = 4,29; Freiheitsgrade 59; Irrtumswahrscheinlichkeit p = 0,000.
Die Ergebnisse des t-Tests auf signifikante Mittelwertunterschiede zwischen der Wahrnehmung der Bedeutung des Umfangs der Innovationen, auf die Klassifikationsgesellschaften fortschrittsneutral wirken, und der Wahrnehmung der Bedeutung des Umfangs der Innovationen, auf die Klassifikationsgesellschaften fortschrittsverlangsamend einwirken, lauten: t-Wert = 5,75; Freiheitsgrade 59; Irrtumswahrscheinlichkeit p = 0,000.

[236] Ergebnisse des t-Tests für gepaarte Stichproben: t-Wert = 0,94, Freiheitsgrade 59, Irrtumswahrscheinlichkeit p = 0,35.

6.2.5. Gesamteinfluss der Klassifikationsgesellschaften auf den technischen Fortschritt im Schiffbau

An die Erhebung der Wahrnehmungen der Innovationswirkung einzelner Facetten der Tätigkeit von Klassifikationsgesellschaften schloß sich die Frage nach der Gesamtwirkung der IACS-Mitglieder auf den technischen Fortschritt im Schiffbau an (1 = sehr stark innovationsbehindernd; 7 = sehr stark innovationsfördernd). Die Ergebnisse sind in Tabelle 6.10 zusammengefaßt.

MW_K	$STAW_K$	MW_w	$STAW_W$	MW_D	$STAW_D$
5,50 (n=10)	0,85	**5,17** (n=24)	1,01	**5,23** (n=26)	1,14

Tab. 6.10 Vergleich der Wahrnehmungen der Gesamtwirkung der IACS-Mitglieder auf den technischen Fortschritt

Von allen drei Gruppen wird die Wirkung von Klassifikationsgesellschaften auf den technischen Fortschritt im Schiffbau als innovationsfördernd wahrgenommen. Die Standardabweichungen innerhalb der drei Gruppen sind gering, d.h. die Befragten stimmen bei der Beurteilung dieser Frage weitestgehend überein. Die Mittelwerte unterscheiden sich nicht signifikant[237]. Deshalb können die Daten der drei Gruppen wiederum zu einer Gesamtstichprobe aggregiert werden. Der Mittelwert dieser Stichprobe liegt bei 5,25 (n = 60), die Standardabweichung beträgt 1,04. Von dieser aggregierten Stichprobe sollen Rückschlüsse gezogen werden auf den Mittelwert der Grundgesamtheit der Schiffbauexperten. Wie schon in Abschnitt 6.2.2. wird hierzu der approximative Gaußtest verwendet. Es soll getestet werden, ob die Stichprobe aus einer Grundgesamtheit stammt, die die Innovationswirkung von Klassifikationsgesellschaften als innovationsfördernd wahrnimmt. Von einer den technischen Fortschritt fördernden Wahrnehmung kann dann ausgegangen werden, wenn die Hypothese, daß der Populationsmittelwert kleiner gleich vier ist, abgelehnt wird. Die zu testende Nullhypothese lautet H_0: $\mu \leq 4$. Die Alternativhypothese ist H_1: $\mu > 4$. Die Nullhypothese wird verworfen[238]. Die Wahrnehmungen der Gesamtwirkung der Klassifikationsgesellschaften auf den technischen Fortschritt sind derart hoch ausgeprägt, daß sogar eine verschärfte Nullhypothese (H_0: $\mu \leq 5$) abgelehnt wird[239]. Somit kann angenommen werden, daß der Mittelwert der Grundge-

---

237 Kruskal-Wallis-3-Gruppen-Test auf Mittelwertdifferenzen; $\alpha = 0{,}05$.

238 Der approximative Gaußtest liefert einen Testfunktionswert v = 9,31. Bei einem Signifikanzniveau $\alpha = 0{,}05$ lautet der Verwerfungsbereich B = (1,645; ∞). v ∈ B.

239 Der Testfunktionswert berechnet sich zu v = 1,86 und liegt damit im Verwerfungsbereich B = (1,645; ∞).

samtheit bezüglich der Einschätzung der Gesamtwirkung von Klassifikationsgesellschaften auf den technischen Fortschritt im Schiffbau größer als fünf ist. Die Grundgesamtheit der Schiffbauexperten scheint die Gesamtwirkung der Klassifikationsgesellschaften auf den technischen Fortschritt im Schiffbau also als sehr innovationsfördernd wahrzunehmen.

In der Gruppe der *IACS-Mitglieder* wird die Gesamtwirkung der Klassifikationsgesellschaften von den Befragten als besonders innovationsfördernd bewertet, die den Umfang der Innovationen, auf die Klassifikationsgesellschaften fortschrittsbeschleunigend einwirken, als sehr bedeutend einschätzen[240]. Dies ist plausibel, denn eine positive Wahrnehmung des Einflusses der Klassifikationsgesellschaften auf den technischen Fortschritt spiegelt sich in einer guten Gesamtnote und in einer hohen Bewertung der Bedeutung des Umfangs der Innovationen, auf die Klassifikationsgesellschaften fortschrittsbeschleunigend einwirken, wider.

Diejenigen Befragten aus der Gruppe der IACS-Mitglieder, die die Gesamtinnovationswirkung der Klassifikationsgesellschaften hoch einschätzen, bewerten die Innovationswirkung von Anforderungsvorschriften eher niedrig und vice versa[241]. Anforderungsvorschriften werden als signifikant innovationsfördernder wahrgenommen als Beschreibende Vorschriften (vgl. Abschnitt 6.4.3.). Dies scheint zunächst widersprüchlich zu sein, kann aber möglicherweise durch die folgende Überlegung erklärt werden: Diejenigen Befragten der Klassifikationsgesellschaften, die Anforderungsvorschriften für stark innovationsfördernd halten, könnten enttäuscht sein über die niedrigen Anteile dieser Art von Vorschriften an den Klassifikationsvorschriften insgesamt[242] und bewerten die Gesamtinnovationswirkung der Klassifikationsgesellschaften deshalb gemessen an deren Möglichkeiten eher niedrig.

In der Gruppe der *Werften* ist die Einschätzung der Gesamtwirkung der Klassifikationsgesellschaften wie in der Gruppe der IACS-Mitglieder verknüpft mit der Bedeutung des Umfangs der Innovationen im Schiffbau, auf die Klassifikationsgesellschaften fortschrittsbeschleunigend einwirken[243]. Diejenigen Werftenvertreter, die die Gesamtwirkung der Klassifikationsgesellschaften auf den technischen Fortschritt hoch einschätzen, nehmen zugleich den Germanischen

---

240 Pearson-Korrelationskoeffizient 0,6410; $\alpha = 0,05$.

241 Beide Variablen korrelieren stark negativ (Pearson-Korrelationskoeffizient -0,7364; $\alpha = 0,05$).

242 Die Anteile von Beschreibenden und Anforderungsvorschriften teilen sich in allen Gruppen etwa im Verhältnis 60:40 auf (vgl. Abschnitt 6.4.3.).

243 Beide Variablen korrelieren positiv (Pearson-Korrelationskoeffizient 0,4330; Signifikanzniveau $\alpha = 0,05$).

Lloyd[244] und Lloyd's Register of Shipping[245] im Ranking der Klassifikationsgesellschaften als besonders innovationsfördernd wahr. Die stark positive Korrelation zwischen der Wahrnehmung der Innovationswirkung der Klassifikationsgesellschaften und der Einschätzung des Germanischen Lloyd kann auf die systematische Datenverzerrung in der Gruppe der Werften zurückgehen, die sich ausschließlich aus deutschen Unternehmen zusammensetzt.
Weiterhin wird die Gesamtwirkung der Klassifikationsgesellschaften auf den technischen Fortschritt im Schiffbau von den Vertretern der Werften besonders hoch bewertet, die die Wirkung der Klassifikationsgesellschaften auf Neuentwicklungen in der Schiffstechnik als besonders innovationsfördernd wahrnehmen[246]. Neuentwicklungen in der Schiffstechnik werden von den Werften als besonders bedeutender Aspekt des technischen Fortschritts im Schiffbau bewertet (vgl. Abschnitt 6.3.2.). Deshalb ist es nicht verwunderlich, daß die Befragten, die die IACS-Mitglieder im Bereich der Neuentwicklungen als stark innovationsfördernd wahrnehmen, den Klassifikationsgesellschaften eine gute Gesamtnote attestieren. Die Einschätzung der Gesamtwirkung der Klassifikationsgesellschaften auf den technischen Fortschritt ist des weiteren verknüpft mit der Wahrnehmung bezüglich des Grades des Zutreffens der Aussagen, daß Klassifikationsgesellschaften ihr technologisches Fachwissen einsetzen, um an der Spitze der Technologie zu forschen[247] (vgl. Abschnitt 6.5.: Aspekte der Klassifikationsgesellschaften in der Rolle des Fachpromotors) und daß die Klassifikationsgesellschaften die Verbreitung von neuem technischen Wissen im Schiffbau fördern[248] (vgl. Abschnitt 6.6.: Aspekte der Klassifikationsgesellschaften in der Rolle des Beziehungspromotors).

In der Gruppe der *Sachverständigen Dritten* ist die Wahrnehmung der Gesamtinnovationswirkung der Klassifikationsgesellschaften verknüpft mit der Bewertung des Germanischen Lloyd[249] und von American Bureau of Shipping[250] im Ranking der IACS-Mitglieder. Die Korrelation zwischen der Wahrnehmung der Gesamtinnovationswirkung der Klassifikationsgesellschaften und der Beurteilung des Germanischen Lloyd kann auch in dieser Gruppe auf eine systematische Wahrnehmungsverzerrung zurückgehen, weil nur deutsche Experten des Schiffbaus befragt wurden. Des weiteren besteht ein negativer Zusammenhang zwischen der Wahrnehmung des Einflusses der Klassifikationsgesellschaften insgesamt auf den technischen Fortschritt und der Einschätzung, inwiefern

[244] Pearson-Korrelationskoeffizient 0,5389; Signifikanzniveau $\alpha = 0{,}01$.
[245] Pearson-Korrelationskoeffizient 0,5174; Signifikanzniveau $\alpha = 0{,}05$.
[246] Kendall's τ-Korrelationskoeffizient 0,5321; Signifikanzniveau $\alpha = 0{,}01$.
[247] Pearson-Korrelationskoeffizient 0,4150; Signifikanzniveau $\alpha = 0{,}05$.
[248] Pearson-Korrelationskoeffizient 0,5168; Signifikanzniveau $\alpha = 0{,}01$.
[249] Kendall's τ-Korrelationskoeffizient 0,4428; Signifikanzniveau $\alpha = 0{,}01$.
[250] Kendall's τ-Korrelationskoeffizient 0,7068; Signifikanzniveau $\alpha = 0{,}01$.

Ineffizienz ein Grund für Mängel in der F&E-Tätigkeit der IACS-Mitglieder ist[251], d.h. diejenigen Sachverständigen Dritten, die die Gesamtwirkung der Klassifikationsgesellschaften hoch bewerten, schätzen Ineffizienz als unbedeutende Ursache für Mängel in Forschung und Entwicklung der IACS-Mitglieder ein und vice versa.
Die Sachverständigen Dritten, die die Rolle der Klassifikationsgesellschaften als Fachpromotoren stark ausgeprägt wahrnehmen, bewerten die Gesamtwirkung der IACS-Mitglieder innovationsfördernder als die Befragten, die die Rolle der Klassifikationsgesellschaften als Fachpromotoren nicht so ausgeprägt wahrnehmen und vice versa: Die Einschätzung der Gesamtwirkung der Klassifikationsgesellschaften auf den technischen Fortschritt im Schiffbau durch die Sachverständigen Dritten korreliert positiv mit den folgenden Variablen, die Klassifikationsgesellschaften als Fachpromotoren des technischen Fortschritts im Schiffbau charakterisieren[252]:

- mit der Höhe der Einschätzung, wie stark das bei Klassifikationsgesellschaften konzentrierte Wissen den technischen Fortschritt im Schiffbau fördert[253],
- mit der Wahrnehmung der fachlichen Qualifikation der Mitarbeiter der F&E-Abteilungen sowie des Technischen Dienstleistungsservices der Klassifikationsgesellschaften[254],
- mit der Beurteilung der Kreativität der Klassifikationsgesellschaften im Umgang mit Know-how[255],
- mit der Bewertung der Aussage, daß die IACS-Mitglieder F&E mit Schwerpunkt Forschung betreiben, die Werften u.a. auf diesem Wissen aufbauen und F&E mit Schwerpunkt Entwicklung betreiben[256].

Die Sachverständigen Dritten, die die Rolle der Klassifikationsgesellschaften als Beziehungspromotoren stärker ausgeprägt wahrnehmen, bewerten den Gesamteinfluß der Klassifikationsgesellschaften auf den technischen Fortschritt im Schiffbau höher als die Befragten, die die Rolle der Klassifikationsgesellschaften als Beziehungspromotoren nicht so ausgeprägt wahrnehmen und vice versa: Die Einschätzung der Gesamtwirkung der Klassifikationsgesellschaften auf den technischen Fortschritt im Schiffbau durch die Sachverständigen Dritten korreliert positiv mit den folgenden Variablen, die Klassifikationsgesellschaften als

---

[251] Kendall's τ-Korrelationskoeffizient -0,4185; Signifikanzniveau $\alpha = 0{,}05$.

[252] Zur Rolle der Klassifikationsgesellschaften als Fachpromotoren des technischen Fortschritts im Schiffbau vgl. Abschnitt 6.5.

[253] Kendall's τ-Korrelationskoeffizient 0,3569; Signifikanzniveau $\alpha = 0{,}05$.

[254] Kendall's τ-Korrelationskoeffizient 0,3994; Signifikanzniveau $\alpha = 0{,}05$.

[255] Kendall's τ-Korrelationskoeffizient 0,3583; Signifikanzniveau $\alpha = 0{,}05$.

[256] Kendall's τ-Korrelationskoeffizient 0,4221; Signifikanzniveau $\alpha = 0{,}05$.

Beziehungspromotoren des technischen Fortschritts im Schiffbau charakterisieren[257]:

- mit der Wahrnehmung, inwiefern Klassifikationsgesellschaften auf aktuelle technische Probleme im Schiffbau hinweisen und Anregungen für Forschungsprojekte geben[258],
- mit der Einschätzung, inwiefern die Klassifikationsgesellschaften den technischen Fortschritt im Schiffbau koordinieren[259],
- mit der Beurteilung, ob die Klassifikationsgesellschaften ihr technologisches Fachwissen, ihre Kontakte und die mit der Definition und Überwachung von Vorschriften verbundene Macht optimal zur Förderung des technischen Fortschritts im Schiffbau nutzen[260],
- mit der Wahrnehmung, ob das Kommunikationspotential und das technologische Fachwissen der Klassifikationsgesellschaften die Basis für ein Netzwerk zur Förderung des technischen Fortschritts im Schiffbau bilden könnten, das alle relevanten Unternehmen und Behörden miteinander verbindet[261].

Angesichts des negativen Image von intermediären regulierenden Institutionen, die den Ruf haben, eher träge und konservativ als innovationsfördernd zu sein[262], erstaunt der als sehr innovationsfördernd wahrgenommene Gesamteinfluß der Klassifikationsgesellschaften auf den technischen Fortschritt ebensosehr wie die in Abschnitt 6.2.2. dargestellten innovationsfördernden Wahrnehmungen der verschiedenen Aktivitäten der Klassifikationsgesellschaften im Schiffbau.

---

257 Zur Rolle der Klassifikationsgesellschaften als Beziehungspromotoren des technischen Fortschritts im Schiffbau vgl. Abschnitt 6.6.

258 Kendall's τ-Korrelationskoeffizient 0,4808; Signifikanzniveau $\alpha = 0{,}01$.

259 Kendall's τ-Korrelationskoeffizient 0,4380; Signifikanzniveau $\alpha = 0{,}01$.

260 Kendall's τ-Korrelationskoeffizient 0,4025; Signifikanzniveau $\alpha = 0{,}05$.

261 Kendall's τ-Korrelationskoeffizient 0,4266; Signifikanzniveau $\alpha = 0{,}05$.

262 Das träge, innovationsbehindernde Erscheinungsbild regulierender Institutionen anderer Bereiche kann möglicherweise mit Hilfe der Ökonomischen Theorie der Bürokratie erklärt werden. Unter dem Begriff Bürokratie wird dabei eine Organisation verstanden, „die nicht auf Gewinnerzielung ausgerichtet ist und die sich nicht durch den Verkauf ihrer Leistungen auf Märkten, sondern durch einen ihr zur Verfügung gestellten Pauschalbetrag, durch ein Budget finanziert" (Roppel, 1979, S. 9; vgl Niskanen, 1971, S. 15. Zum klassischen Bürokratiebegriff vgl. Weber, 1956, S. 559).
Diese Theorie nennt unterschiedliche Ursachen, die zur Erklärung von Ineffizienz und innovationsbehinderndem Verhalten von Büros beitragen können (vgl. Gawel, 1995, S. 82). Klassifikationsgesellschaften entsprechen nicht diesem Bürokratiebegriff, weil sie, zwar nur eingeschränkt, Gewinne erwirtschaften dürfen und nicht über fest zugeordnete Budgets verfügen, sondern ihre Umsätze am Markt erwirtschaften müssen. Daher kann die Ökonomische Theorie der Bürokratie nicht zur Erklärung des innovationsfördernden Einflusses der Klassifikationsgesellschaften auf den technischen Fortschritt im Schiffbau beitragen.

Die Triebfeder des innovationsfördernden Verhaltens der Klassifikationsgesellschaften scheint in erster Linie der Wettbewerb zwischen den Mitgliedern der IACS zu sein, d.h. der Markt für Klassifikationsleistungen stimuliert die Innovationswirkung der Klassifikationsgesellschaften[263]. Die privatrechtliche Organisation dieser Gesellschaften könnte ebenfalls eine Erklärung für die innovationsfördernde Wirkung der Klassifikationsgesellschaften liefern[264]. Die Ergebnisse dieser Studie könnten den Argumenten der Befürworter der Vergabe von Überwachungs- und Kontrollaufgaben an Private Nachdruck verleihen.

Allerdings gibt es auch Argumente, die gegen den Wettbewerb der Klassifikationsgesellschaften sprechen:

- Das Beispiel der polnischen Klassifikationsgesellschaft (Polski Rejestr Statkow) aus Abschnitt 6.1.3. hat gezeigt, daß der Kampf der Klassifikationsgesellschaften um Marktanteile zu einem Verfall der Sicherheitsstandards führen kann[265], wenn der Markt für Regulierungsleistungen nicht seinerseits wiederum reguliert wird - wie dies im Fall der Verletzung des „Transfer of Class Agreements" durch den vorübergehenden Ausschluß der polnischen Klassifikationsgesellschaften aus der IACS geschehen ist.
- Die überwiegend privatrechtlich organisierten Klassifikationsgesellschaften konzentrieren ihr Interesse auf die Marktsegmente, in denen sie die größten Umsätze erzielen und vermutlich die höchsten Renditen erwirtschaften können. Dies kann dazu führen, daß sich die IACS-Mitglieder sowohl bei der Vergabe von F&E-Projekten im Rahmen der Trägerschaft staatlich geförderter Projekte als auch bei eigener Forschung und Entwicklung sowie bei der Aktualisierung von Klassifikationsvorschriften auf diese Segmente konzentrieren. Wie aus den bei den Werften geführten Gesprächen hervorging, fühlen sich vor allem die Unternehmen benachteiligt, die kleine Spezialschiffe bauen: Die Vorschriften in diesen Bereichen seien weniger aktuell als in anderen Bereichen. Die Ergebnisse geförderter F&E-Projekte gingen häufig an den Interessen dieser Werften vorbei.

---

[263] Böhme/Sichelschmidt, 1995, S. 31: „Aus wettbewerbspolitischer Sicht ist zu berücksichtigen, daß die Klassifikationsgesellschaften mit quasi-öffentlichen Aufgaben betraut sind, daß sie diese vermutlich mit größerer Effizienz als staatliche Institutionen erfüllen können und daß ihre Gewinnverwendung begrenzt werden kann".

[264] Diese Befunde stützen die Vermutung von Böhme/Sichelschmidt (1995, S. 31), daß Klassifikationsgesellschaften Regulierungsleistungen effizienter erbringen können als staatliche Institutionen.

[265] Vgl. Böhme/Sichelschmidt, 1995, S.31.

6.2.6. Ranking der Klassifikationsgesellschaften im Hinblick auf die Förderung des technischen Fortschritts im Schiffbau

Um die Einschätzung der Gesamtwirkung der Klassifikationsgesellschaften auf den technischen Fortschritt weiter zu differenzieren, sollten die Befragten den Einfluß der ihnen bekannten Mitglieder der IACS auf den technischen Fortschritt im Schiffbau auf einer Skala von -10 bis +10 bewerten (-10 = sehr stark negativer Einfluß auf den technischen Fortschritt; 0 = kein Einfluß auf den technischen Fortschritt; + 10 = sehr stark positiver Einfluß auf den technischen Fortschritt). Aus diesen Daten läßt sich für jede Gruppe eine Rangfolge der Klassifikationsgesellschaften hinsichtlich des wahrgenommenen Einflusses auf den technischen Fortschritt bilden. Die Ergebnisse des Rankings sind in Tabelle 6.11 zusammengefaßt.

Von den Klassifikationsgesellschaften beteiligten sich nur sechs an der Erstellung des Rankings. Zwei der fünf Befragten, die diese Frage nicht beantworteten, äußerten explizit ethische Bedenken gegen eine derartige vergleichende Bewertung von Mitbewerbern. Dies veranschaulicht die Brisanz der Konkurrenzsituation zwischen den IACS-Mitgliedern.

In den Spalten, die mit r_K, r_W bzw. r_D überschrieben sind, ist die Plazierung des jeweiligen IACS-Mitglieds in der Rangfolge genannt, die sich aus den Beurteilungen der Klassifikationsgesellschaften, der Werften bzw. der Sachverständigen Dritten ergab. Die Klassifikationsgesellschaften sind in den Zeilen der Tabelle gemäß der Einschätzung durch die Befragten der IACS-Mitglieder in absteigender Rangfolge notiert. Erfolgten innerhalb einer Gruppe weniger als vier Nennungen für eine Klassifikationsgesellschaft, ist aufgrund mangelnder Aussagekraft auf eine Auswertung dieser Daten verzichtet worden[266].

Die norwegische Klassifikationsgesellschaft, Det Norske Veritas, fördert aus der Perspektive aller Befragten den technischen Fortschritt am stärksten. Aufgrund der relativen Stellung im Vergleich zu den Mitbewerbern und wegen der absoluten Höhe der Bewertungen in allen drei Gruppen kommt dieser Gesellschaft eine Vorbildfunktion zu.

Insgesamt werden die großen Klassifikationsgesellschaften im Hinblick auf die Förderung des technischen Fortschritts im Schiffbau höher bewertet als die kleinen. Die Gesellschaften der westlichen Industrieländer werden innovationsfördernder eingeschätzt als die asiatischen IACS-Mitglieder. Für die Gruppe der Werften und der Sachverständigen Dritten mag das auch daran liegen, daß die

[266] In den entsprechenden Feldern der Tabelle sind Striche verzeichnet.

Bindung an westliche Klassifikationsgesellschaften größer ist als an die asiatischen[267].

IACS-Mitglied	r_K	MW_K	$STAW_K$	r_W	MW_W	$STAW_W$	r_D	MW_D	$STAW_D$
Det Norske Veritas	1	**8,50** (n=6)	1,22	1	**5,63** (n=19)	2,36	1	**6,94** (n=18)	2,44
American Bureau of Shipping	2	**8,00** (n=6)	1,67	4	**2,83** (n=12)	3,59	4	**4,50** (n=14)	2,68
Lloyd's Register of Shipping	3	**7,67** (n=6)	2,25	3	**3,89** (n=18)	2,65	3	**5,00** (n=17)	2,89
Nippon Kaiji Kyokai	4	**6,80** (n=5)	2,28	-	-	-	-	-	-
Germanischer Lloyd	5	**6,00** (n=6)	1,90	2	**4,82** (n=22)	2,81	2	**6,12** (n=25)	2,76
Bureau Veritas	6	**4,20** (n=5)	3,03	5	**2,55** (n=11)	2,54	5	**4,07** (n=14)	2,59
Registro Italiano Navale	7	**3,25** (n=4)	2,50	6	**1,80** (n=5)	2,68	6	**2,33** (n=6)	2,94
Korean Register of Shipping	8	**2,75** (n=4)	2,50	-	-	-	-	-	-
China Classification Society	9	**2,50** (n=4)	2,52	7	**-0,14** (n=7)	3,39	8	**1,00** (n=4)	1,15
Polski Rejestr Statkow	10	**1,75** (n=4)	2,36	-	-	-	7	**1,25** (n=4)	2,50
Maritime Register of Shipping	10	**1,75** (n=4)	2,87	8	**-1,25** (n=4)	1,50	9	**0,00** (n=5)	0,00
Indian Register of Shipping	12	**1,00** (n=4)	1,41	-	-	-	-	-	-
Croatian Register of Shipping	13	**0,50** (n=4)	1,00	-	-	-	-	-	-

Tab. 6.11 Ranking der Klassifikationsgesellschaften im Hinblick auf die Förderung des technischen Fortschritts im Schiffbau

Die Einschätzung der Rangfolge der IACS-Mitglieder durch die Werften bzw. durch die Sachverständigen Dritten stimmt auf den ersten sechs Plätzen exakt überein. Die Einschätzung durch die Klassifikationsgesellschaften selbst bestätigt die Spitzenstellung der norwegischen Klassifikationsgesellschaft (DNV). Ebenfalls identisch in allen Gruppen ist die Einstufung von Lloyd's Register of

[267] Dies ergibt sich z.B. aus den Angaben der Werften zu der Frage, mit welchen Klassifikationsgesellschaften regelmäßig zusammengearbeitet wird. Vgl. Abschnitt 6.1.3.

Shipping (LR) auf Platz drei. Platz zwei weisen die IACS-Mitglieder aus internationaler Sicht American Bureau of Shipping (ABS) zu. Die Vertreter der Werften und die Sachverständigen Dritten ordnen aus deutscher Perspektive den Germanischen Lloyd (GL) an zweiter Stelle des Rankings ein. Die IACS-Mitglieder stufen den Germanischen Lloyd auf Platz fünf ein. Die hohe Bewertung des Germanischen Lloyd durch die Werften und Sachverständigen Dritten könnte wieder auf die Datenverzerrung zurückgehen.

6.2.7. Vergleich unterschiedlicher Methoden zur Bestimmung des Gesamteinflusses von Klassifikationsgesellschaften auf den technischen Fortschritt im Schiffbau

Bildet man, basierend auf dem Ranking der IACS-Mitglieder, spaltenweise aus den Mittelwerten für die einzelnen Klassifikationsgesellschaften einen Gruppenmittelwert über alle bewerteten Klassifikationsgesellschaften und rechnet diesen auf ein 7-er Skalenniveau[268] um, so können diese Ergebnisse mit denen der im Fragebogen vorhergehenden Frage nach der Gesamtwirkung der Tätigkeit von Klassifikationsgesellschaften auf den technischen Fortschritt im Schiffbau verglichen werden (vgl. Tab. 6.12).

Vergleich unterschiedlicher Verfahren zur Bestimmung der Innovationswirkung der IACS-Mitglieder	MW_K	MW_W	MW_D
Antworten aus dem Fragebogen: Wirkung der Klassifikationsgesellschaften insgesamt auf den technischen Fortschritt im Schiffbau?	5,50	5,17	5,23
Aus dem Ranking der Klassifikationsgesellschaften errechnete Werte	5,40	5,07	5,42
Produktsumme aus zeitlichem Aufwand für die einzelne Aktivitäten der IACS-Mitglieder und deren Innovationswirkung	5,15	4,63	4,62

Tab. 6.12 Vergleich unterschiedlicher Verfahren zur Bestimmung der Innovationswirkung der IACS-Mitglieder

Die Ergebnisse der direkt gestellten Frage nach der Gesamtinnovationswirkung von Klassifikationsgesellschaften stimmen sehr gut mit den indirekt aus dem Ranking der IACS-Mitglieder berechneten Werten überein.

Die Werte, die sich aus der Bildung der Produktsumme aus zeitlichem Aufwand für einzelne Aktivitäten[269] und deren Innovationswirkung ergeben, liegen etwas niedriger als die direkt erhobenen bzw. aus dem Ranking errechneten. Auffällig

[268] Der Mittelwert auf einer 7-er Skala (mit der Skalenmitte 4) berechnet sich aus dem Mittelwert auf einer 21-er Skala (mit der Skalenmitte 0) zu: $MW_7 = MW_{21} / 10 * 3 + 4$.

[269] Vgl. Abschnitt 6.2.2.

sind vor allem die Unterschiede in der Gruppe der Werften und der Sachverständigen Dritten. Insgesamt sind die Ergebnisse der drei Methoden zur Bestimmung der Wirkung von Klassifikationsgesellschaften auf den technischen Fortschritt im Schiffbau konsistent. Dieser Befund unterstreicht die Validität der erhobenen Daten.

6.2.8. Zusammenfassung der Ergebnisse aus Abschnitt 6.2.

Die in diesem Abschnitt dargestellten Ergebnisse zeichnen ein positives Bild von den Einflüssen der Klassifikationsgesellschaften auf den technischen Fortschritt im Schiffbau. Überblickartig werden die einzelnen Befunde noch einmal kurz zusammengefaßt:

- Die im Promotorenmodell systematisch zusammengestellten Aktivitäten bilden die Tätigkeit der Klassifikationsgesellschaften im Schiffbau gut ab. Keine der im Promotorenmodell dargestellten Aktivitäten der IACS-Mitglieder wird als innovationsbehindernd wahrgenommen.
- Die Bedeutung des Umfangs der Innovationen im Schiffbau, die außerhalb der Regulierungsbefugnisse der Klassifikationsgesellschaften liegen, werden von den Klassifikationsgesellschaften und den Werften signifikant niedriger wahrgenommen als von den Sachverständigen Dritten, d.h. die IACS-Mitglieder und die Werften messen der Tätigkeit der Klassifikationsgesellschaften im Schiffbau einen bedeutenderen Umfang bei als die Sachverständigen Dritten.
- Für die Innovationen im Schiffbau, die in die Regulierungsbefugnisse der Klassifikationsgesellschaften fallen, werden fortschrittsbeschleunigende bzw. neutrale Einflüsse signifikant stärker ausgeprägt wahrgenommen als fortschrittsverlangsamende.
- Die Befragten aller drei Gruppen schätzen die Gesamtwirkung der IACS-Mitglieder auf den technischen Fortschritt im Schiffbau einheitlich als sehr innovationsfördernd ein. Im Ranking der Klassifikationsgesellschaften wird Det Norske Veritas aus allen drei Perspektiven im Hinblick auf die Förderung des technischen Fortschritts im Schiffbau am besten bewertet.

6.3. Aspekte einer erfolgreichen Förderung des technischen Fortschritts im Schiffbau durch Klassifikationsgesellschaften

In diesem Abschnitt wird zunächst untersucht, welche Teilgebiete den technischen Fortschritt im Schiffbau derzeit auszeichnen (Abschnitt 6.3.1.). Darauf aufbauend wird in Abschnitt 6.3.2. analysiert, wie die Einflüsse der Klassifikationsgesellschaften auf diese unterschiedlich bedeutsamen Aspekte technischen Fortschritts wahrgenommen werden. In Abschnitt 6.3.3. werden unterschiedliche Aspekte der Effizienz und Effektivität der Forschung und Entwicklung in Klassifikationsgesellschaften ausgewertet. Der Abschnitt endet mit einer Analyse der Effektivität der Klassifikationsgesellschaften bei der Ausübung ihrer wichtigsten Tätigkeit, der Definition und Überwachung der Einhaltung von Vorschriften (Abschnitt 6.3.4.).

6.3.1. Charakterisierung des technischen Fortschritts im Schiffbau

Der abstrakte Begriff des „technischen Fortschritts“ wird für den Schiffbau in einzelne Teilgebiete zerlegt. Die Befragten sollten bewerten, inwiefern diese Teilgebiete charakteristisch für den technischen Fortschritt im Schiffbau sind (1 = völlig uncharakteristisch, 7 = sehr stark charakteristisch), d.h. die Bewertungen geben die subjektiven Wahrnehmungen der Befragten bezüglich der Bedeutung der abgefragten Innovationsfelder im Schiffbau wieder (vgl. Tab. 6.13). Die Elemente der Spalten, die mit r_K, r_W bzw. r_D überschrieben sind, geben jeweils die Rangnummer der Einschätzung der Bedeutung der einzelnen Variablen für den technischen Fortschritt im Schiffbau durch die jeweilige Gruppe an.

Aspekt technischen Fortschritts	r_K	MW_K	$STAW_K$	r_W	MW_W	$STAW_W$	r_D	MW_D	$STAW_D$
Neuentwicklungen in der Schiffstechnik	2	**6,00** (n=11)	1,55	1	**6,42** (n=24)	0,65	2	**5,81** (n=26)	1,47
Erhöhung der Betriebssicherheit der Schiffe	1	**6,18** (n=11)	0,60	3	**6,04** (n=24)	1,04	1	**5,92** (n=26)	1,29
Verbesserung der Arbeitsbedingungen für Schiffsbesatzungen	7	**4,27** (n=11)	1,19	7	**3,75** (n=24)	1,45	6	**4,62** (n=26)	1,68
Steigerung der Wirtschaftlichkeit der Schiffe	4	**5,59** (n=11)	0,86	2	**6,33** (n=24)	0,82	3	**5,68** (n=25)	1,57
Setzung und Überwachung schärferer Umweltschutzauflagen	3	**5,73** (n=11)	1,01	4	**4,96** (n=24)	1,37	4	**4,88** (n=25)	1,45
Erhöhung des Grades weltweiter Vereinheitlichung der Klassifikationsvorschriften	6	**5,09** (n=11)	1,30	6	**4,39** (n=23)	1,56	7	**4,28** (n=25)	1,51
Erhöhung der Aktualität der Vorschriften	5	**5,27** (n=11)	0,90	5	**4,67** (n=24)	1,52	5	**4,73** (n=26)	1,22

Tab. 6.13 Vergleich der Einschätzungen hinsichtlich der Bedeutung einzelner Aspekte des technischen Fortschritts im Schiffbau

Die Gruppenmittelwerte unterscheiden sich bei keiner der Variablen signifikant[270]. Innerhalb der Gruppen wurde untersucht, ob sich die Mittelwerte der Wahrnehmungen der einzelnen Variablen signifikant unterscheiden. Die Ergebnisse der t-Tests für gepaarte Stichproben sind in den folgenden Tabellen dargestellt. Die Tabellen sind zeilenweise zu lesen: Eine 0 bedeutet, daß zwischen der Variablen der Zeile und der Spalte kein signifikanter Unterschied besteht. Eine 1 zeigt an, daß das Untersuchungsmerkmal der Zeile signifikant höher bewertet wird als das der Spalte. Eine -1 ist in den Feldern notiert, in denen das Untersuchungsmerkmal der Zeile signifikant niedriger ausgeprägt wahrgenommen wird als das der Spalte. Sämtlichen paarweisen t-Tests liegt ein Signifikanzniveau von $\alpha = 0,05$ zugrunde.

Charakteristika des technischen Fortschritts im Schiffbau: t-Test auf signifikante Mittelwertunterschiede innerhalb der Gruppe der IACS-Mitglieder	Neuentwicklungen	Erhöhung der Betriebssicherheit	Verbesserung der Arbeitsbedingungen	Steigerung der Wirtschaftlichkeit	Setzung und Einhaltung schärferer Umweltschutzauflagen	Erhöhung des Grades der Vorschriftenvereinheitlichung	Erhöhung der Aktualität der Vorschriften
Neuentwicklungen		0	1	0	0	0	0
Erhöhung der Betriebssicherheit	0		1	1	0	1	1
Verbesserung der Arbeitsbedingungen	-1	-1		-1	-1	0	-1
Steigerung der Wirtschaftlichkeit	0	-1	1		0	0	0
Setzung und Einhaltung schärferer Umweltschutzauflagen	0	0	1	0		0	0
Erhöhung des Grades der Vorschriftenvereinheitlichung	0	-1	0	0	0		0
Erhöhung der Aktualität der Vorschriften	0	-1	1	0	0	0	

*Tab. 6.14 Charakteristika des technischen Fortschritts im Schiffbau: t-Test auf signifikante Mittelwertunterschiede in der Gruppe der **IACS-Mitglieder***

[270] Kruskal-Wallis-3-Gruppen-Test bzw. Scheffé-Test, Signifikanzniveau von $\alpha = 0,05$.

Die Klassifikationsgesellschaften nehmen die Erhöhung der Betriebssicherheit der Schiffe als das derzeit bedeutendste Innovationsfeld im Schiffbau wahr (vgl. Tab. 6.14). Nicht signifikant niedriger werden die Variablen Neuentwicklungen in der Schiffstechnik und Setzung und Überwachung der Einhaltung schärferer Umweltschutzauflagen bewertet. Die übrigen Variablen werden von den IACS-Mitgliedern als signifikant weniger charakteristisch für den technischen Fortschritt wahrgenommen. Aus Sicht der Klassifikationsgesellschaften bildet somit die Erhöhung der Betriebssicherheit der Schiffe das wichtigste Betätigungsfeld für Innovationen, gefolgt von Neuentwicklungen in der Schiffstechnik und der Setzung und Überwachung der Einhaltung schärferer Umweltschutzauflagen.

Charakteristika des technischen Fortschritts im Schiffbau: t-Test auf signifikante Mittelwertunterschiede innerhalb der Gruppe der Werften	Neuentwicklungen	Erhöhung der Betriebssicherheit	Verbesserung der Arbeitsbedingungen	Steigerung der Wirtschaftlichkeit	Setzung und Einhaltung schärferer Umweltschutzauflagen	Erhöhung des Grades der Vorschriftenvereinheitlichung	Erhöhung der Aktualität der Vorschriften
Neuentwicklungen		0	1	0	1	1	1
Erhöhung der Betriebssicherheit	0		1	0	1	1	1
Verbesserung der Arbeitsbedingungen	-1	-1		-1	-1	0	-1
Steigerung der Wirtschaftlichkeit	0	0	1		1	1	1
Setzung und Einhaltung schärferer Umweltschutzauflagen	-1	-1	1	-1		0	0
Erhöhung des Grades der Vorschriftenvereinheitlichung	-1	-1	0	-1	0		0
Erhöhung der Aktualität der Vorschriften	-1	-1	1	-1	0	0	

*Tab. 6.15 Charakteristika des technischen Fortschritts im Schiffbau: t-Test auf signifikante Mittelwertunterschiede in der Gruppe der **Werften***

Daß Sicherheits- und Umweltschutzaspekte für die Tätigkeit der IACS-Mitglieder von übergeordneter Bedeutung sind, spiegelt sich wider in den von den Klassifikationsgesellschaften im Auftrag vieler Flaggenstaaten zu überwachenden SOLAS- (Safety Of Life At Sea) und MARPOL- (Marine Polution) Konventionen der IMO, die sich genau mit diesen Aspekten befassen. Sie zählen zu den wichtigsten IMO-Konventionen.

Für die Werften zeigt sich, daß die Variablen Neuentwicklungen in der Schiffstechnik, Erhöhung der Betriebssicherheit der Schiffe und Steigerung der Wirtschaftlichkeit signifikant höher bewertet als alle übrigen Variablen (vgl. Tab. 6.15).

Untereinander weisen die Mittelwerte dieser drei Variablen keine signifikanten Differenzen auf. Aus der Perspektive der Werften sind diese drei Innovationsfelder also diejenigen, auf denen sich der technische Fortschritt am intensivsten vollzieht. Wie sich in den niedrigen Standardabweichungen widerspiegelt (vgl. Tab. 6.13) sind die Einschätzungen dieser drei Variablen durch die Werften sehr einheitlich. Diese Aspekte betreffen direkt die Wettbewerbsfähigkeit der Werften, d.h. Erfolge in diesen Bereichen können unmittelbar zu Wettbewerbsvorteilen führen.

Die Sachverständigen Dritten nehmen Neuentwicklungen in der Schiffstechnik, die Erhöhung der Betriebssicherheit der Schiffe sowie die Steigerung der Wirtschaftlichkeit der Schiffe als die mit Abstand bedeutendsten Variablen wahr (vgl. Tab. 6.16). Für diese drei Variablen stimmt das Muster signifikanter Unterschiede exakt mit dem der Werften überein. Aus der Perspektive der deutschen Werften und der deutschen Sachverständigen Dritten scheinen diese Bereiche des technischen Fortschritts einheitlich von hoher Bedeutung zu sein.

Die weltweite Vereinheitlichung der Klassifikationsvorschriften und die Verbesserung der Arbeitsbedingungen für die Schiffsbesatzungen sind in allen Gruppen von untergeordneter Bedeutung. Ein Grund für den niedrigen Stellenwert des letzteren Aspektes könnte in dem weiterhin expandierenden, hohen Anteil ausgeflaggter Schiffe zu sehen sein. Die arbeitsrechtlichen Bestimmungen vieler Flaggenstaaten mit offenen Registern erzeugen nur unzureichenden Anreiz, die Verbesserung der Arbeitsbedingungen an Bord zu forcieren.

Neben den aufgelisteten Variablen, die für technischen Fortschritt im Schiffbau von Bedeutung sind, hatten die Befragten die Möglichkeit, weitere Aspekte zu nennen und in ihrer Bedeutung zu gewichten: Drei Vertreter der Werften nannten Aspekte der Fertigungsprozeßoptimierung, die als charakteristisch bis sehr charakteristisch für den technischen Fortschritt bezeichnet wurden. Hoher Kostendruck veranlaßt die Werften, Fertigungsprozesse durch den Einsatz technischer und organisatorischer Innovationen zu verbessern.

Charakteristika des technischen Fortschritts im Schiffbau: t-Test auf signifikante Mittelwertunterschiede innerhalb der Gruppe der Sachverständigen Dritten	Neuentwicklungen	Erhöhung der Betriebssichcrhcit	Verbesserung der Arbeitsbedingungen	Steigerung der Wirtschaftlichkeit	Setzung und Einhaltung schärferer Umweltschutzauflagen	Erhöhung des Grades der Vorschriftenvereinheitlichung	Erhöhung der Aktualität der Vorschriften
Neuentwicklungen		0	1	0	1	1	1
Erhöhung der Betriebssicherheit	0		1	0	1	1	1
Verbesserung der Arbeitsbedingungen	-1	-1		-1	0	0	0
Steigerung der Wirtschaftlichkeit	0	0	1		1	1	1
Setzung und Einhaltung schärferer Umweltschutzauflagen	-1	-1	0	-1		0	0
Erhöhung des Grades der Vorschriftenvereinheitlichung	-1	-1	0	-1	0		0
Erhöhung der Aktualität der Vorschriften	-1	-1	0	-1	0	0	

Tab. 6.16 Charakteristika des technischen Fortschritts im Schiffbau: t-Test auf signifikante Mittelwertunterschiede in der Gruppe der ***Sachverständigen Dritten***

6.3.2. Einfluss der Klassifikationsgesellschaften auf diese Teilgebiete des technischen Fortschritts

Anknüpfend an die Frage, welche Teilgebiete den technischen Fortschritt im Schiffbau derzeit besonders kennzeichnen, sollte der Einfluß von Klassifikationsgesellschaften auf diese Gebiete (1 = sehr stark innovationsbehindernd, 7 = sehr stark innovationsfördernd) bewertet werden (vgl. Tab. 6.17). Die Elemente der Spalten, die mit r_K, r_W bzw. r_D überschrieben sind, geben wiederum jeweils die Rangnummer der Bewertung des Einflusses der IACS-Mitglieder auf die

genannten Aspekte des technischen Fortschritts aus der Sicht der Klassifikationsgesellschaften, der Werften und der Sachverständigen Dritten an.
Interessant ist zunächst, daß in keiner Gruppe ein innovationsbehindernder Einfluß der Klassifikationsgesellschaften auf einzelne Teilgebiete des technischen Fortschritts zu erkennen ist. Dieses Ergebnis stimmt mit den zuvor gewonnenen Erkenntnissen überein, wonach weder die Einzelaktivitäten noch die Gesamtwirkung der IACS-Mitglieder als innovationsbehindernd wahrgenommen wurden (vgl. Abschnitt 6.2.2. und 6.2.5.).

Aspekt technischen Fortschritts	r_K	MW_K	$STAW_K$	r_W	MW_W	$STAW_W$	r_D	MW_D	$STAW_D$
Neuentwicklungen in der Schiffstechnik	6	**5,27** (n=11)	1,27	5	**4,25** (n=24)	1,45	6	**4,73** (n=26)	1,25
Erhöhung der Betriebssicherheit der Schiffe	1	**6,55** (n=11)	0,69	1	**5,63** (n=24)	1,13	1	**5,73** (n=26)	0,92
Verbesserung der Arbeitsbedingungen für Schiffsbesatzungen	7	**4,64** (n=11)	1,36	7	**4,04** (n=24)	1,16	7	**4,27** (n=26)	1,15
Steigerung der Wirtschaftlichkeit der Schiffe	4	**5,36** (n=11)	1,03	6	**4,17** (n=24)	1,34	4	**4,88** (n=26)	1,40
Setzung und Überwachung schärferer Umweltschutzauflagen	5	**5,36** (n=11)	1,12	2	**5,00** (n=24)	1,32	2	**5,00** (n=26)	1,30
Erhöhung des Grades weltweiter Vereinheitlichung der Klassifikationsvorschriften	3	**5,64** (n=11)	1,03	3	**4,64** (n=22)	1,29	3	**4,92** (n=26)	1,33
Erhöhung der Aktualität der Vorschriften	2	**5,64** (n=11)	0,93	4	**4,63** (n=24)	1,13	5	**4,85** (n=26)	1,12

Tab. 6.17 Einfluß der Klassifikationsgesellschaften auf die einzelnen Aspekte des technischen Fortschritts

Signifikante Mittelwertunterschiede ($\alpha = 0,05$) bestehen zwischen Klassifikationsgesellschaften und Werften bei der Einschätzung des Einflusses von Klassifikationsgesellschaften auf die Erhöhung der Betriebssicherheit der Schiffe[271] und auf die Erhöhung der Aktualität von Vorschriften[272]. Ihren Einfluß auf beide Variablen schätzen die IACS-Mitglieder signifikant höher ein als die Werften. Beide Variablen werden von den Klassifikationsgesellschaften am höchsten, von den Werften am niedrigsten bewertet. Diese Unterschiede könnten dadurch erklärt werden, daß die Klassifikationsgesellschaften ihre eigenen Leistungen beurteilen müssen und sich möglicherweise überschätzen. Die Wahrheit liegt vermutlich, wie die Einschätzungen der Sachverständigen Dritten, zwi-

[271] Kruskal-Wallis-3-Gruppen-Test auf Mittelwertdifferenzen und anschließender paarweiser Mann-Whitney U-Test; $\alpha = 0,05$.
[272] Scheffé-Test, Signifikanzniveau $\alpha = 0,05$.

schen den beiden Extremen. Bei den übrigen fünf Variablen aus diesem Bereich gibt es keine signifikanten Mittelwertunterschiede[273].

Innerhalb der drei Gruppen wurde wie zuvor für die Einschätzung der Bedeutung der Aspekte für technischen Fortschritt untersucht, ob sich die Mittelwerte der Wahrnehmungen bezüglich der Innovationswirkung der IACS-Mitglieder auf die einzelnen Variablen signifikant unterscheiden. Die Ergebnisse der t-Tests ($\alpha = 0{,}05$) für gepaarte Stichproben sind in den folgenden Tabellen dargestellt[274]. Die Tabelle, die für die Klassifikationsgesellschaften die Ergebnisse der t-Tests zusammenfaßt (vgl. Tab. 6.18), ist besonders aussagekräftig: Die IACS-Mitglieder bewerten ihren Einfluß auf die Erhöhung der Betriebssicherheit signifikant höher als die Wirkung auf alle übrigen Variablen. Die Klassifikationsgesellschaften sehen ihre zentrale Aufgabe also in der Förderung des technischen Fortschritts, der zu einer erhöhten Betriebssicherheit der Schiffe beiträgt.

Mit Ausnahme der Einschätzung des Einflusses auf die Erhöhung des Grades der Vorschriftenvereinheitlichung, der signifikant höher bewertet wird als der Einfluß auf verbesserte Arbeitsbedingungen, gibt es keine signifikanten Mittelwertunterschiede zwischen den übrigen Variablen. Dies stellt die Selbsteinschätzung des Einflusses der Klassifikationsgesellschaften auf die Erhöhung der Betriebssicherheit der Schiffe noch weiter heraus.

---

[273] Scheffé-Test bzw. Kruskal-Wallis-3-Gruppen-Test auf Mittelwertdifferenzen, Signifikanzniveau $\alpha = 0{,}05$.

[274] Die Tabellen sind wiederum zeilenweise zu lesen. Eine 0 bedeutet, daß zwischen der Variablen der Zeile und der Spalte kein signifikanter Unterschied besteht. Eine 1 zeigt an, daß das Untersuchungsmerkmal der Zeile signifikant höher bewertet wurde als das der Spalte. Eine -1 ist in den Elementen notiert, bei denen das Untersuchungsmerkmal der Zeile signifikant niedriger ausgeprägt wahrgenommen wurde als das der Spalte.

Innovationswirkung der IACS-Mitglieder auf die Charakteristika des technischen Fortschritts im Schiffbau: t-Test auf signifikante Mittelwertunterschiede innerhalb der Gruppe der IACS-Mitglieder	Neuentwicklungen	Erhöhung der Betriebssicherheit	Verbesserung der Arbeitsbedingungen	Steigerung der Wirtschaftlichkeit	Setzung und Überwachung schärferer Umweltschutzauflagen	Erhöhung des Grades der Vorschriftenvereinheitlichung	Erhöhung der Aktualität der Vorschriften
Neuentwicklungen		-1	0	0	0	0	0
Erhöhung der Betriebssicherheit	1		1	1	1	1	1
Verbesserung der Arbeitsbedingungen	0	-1		0	0	-1	0
Steigerung der Wirtschaftlichkeit	0	-1	0		0	0	0
Setzung und Überwachung schärferer Umweltschutzauflagen	0	-1	0	0		0	0
Erhöhung des Grades der Vorschriftenvereinheitlichung	0	-1	1	0	0		0
Erhöhung der Aktualität der Vorschriften	0	-1	0	0	0	0	

Tab. 6.18 Einfluß der IACS-Mitglieder auf die Charakteristika des technischen Fortschritts im Schiffbau: t-Test auf signifikante Mittelwertunterschiede in der Gruppe der ***IACS-Mitglieder***

Wie aus der Tab. 6.19 hervorgeht, räumen die Werften dem Einfluß der IACS-Mitglieder auf die Erhöhung der Betriebssicherheit ebenfalls die höchste Bedeutung ein. Die Klassifikationsgesellschaften haben ihren Einfluß auf diese Variable allerdings so hoch bewertet, daß es dennoch zu signifikanten Mittelwertunterschieden zwischen der Gruppe der IACS-Mitglieder und der Werften kommt.

Innovationswirkung der IACS-Mitglieder auf die Charakteristika des technischen Fortschritts im Schiffbau: t-Test auf signifikante Mittelwertunterschiede innerhalb der Gruppe der Werften	Neuentwicklungen	Erhöhung der Betriebssicherheit	Verbesserung der Arbeitsbedingungen	Steigerung der Wirtschaftlichkeit	Setzung und Einhaltung schärferer Umweltschutzauflagen	Erhöhung des Grades der Vorschriftenvereinheitlichung	Erhöhung der Aktualität der Vorschriften
Neuentwicklungen		-1	0	0	0	0	0
Erhöhung der Betriebssicherheit	1		1	1	0	1	1
Verbesserung der Arbeitsbedingungen	0	-1		0	-1	-1	-1
Steigerung der Wirtschaftlichkeit	0	-1	0		0	0	0
Setzung und Einhaltung schärferer Umweltschutzauflagen	0	0	1	0		0	0
Erhöhung des Grades der Vorschriftenvereinheitlichung	0	-1	1	0	0		0
Erhöhung der Aktualität der Vorschriften	0	-1	1	0	0	0	

Tab. 6.19 Einfluß der IACS-Mitglieder auf die Charakteristika des technischen Fortschritts im Schiffbau: t-Test auf signifikante Mittelwertunterschiede in der Gruppe der ***Werften***

Die Werften sehen nahezu keinen Einfluß der Klassifikationsgesellschaften auf die beiden Aspekte des technischen Fortschritts, die ihnen am wichtigsten erscheinen - Neuentwicklungen in der Schiffstechnik und Steigerung der Wirtschaftlichkeit der Schiffe.

Der herausragende Einfluß der Klassifikationsgesellschaften auf die Erhöhung der Betriebssicherheit der Schiffe wird auch von den Sachverständigen Dritten bestätigt (vgl. Tab. 6.20).

Innovationswirkung der IACS-Mitglieder auf die Charakteristika des technischen Fortschritts im Schiffbau: t-Test auf signifikante Mittelwertunterschiede innerhalb der Gruppe der Sachverständigen Dritten.	Neuentwicklungen	Erhöhung der Betriebssicherheit	Verbesserung der Arbeitsbedingungen	Steigerung der Wirtschaftlichkeit	Setzung und Einhaltung schärferer Umweltschutzauflagen	Erhöhung des Grades der Vorschriftenvereinheitlichung	Erhöhung der Aktualität der Vorschriften
Neuentwicklungen		-1	0	0	0	0	0
Erhöhung der Betriebssicherheit	1		1	1	1	1	1
Verbesserung der Arbeitsbedingungen	0	-1		0	-1	0	0
Steigerung der Wirtschaftlichkeit	0	-1	0		0	0	0
Setzung und Einhaltung schärferer Umweltschutzauflagen	0	-1	1	0		0	0
Erhöhung des Grades der Vorschriftenvereinheitlichung	0	-1	0	0	0		0
Erhöhung der Aktualität der Vorschriften	0	-1	0	0	0	0	

Tab. 6.20 Einfluß der IACS-Mitglieder auf die Charakteristika des technischen Fortschritts im Schiffbau: t-Test auf signifikante Mittelwertunterschiede in der Gruppe der ***Sachverständigen Dritten***

Die Muster signifikanter Mittelwertunterschiede stimmen bei den Klassifikationsgesellschaften und den Sachverständigen Dritten mit einer Ausnahme überein: Während die IACS-Mitglieder ihren Einfluß auf die Erhöhung des Grades der Vorschriftenvereinheitlichung signifikant höher bewerten als den Einfluß auf die Verbesserung der Arbeitsbedingungen für Schiffsbesatzungen, schätzen die Sachverständigen Dritten den Einfluß der Klassifikationsgesellschaften auf die Setzung und Überwachung schärferer Umweltschutzauflagen signifikant höher ein als den Einfluß auf die Verbesserung von Arbeitsbedingungen. Die Parallelität der Wahrnehmung der deutschen Sachverständigen Dritten und der Klassifikationsgesellschaften aus einer internationalen Perspektive ist erstaunlich und kann als ein weiteres Indiz für die Validität der Daten gewertet werden.

Insgesamt attestieren die Befragten aller Gruppen den Klassifikationsgesellschaften den mit Abstand stärksten innovationsfördernden Einfluß auf die Erhöhung der Betriebssicherheit der Schiffe. Dies stimmt überein mit der oben gemachten Anmerkung zur Bedeutung, die die IMO und die IACS-Mitglieder der Sicherheit von Mensch und Umwelt auf See beimessen.

Den geringsten innovationsfördernden Einfluß üben die IACS-Mitglieder nach Meinung aller drei Gruppen auf die Verbesserung der Arbeitsbedingungen aus. Dieser Aspekt stellt offensichtlich aktuell kein Betätigungsfeld für Innovationen im Schiffbau dar (vgl. Tab. 6.13) und wird auch kaum von den Klassifikationsgesellschaften gefördert.

6.3.3. Effektivität und Effizienz der Forschung und Entwicklung in Klassifikationsgesellschaften

Die Begriffe 'Effektivität' und 'Effizienz' werden in der Literatur inkonsistent verwendet[275]. Im Rahmen dieser Arbeit wird Effektivität (effectiveness) als „Maßgröße für Zielerreichung (Output) und Effizienz (efficiency) als Maßgröße für Wirtschaftlichkeit (Output/Input-Relation)"[276] verstanden.

In diesem Abschnitt soll versucht werden, die Qualität der Forschung und Entwicklung der IACS-Mitglieder anhand von Effektivitäts- und Effizienzkriterien zu bestimmen. Die Effektivitätskriterien dienen dabei der Bestimmung des Grades der Zielerreichung, die Effizienzkriterien der Bestimmung der Wirtschaftlichkeit, mit der der Output realisiert wurde.

Für die Verwendung im Fragebogen wurden die Begriffe Effektivität und Effizienz folgendermaßen operationalisiert: Niedrige Effektivität und niedrige Effizienz in F&E spiegeln sich vermutlich in der statischen Sichtweise wider, daß ein bedeutender Teil des F&E-Budgets „zum Fenster hinausgeworfen" wird[277]. Dynamisch kann dies ergänzt werden um eine Bewertung der Aussage: „Wir stecken immer mehr in F&E hinein und es kommt immer weniger dabei heraus"[278].

---

[275] Vgl. Baumol/Oates, 1988, S. 15: „Ultimately, definitions are a matter of taste and convenience."

[276] Scholz, 1992, Sp. 533.

[277] Vgl. Brockhoff, 1990, S. 19.

[278] Vgl. Brockhoff, 1990, S. 19f.

Die Befragten der drei Gruppen sollten zunächst die letztgenannte Aussage in Bezug auf die Tätigkeit von Klassifikationsgesellschaften beurteilen. Die Ergebnisse sind in Tabelle 6.21 zusammengefaßt (1 = trifft gar nicht zu; 7 = trifft voll zu):

„Wir stecken immer mehr in F&E hinein, und es kommt immer weniger dabei heraus". Wie beurteilen Sie diese Aussage in Bezug auf die F&E-Tätigkeit von Klassifikationsgesellschaften?					
MW_K	$STAW_K$	MW_W	$STAW_W$	MW_D	$STAW_D$
2,36 (n=11)	1,43	**4,08** (n=24)	1,69	**3,69** (n=26)	2,02

Tab. 6.21 Einschätzung der Qualität der F&E der Klassifikationsgesellschaften

Die Mittelwerte der IACS-Mitglieder und der Werften unterscheiden sich bezüglich der Einschätzung dieses Untersuchungsmerkmales signifikant[279]. Die IACS-Mitglieder sind nicht der Auffassung, daß sie bei sinkendem Output immer mehr in F&E investieren. Die Werften bewerten den Grad des Zutreffens dieser Aussage am höchsten. Die Einschätzung der Sachverständigen Dritten liegt zwischen denen der IACS-Mitglieder und der Werften. Die signifikanten Mittelwertunterschiede sind vermutlich durch die menschliche Eigenschaft zu erklären, sich selbst ungern Fehler einzugestehen, d.h. die Befragten der IACS-Mitglieder haben möglicherweise bewußt einen zu niedrigen Wert bei der Einschätzung dieser Aussage angegeben.

Hierauf aufbauend wurde eine Frage gestellt, die den Wirkungsgrad der eingesetzten F&E-Mittel betrifft. Bei einer Effizienzuntersuchung der F&E-Tätigkeit von Klassifikationsgesellschaften sei festgestellt worden, daß ein Teil der Gelder „zum Fenster 'rausgeschmissen wird". Die Befragten sollten die Höhe dieses Anteils (in Prozent) bewerten. Tabelle 6.22 zeigt die Verteilung der Wahrnehmungen der „zum Fenster 'rausgeschmissenen" F&E-Budgetanteile aus der Perspektive der IACS-Mitglieder, der Werften und der Sachverständigen Dritten.

[279] Kruskal-Wallis-3-Gruppen-Test auf Mittelwertdifferenzen mit einem anschließenden paarweisen Mann-Whitney U-Test, Signifikanzniveau $\alpha = 0,05$.

Nennungen aus der Sicht der	**Verschwendeter Budgetanteil (in %)**							**Summe**
	0	**< 5**	**< 10**	**< 20**	**< 30**	**< 40**	**≥ 40**	
IACS-Mitglieder	-	5	2	2	1	-	-	10
Werften	1	-	1	8	4	3	3	20
Sachverst. Dritten	-	4	2	8	6	1	3	24

Tab. 6.22 Vergleich der Häufigkeitsverteilungen bezüglich der Wahrnehmung „zum Fenster 'rausgeschmissener" F&E-Budgetanteile der Klassifikationsgesellschaften

Der Modalwert der IACS-Mitglieder liegt bei einem verschwendeten Budgetanteil von weniger als 5 %, die Modalwerte der Werften bzw. der Sachverständigen Dritten fallen in das Intervall zwischen 10 % und 20 % verschwendeten Budgets. Augenfällig ist, daß ein erheblicher Teil der Befragten aus der Gruppe der Werften bzw. der Sachverständigen Dritten eine bedeutende Mittelverschwendung wahrnimmt. Die Mittelwerte[280] der drei Gruppen ergeben das folgende Bild (vgl. Tab. 6.23):

MW_K	$STAW_K$	MW_W	$STAW_W$	MW_D	$STAW_D$
11,50 % (n=10)	8,83 %	**24,12 %** (n=20)	10,64 %	**22,50 %** (n=24)	11,70 %

Tab. 6.23 Vergleich der Mittelwerte bezüglich der Wahrnehmung „zum Fenster 'rausgeschmissener" F&E-Budgetanteile der Klassifikationsgesellschaften (in Prozent)

Der Scheffé-Test zeigt bei einem Signifikanzniveau von $\alpha = 0{,}05$, daß die IACS-Mitglieder den „zum Fenster 'rausgeschmissenen" Anteil der F&E-Gelder mit durchschnittlich 11,50 % signifikant niedriger bewerten als die Werften und die Sachverständigen Dritten, die diesen Anteil sehr einheitlich auf 24,12 % bzw. 22,50 % bezifferten. Die subjektive Selbsteinschätzung der Klassifikationsgesellschaften weicht somit erheblich von den Wahrnehmungen der Werften und Sachverständigen Dritten ab, d.h. die Qualität der F&E der Klassifikationsgesellschaften wird von den Werften und Sachverständigen Dritten wesentlich kritischer beurteilt als von den IACS-Mitgliedern selbst. Die Tatsache, daß sich die Wahrnehmungen der Werften und der Sachverständigen

280 Die Mittelwerte wurden berechnet, indem bei Nennungen in den Feldern < 5 % bis < 40 % die oberen Schranken verwendet wurden. Bei Nennungen im Feld ≥ 40 % wurde die untere Schranke zur Berechnung genutzt.

Dritten kaum unterscheiden, stützt die Vermutung, daß sich die tatsächlich verschwendeten F&E-Gelder in einer Größenordnung von 20 % bewegen.

Diese Ergebnisse werden mit den Befunden älterer Studien von Brockhoff[281] und Warschkow[282] verglichen: Brockhoff stellt u.a. die subjektiven Wahrnehmungen von Top-Managern und Entwicklern zur Höhe „zum Fenster 'rausgeschmissener" F&E-Budgetanteile spiegelbildlich gegenüber. Verglichen werden einerseits die Gruppen, die sich selbst einschätzen, das sind die Entwickler in der Studie von Brockhoff und die Vertreter der Klassifikationsgesellschaften in dieser Arbeit und andererseits die Gruppen, die als externe Betrachter die Leistungen anderer bewerten, das sind die Top-Manager im Projekt von Brockhoff und die Befragten der Werften bzw. die Sachverständigen Dritten in der vorliegenden Studie[283].

Aus den Daten von Brockhoff errechnet sich die durchschnittliche wahrgenommene Höhe der verschwendeten F&E-Budgetanteile zu 12,69 % aus der Perspektive der sich selbst einschätzenden Entwickler[284]. Dieser Wert stimmt sehr gut überein mit den 11,50 %, die sich aus den Angaben der Klassifikationsgesellschaften in dieser Arbeit ergeben. Die Top-Manager in der Studie von Brockhoff schätzen den Anteil „verschwendeter" F&E-Budgetmittel im Mittel auf 17,75 %[285]. Im Vergleich dazu liegen die Mittelwerte der Einschätzungen der Werften mit 24,12 % und der Sachverständigen Dritten mit 22,50 % des F&E-Budgets etwas höher. Möglicherweise liegt dies daran, daß die Top-Manager die Leistungen der F&E-Abteilung ihres eigenen Unternehmens etwas wohlwollender bewerten als die Werften und Sachverständigen Dritten die Leistungen externer Institutionen.
Warschkow ermittelt in seiner Studie einen wahrgenommenen verschwendeten F&E-Budgetanteil von durchschnittlich 23,5 %, der sehr gut mit den Angaben der Werften und Sachverständigen Dritten dieser Studie übereinstimmt.

Es konnte also der Eindruck vermittelt werden, daß F&E-Gelder in nicht unerheblichem Maße verschwendet werden. Im folgenden soll versucht werden, Ursachen für Mängel in der F&E-Tätigkeit der Klassifikationsgesellschaften zu

---

[281] Vgl. Brockhoff, 1990, S. 22.
[282] Vgl Warschkow, 1993, S. 167.
[283] Die Betrachtungsebenen stimmen nicht exakt überein, weil die Top-Manager die Leistungen einer Abteilung innerhalb ihres Unternehmens zu beurteilen haben, während die Werften und Sachverständigen Dritten die Leistungen anderer Unternehmen bewerten.
[284] Dieser Wert wurde aus den Daten von Brockhoff (1990, S. 22) berechnet. Bei Nennungen im Feld ≥ 40 % wurde die untere Schranke zur Berechnung genutzt.
[285] Dieser Wert aus den Daten von Brockhoff wurde auf die gleiche Weise berechnet wie zuvor der Wert für die durchschnittliche Wahrnehmung der Entwickler.

identifizieren. Zu diesem Zweck sollten die Befragten aller drei Gruppen einschätzen, inwiefern Ineffektivität und Ineffizienz als Ursachen für Mängel in der F&E der Klassifikationsgesellschaften ins Gewicht fallen. Die Operationalisierung der Begriffe Ineffektivität als die „Verfolgung falscher Ziele" und Ineffizienz als „im Vergleich zum Ergebnis zu hohe Kosten des Prozesses" wurde von Brockhoff übernommen[286]. Die Ergebnisse sind in der folgenden Tabelle zusammengefaßt (vgl. Tab. 6.24).

Gründe für Mängel in der F&E-Tätigkeit der IACS-Mitglieder beruhen auf:	MW_K	$STAW_K$	MW_W	$STAW_W$	MW_D	$STAW_D$
Ineffektivität	**1,73** (n=11)	0,90	**3,74** (n=23)	1,63	**3,15** (n=26)	1,62
Ineffizienz	**2,82** (n=11)	1,47	**4,23** (n=22)	1,41	**4,46** (n=26)	1,82

Tab. 6.24 Vergleich der Wahrnehmungen für Gründe der Mängel in der F&E-Tätigkeit der IACS-Mitglieder (1 = trifft gar nicht zu; 7 = trifft voll zu)

Bezüglich der Bewertung der Ineffektivität als Ursache für Mängel der F&E-Tätigkeit der IACS-Mitglieder ist der Mittelwert der Gruppe der Klassifikationsgesellschaften signifikant niedriger ausgeprägt als die Mittelwerte der Gruppe der Werften und der Sachverständigen Dritten[287].

Hinsichtlich der Bewertung der Ineffizienz als Ursache für Mängel in der F&E-Tätigkeit der IACS-Mitglieder ist der Mittelwert der Gruppe der Klassifikationsgesellschaften signifikant niedriger ausgeprägt als der Mittelwert der Sachverständigen Dritten[288]. Die Mittelwerte der Werften und der Sachverständigen Dritten unterscheiden sich bezüglich der Beurteilung von Ineffektivität und Ineffizienz der F&E-Tätigkeit der Klassifikationsgesellschaften nicht signifikant. Die Selbsteinschätzung der IACS-Mitglieder scheint hinsichtlich beider Kriterien systematisch verzerrt zu sein. Als Ursache kann wiederum vermutet werden, daß sich die Klassifikationsgesellschaften eigene Schwächen nicht eingestehen.

Anhand eines t-Tests für gepaarte Stichproben ergibt sich bei einem Signifikanzniveau von $\alpha = 0{,}05$ in der Gruppe der Klassifikationsgesellschaften und der Sachverständigen Dritten, daß Ineffizienz als signifikant bedeutenderer Mangel in der F&E-Tätigkeit der IACS-Mitglieder wahrgenommen wird als

[286] Vgl, Brockhoff, 1990, S. 115.

[287] Kruskal-Wallis-3-Gruppen-Tests auf Mittelwertdifferenzen und anschließende Mann-Whitney U-Tests, Signifikanzniveau $\alpha = 0{,}05$.

[288] Scheffé-Test, Signifikanzniveau $\alpha = 0{,}05$.

Ineffektivität[289]. Auch die Werften schätzen die Bedeutung von Ineffizienz als Ursache von F&E-Mängeln höher ein als Ineffektivität, wenngleich die Unterschiede sich nicht als signifikant erweisen. Gründe für Mängel in der F&E-Tätigkeit von Klassifikationsgesellschaften scheinen also nach Einschätzung aller drei Gruppen eher in Ineffizienz als in Ineffektivität zu bestehen.

Als mögliche Ursache für Wahrnehmungsdifferenzen hinsichtlich der Ineffektivität als Mangel in Forschung und Entwicklung der Klassifikationsgesellschaften ist zu nennen, daß die einzelnen Befragten sehr unterschiedliche strategische Ziele verfolgen: Als Grund hierfür wurde von einigen Gesprächspartnern bei den Werften die Heterogenität des deutschen Schiffbaus angeführt. Wegen vieler unterschiedlicher Interessen, die sich u.a. aus der Vielzahl der gebauten Schiffstypen ergeben, sei es schwierig, F&E-Projekte zu plazieren, die für viele Werften gleichermaßen von Belang sind. Aus der Perspektive der Werften und der Sachverständigen Dritten könnte die Heterogenität strategischer F&E-Ziele innerhalb der Schiffbauindustrie als Ineffektivität der Forschung und Entwicklung der IACS-Mitglieder ausgelegt werden, weil die Ergebnisse der F&E-Projekte der Klassifikationsgesellschaften nicht für alle Werften und Reedereien von Interesse sind. Die Klassifikationsgesellschaften hingegen sind der Meinung, daß sie mit ihren F&E-Projekten die richtigen Ziele verfolgen. Die Vielfalt der unterschiedlichen F&E-Interessen im Schiffbau und Probleme, die Schnittstellen zu den Werften zu überwinden, könnten also zu einer Erklärung der Mittelwertunterschiede bei der Bewertung der Ineffektivität als Ursache für Mängel in der F&E der IACS-Mitglieder beitragen.

Als Ursachen für die Ineffizienz von F&E der IACS-Mitglieder wurden von den Gesprächspartnern bei den Werften vor allem veraltete kostenintensive Organisationsstrukturen der Klassifikationsgesellschaften genannt.

Diese Ergebnisse werden wiederum mit denen aus der Studie von Brockhoff[290] verglichen[291]. Die Einschätzungen sind jeweils auf 7er-Skalen erhoben worden,

---

289 Die Ergebnisse des t-Test für gepaarte Stichproben innerhalb der Gruppe der IACS-Mitglieder lauten: t-Wert = -2,96; Freiheitsgrade = 10; Irrtumswahrscheinlichkeit p = 0,014.
Die Ergebnisse des t-Test für gepaarte Stichproben innerhalb der Gruppe der Sachverständigen Dritten lauten: t-Wert = -3,79; Freiheitsgrade = 25; Irrtumswahrscheinlichkeit p = 0,001.

290 Vgl. Brockhoff, 1990, S. 21.

291 Verglichen werden einerseits die Gruppen, die sich selbst einschätzen, das sind die Entwickler in der Studie von Brockhoff und die Vertreter der Klassifikationsgesellschaften in dieser Arbeit und andererseits die Gruppen, die als externe Betrachter die Leistungen ande-

so daß die Skalenmittelwerte direkt miteinander verglichen werden können. Die Einschätzungen von F&E-Mängeln aufgrund von Ineffizienz stimmen aus der Perspektive der sich selbsteinschätzenden Befragten beinahe exakt überein (vgl. Tab. 6.25). Die Bewertungen von F&E-Mängeln aufgrund von Ineffektivität differieren deutlich. Die Entwickler aus der Studie von 1990 schätzen Ineffektivität als Mangel von Forschung und Entwicklung wesentlich bedeutender ein als die IACS-Mitglieder, die diesem Kriterium fast gar keine Bedeutung beimessen.

F&E-Mängel aufgrund von:	**Aus der Sicht der Entwickler (Studie 1990)**	**Aus der Sicht der IACS-Mitglieder (Studie 1998)**
Ineffektivität	3,09	1,73
Ineffizienz	2,79	2,82

Tab. 6.25 Vergleich der Ergebnisse der Studie von Brockhoff (1990) mit den Ergebnissen dieser Studie bezüglich der Wahrnehmung von Ineffektivität und Ineffizienz als Ursache für Mängel in F&E aus der Perspektive der sich selbsteinschätzenden Befragten

Ineffektivität als Ursache für Mängel in Forschung und Entwicklung wird von den Sachverständigen Dritten in dieser Studie ebenso hoch bewertet wie von den Managern in der Studie von Brockhoff 1990 (vgl. Tab. 6.26). Die Werften beurteilen Ineffektivität um etwa 0,5 Skalenpunkte höher. Bezüglich der Ineffizienz als Ursache für Mängel in Forschung und Entwicklung liegen die Einschätzungen der Werften und Sachverständigen Dritten um 0,8 bzw. 1,0 Skalenpunkte höher als die Wahrnehmungen der Manager aus der Studie von Brockhoff. Ein Argument, das diese Abweichungen erklären könnte, ist, daß die Werften und Sachverständigen Dritten als Außenstehende die Leistungen anderer Institutionen beurteilen. Die Manager stellten sich selbst schlechte Noten aus, wenn sie ihrer eigenen Forschung und Entwicklung ein hohes Maß an Ineffizienz und Ineffektivität attestierten, weil sie für Effektivität und Effizienz von Forschung und Entwicklung in ihren Unternehmen verantwortlich sind.

rer bewerten, das sind die Top-Manager im Projekt von Brockhoff und die Befragten der Werften bzw. die Sachverständigen Dritten in der vorliegenden Studie.

F&E-Mängel aufgrund von:	Aus der Sicht des Managements (Studie 1990)	Aus der Sicht der Werften (Studie 1998)	Aus der Sicht der Sachver. Dritten (Studie 1998)
Ineffektivität	3,20	3,74	3,15
Ineffizienz	3,45	4,23	4,46

Tab. 6.26 Vergleich der Ergebnisse der Studie von Brockhoff (1990) mit den Ergebnissen dieser Studie bezüglich der Wahrnehmung von Ineffektivität und Ineffizienz als Ursache für Mängel in F&E aus der Perspektive der externen Beobachter

Für eine weitergehende Analyse der Effektivität der Tätigkeit von Klassifikationsgesellschaften wurden die Vertreter der Werften und die Sachverständigen Dritten gefragt, welches IACS-Mitglied in Bezug auf technologisches Fachwissen die Spitzenposition im Schiffbau einnimmt. Jeweils für diese Klassifikationsgesellschaft sollten die Befragten einzelne Effektivitätskriterien bewerten. Tab. 6.27 gibt einen Überblick über die Häufigkeiten der Nennungen einzelner Klassifikationsgesellschaften als technologische Spitzenreiter im Schiffbau.

Know-how-Führerschaft von	**Zahl der Nennungen durch die Werften**	**Zahl der Nennungen durch Sachverständige Dritte**
American Bureau of Shipping (ABS)	1	1
Bureau Veritas (BV)	1	1
Det Norske Veritas (DNV)	17	10
Germanischer Lloyd (GL)	9	11
Lloyd's Register of Shipping (LR)	2	7

Tab. 6.27 Vergleich der Nennungen der Werften und Sachverständigen Dritten bezüglich der Know-how-führenden Klassifikationsgesellschaft

Als technologische Spitzenreiter wurden nur die fünf großen Klassifikationsgesellschaften der westlichen Industrienationen genannt, d.h. aus der Perspektive der deutschen Werften und Sachverständigen Dritten sind die technologischen Spitzenreiter unter den Klassifikationsgesellschaften in der westlichen Hemisphäre angesiedelt. Die Rangfolge der Häufigkeiten der Nennungen in der Gruppe der Werften stimmt exakt mit dem Ranking der Klassifikationsgesellschaften durch die Werften[292] überein, wobei Det Norske Veritas und der Germanische Lloyd wesentlich häufiger genannt wurden als die anderen IACS-Mitglieder. Die Rangfolge der Nennungen aus der Sicht der Sachverständigen Dritten stimmt mit Ausnahme eines Tausches von Det Norske Veritas und dem Germanischen Lloyd auf den Plätzen eins und zwei mit ihrer Einschätzung im Ranking der Klassifikationsgesellschaften überein. Was die Sachverständigen

[292] Vgl. Abschnitt 6.2.6.

Dritten betrifft, so nehmen drei IACS-Mitglieder - Germanischer Lloyd, Det Norske Veritas und Lloyd's Register of Shipping - eine herausragende Position in Bezug auf das Schiffbau-Know-how ein.

Ausgangspunkt für die Ableitung der These, daß Klassifikationsgesellschaften über mehr technologisches Fachwissen als einzelne Werften verfügen, war die Überlegung, daß die IACS-Mitglieder aufgrund der überwachenden Tätigkeit Einblick in Schiffsneu- und -umbauten vieler Werften haben und somit an einer wesentlich größeren Zahl von Schiffbauprojekten beteiligt sind als einzelne Werften. Die Prüfung von Plänen und die Besichtigung der Schiffe bilden eine gute Grundlage zur Aneignung externen Know-hows. Die Werften sind viel stärker auf internes Fachwissen beschränkt. In Abschnitt 4. ist deshalb die These formuliert worden, daß die Klassifikationsgesellschaften in der Breite (unterschiedliche Schiffstypen) und in der Tiefe (Kenntnisse über einzelne Schiffstypen) mehr Wissen sammeln können als einzelne Werften. In Verbindung mit intensivem Engagement der IACS-Mitglieder im Bereich von Forschung und Entwicklung[293] sowie des Technischen Dienstleistungsservices bildet der Erwerb externen Wissens eine hervorragende Basis zur Förderung des technischen Fortschritts im Schiffbau[294].

Von allen IACS-Mitgliedern hat Lloyd's Register of Shipping den mit Abstand größten Weltmarktanteil und damit den häufigsten Einblick in Schiffbauprojekte, aus denen Know-how gewonnen werden kann. Sollte die oben formulierte These zutreffen, müßte Lloyd's Register of Shipping als Technologieführer eingestuft worden sein. Die Tatsache, daß die englische Klassifikationsgesellschaft von den Werften und den Sachverständigen Dritten nur am dritthäufigsten als technologischer Spitzenreiter genannt wird, sollte zum Anlaß genommen werden, die These über den Zusammenhang von Weltmarktanteil und Technologiepotential zu modifizieren. Es muß konstatiert werden, daß es andere Einflüsse gibt, die das Technologiepotential beeinflussen. Hierzu zählen z.B. das Enga-

---

[293] Vgl. Abschnitt 6.1.1.

[294] Selbstverständlich sind die Klassifikationsgesellschaften bei der Ausübung ihrer regulativen Tätigkeit an den Vertrauensschutz gebunden, d.h. Wissen, das im Rahmen der Bauaufsicht und -abnahme erworben wird, darf nicht an Dritte weitergegeben werden. Fließt externes Wissen, das ein IACS-Mitglied bei der Beaufsichtigung eines Neubaus auf einer Werft gewonnen hat, z.B. in eine Vorschrift ein, so muß diese in der Weise kodiert werden, daß die innovierende Werft keinen Nachteil aus der Veröffentlichung der Vorschrift hat. Eine Möglichkeit dies zu gewährleisten, besteht etwa darin, Innovationen einer Werft in Form von Anforderungen in Vorschriften einzuarbeiten: Ein Zugewinn an Sicherheit bzw. verbesserter Umweltschutz kann zum Stand der Technik erhoben werden, ohne Hinweise auf eine Umsetzung der Vorschrift preiszugeben. In diesem Fall kommt die Klassifikationsgesellschaft ihrer Verpflichtung zum Vertrauensschutz nach.

gement der jeweiligen Klassifikationsgesellschaft in Forschung und Entwicklung, die Qualität des Technischen Dienstleistungsservices und der Umfang der Trägerschaft staatlich geförderter F&E-Projekte.

Aufbauend auf der Einschätzung, welches IACS-Mitglied die Know-how-Führerschaft im Schiffbau innehat, sollten die Befragten der Werften und die Sachverständigen Dritten jeweils für die von ihnen als technologischer Spitzenreiter eingestufte Gesellschaft und im Vergleich dazu für den Germanischen Lloyd (falls dieser nicht als Know-how-Führer wahrgenommen wurde) drei Effektivitätskriterien bewerten: Es sollten die Flexibilität, die Koordinationsfähigkeit und die Branchenorientierung der betreffenden IACS-Mitglieder im Einsatz des technologischen Fachwissens beurteilt werden.

Bevor auf die Ergebnisse eingegangen wird, werden die verwendeten Effektivitätskriterien kurz vorgestellt[295]:
Flexibilität ist „die Eigenschaft eines Systems, auf durch veränderte Umweltlagen induzierte Beeinflussungen der Zielerreichung mittels Aktivierung von zielgerichtet geplanten defensiv und aggressiv wirkenden Ressourcenpotentialen dermaßen zu reagieren, daß die Zielerreichung gewährleistet bleibt".
Koordination bezeichnet die Fähigkeit, „die wechselseitige Abstimmung von Elementen und Aktivitäten im Hinblick auf eine übergeordnete Zielsetzung" zu gewährleisten. Im Bezug auf einen Intermediär resultiert der Koordinationsbedarf aus Interdependenzen zwischen den Gruppen des Intermediärenmodells. Der Koordinationsbedarf wächst mit der Komplexität des Systems, der Größe der räumlich, zeitlich, sachlich und sozial zu überwindenden Distanzen und mit dem Umfang bzw. der schlechten Strukturierung des zu lösenden Problems.
Branchenorientierung: Klassifikationsgesellschaften sind weltweit tätige intermediäre Organisationen, die viele Schnittstellen zur Systemumwelt zu überbrücken haben (vgl. Abb. 2.1). Um den technischen Fortschritt im Schiffbau effektiv fördern zu können, ist deshalb eine Orientierung an den Belangen der relevanten Unternehmen und Institutionen des Schiffbaus von besonderer Bedeutung.

Die Zahl der Nennungen (vgl. Tab. 6.27) läßt für die Gruppe der Werften nur die statistische Auswertung von Daten für Det Norske Veritas (DNV) und den Germanischen Lloyd (GL) sinnvoll erscheinen. Für die Gruppe der Sachverständigen Dritten erfolgt eine statistische Auswertung der Daten von Det Norske Veritas, dem Germanischen Lloyd und Lloyd's Register of Shipping (LR). Andere Klassifikationsgesellschaften wurden nicht häufiger als zweimal als technologischer Know-how-Führer genannt.

---

[295] Vgl. Bünting, 1995, S. 31ff.

Die Werften bewerten die Ausprägung aller Effektivitätskriterien bezüglich des Einsatzes technologischen Fachwissens durch Det Norske Veritas und den Germanischen Lloyd als hoch (vgl. Abb. 6.6). Det Norske Veritas - die Gesellschaft, die im Ranking der IACS-Mitglieder von allen Gruppen am höchsten bewertet wurde - wird hinsichtlich der Flexibilität und der Koordinationsfähigkeit etwas höher eingestuft als der Germanische Lloyd. Bezüglich der Branchenorientierung werden beide Klassifikationsgesellschaften fast identisch wahrgenommen.

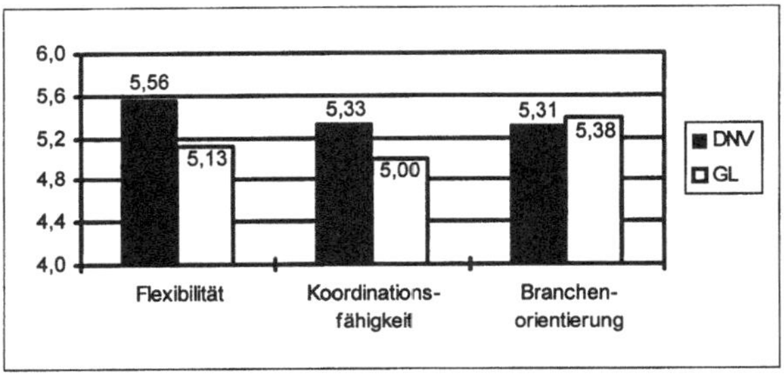

*Abb. 6.6 Vergleich der Bewertungen der Effektivität von Det Norske Veritas und dem Germanischen Lloyd bezüglich des Einsatzes technologischen Fachwissens aus der Perspektive der **Werften***

Insgesamt zeichnen auch die Wahrnehmungen aus der Perspektive der Sachverständigen Dritten ein sehr positives Bild der Effektivität der Klassifikationsgesellschaften im Umgang mit technologischem Fachwissen. Dabei nehmen die Sachverständigen Dritten Lloyd's Register of Shipping als die Klassifikationsgesellschaft wahr, die beim Einsatz ihres technologischen Fachwissens am effektivsten ist (vgl. Abb. 6.7). Alle drei Effektivitätskriterien sind für diese Gesellschaft sehr hoch ausgeprägt. Det Norske Veritas zeichnet sich durch extrem hohe Branchenorientierung aus, wird aber beim Kriterium der Koordinationsfähigkeit im Vergleich zu Lloyd's Register of Shipping als deutlich weniger effektiv wahrgenommen. Der Germanische Lloyd wird insgesamt zwar auch als effektiv beim Einsatz von technologischem Fachwissen wahrgenommen, dennoch liegen die Bewertungen für alle drei Effektivitätskriterien unter denen der Wettbewerber.

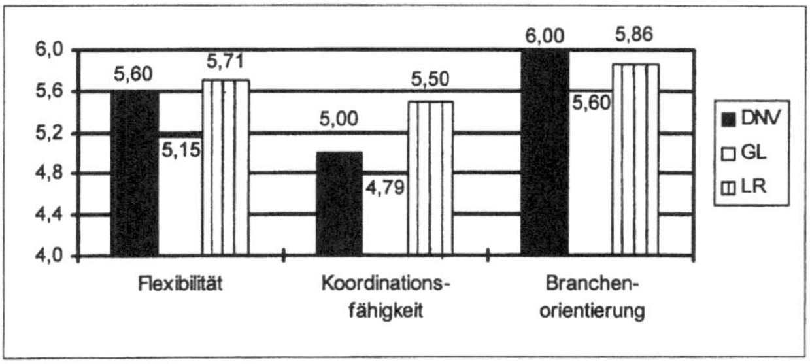

*Abb. 6.7 Vergleich der Bewertungen der Effektivität von Det Norske Veritas, dem Germanischen Lloyd und Lloyd's Register of Shipping bezüglich des Einsatzes technologischen Fachwissens aus der Perspektive der **Sachverständigen Dritten***

Die Tatsache, daß die Mittelwerte der Wahrnehmungen für den Germanischen Lloyd etwas niedriger liegen als die Werte für die ausländischen Klassifikationsgesellschaften, ist nicht zwangsläufig auf ein geringeres Maß an Effektivität dieser Gesellschaft zurückzuführen. Die Beurteilung des Germanischen Lloyd wurde bewußt als Referenzgröße für die Einschätzung der Effektivität der anderen Gesellschaften ausgewählt, d.h. in der Statistik sind für den Germanischen Lloyd auch die Wahrnehmungen der Befragten enthalten, die den Germanischen Lloyd nicht als Know-how-Führer betrachten. In die Bewertung der ausländischen Klassifikationsgesellschaften sind nur Daten der Befragten eingeflossen, die diese Gesellschaft als technologisch führend einschätzten. Wenn man davon ausgeht, daß die Höhe der Ausprägung der Effektivitätskriterien positiv mit dem subjektiven Ansehen dieser Gesellschaft zusammenhängt, das diese bei dem Bewertenden genießt, so wären die Mittelwerte für den Germanischen Lloyd höher ausgefallen, wenn nur die Angaben der Befragten berücksichtigt worden wären, die den Germanischen Lloyd als technologisch führende Klassifikationsgesellschaft einschätzten.

Diesen Resultaten wird eine Selbsteinschätzung der IACS-Mitglieder gegenübergestellt. Bei diesem Vergleich muß beachtet werden, daß die Werften und Sachverständigen Dritten zuvor die Ausprägungen der Effektivitätskriterien für jeweils ein IACS-Mitglied bewertet haben. Die Selbsteinschätzungen der Klassifikationsgesellschaften sind hingegen über alle Gesellschaften aggregiert.

Effektivitätskriterium:	**MW_K**	**$STAW_K$**
Flexibilität	**5,73** (n=11)	1,10
Koordinationsfähigkeit	**5,55** (n=11)	1,04
Branchenorientierung	**5,73** (n=11)	0,90

Tab. 6.28 Selbsteinschätzung der Effektivität der Klassifikationsgesellschaften bezüglich des Einsatzes technologischen Fachwissens

Die Selbsteinschätzung der IACS-Mitglieder in Bezug auf ihre Flexibilität, Koordinationsfähigkeit und Branchenorientierung (vgl. Tab. 6.28) entspricht den positiven Bewertungen der Werften und Sachverständigen Dritten. Die niedrigen Standardabweichungen weisen auf einheitliche Wahrnehmung innerhalb dieser Gruppe hin. Auch zwischen den Gruppen bestehen kaum Wahrnehmungsdifferenzen bezüglich des Einsatzes technologischen Know-hows durch die führenden IACS-Mitglieder. Alle Bewertungen bewegen sich auf hohem Niveau. Diese Ergebnisse stimmen gut überein mit den zuvor in diesem Abschnitt dargestellten bezüglich der Wahrnehmungen von Ineffektivität und Ineffizienz als Ursachen für Mängel in der Forschung und Entwicklung der Klassifikationsgesellschaften: Ineffektivität hat als Ursache von Mängeln in F&E nur eine untergeordnete Bedeutung.

6.3.4. Effektivität der Klassifikationsgesellschaften bei der Definition und Überwachung der Einhaltung von Vorschriften

Dieses Schema zur Erfassung der Effektivität der als führend wahrgenommenen Klassifikationsgesellschaft, das zuvor auf den Einsatz des technologischen Fachwissens der Klassifikationsgesellschaften angewandt wurde, wird im folgenden in gleicher Weise eingesetzt mit dem Fokus auf die Hauptaktivität der IACS-Mitglieder - die Definition und Überwachung der Einhaltung von Vorschriften.

Zunächst wurden die Vertreter der Werften und die Sachverständigen Dritten gefragt, welche Klassifikationsgesellschaft bezüglich der Tätigkeit der Definition und Überwachung der Einhaltung von Vorschriften die Spitzenposition im Schiffbau einnimmt (vgl. Tab. 6.29).

Spitzenposition bei der Definition und Überwachung der Einhaltung von Vorschriften:	**Zahl der Nennungen durch die Werften**	**Zahl der Nennungen durch die Sachver. Dritten**
American Bureau of Shipping (ABS)	2	3
Bureau Veritas (BV)	1	1
Det Norske Veritas (DNV)	7	6
Germanischer Lloyd (GL)	13	9
Lloyd's Register of Shipping (LR)	6	3
Maritime Register of Shipping (RS)	-	1

Tab. 6.29 Vergleich der Nennungen der Werften und Sachverständigen Dritten bezüglich der bei der Definition und Überwachung führenden Klassifikationsgesellschaft

Als Spitzenreiter bezüglich der Definition und Überwachung der Einhaltung von Vorschriften wurden dieselben Klassifikationsgesellschaften genannt wie bei der Frage nach den Spitzenreitern bezüglich des technologischen Fachwissens. Zusätzlich wurde einmal die russische Klassifikationsgesellschaft (RS) genannt.

Die Angaben der Werften stimmen mit Ausnahme eines Tausches von Det Norske Veritas und dem Germanischen Lloyd auf den Plätzen eins und zwei mit der Rangfolge der Klassifikationsgesellschaften überein, die sich aus der Bewertung des Einflusses der einzelnen Gesellschaften auf den technischen Fortschritt aus der Perspektive der Werften ergab[296]. Die Rangfolge, die sich aus der Zahl der Nennungen der Sachverständigen Dritten ergibt, stimmt exakt mit der Rangfolge aus der Perspektive der Werften überein.

Die weitere statistische Auswertung wurde nur für die IACS-Mitglieder vorgenommen, die mehr als dreimal als Spitzenreiter bei der Definition und Überwachung der Einhaltung von Vorschriften genannt wurden. Für die Gruppe der Werften waren dies die norwegische (DNV), die deutsche (GL) und die britische Klassifikationsgesellschaft (LR). Von den Befragten der Sachverständigen Dritten wurden die Angaben zur norwegischen und deutschen Klassifikationsgesellschaft statistisch ausgewertet.

Aus der Perspektive der Werften sind Det Norske Veritas, der Germanische Lloyd und Lloyd's Register of Shipping bei der Definition und Überwachung der Vorschriften effektiv (vgl. Abb 6.8). Als herausragend wird die Flexibilität von Det Norske Veritas bei der Definition und Überwachung von Vorschriften

---

[296] Vgl. Abschnitt 6.2.6.

wahrgenommen. Lloyd's Register of Shipping wird bezüglich aller drei Effektivitätskriterien am schwächsten bewertet. Auffallend ist dabei vor allem die sehr niedrige Einschätzung der Branchenorientierung dieser Klassifikationsgesellschaft.

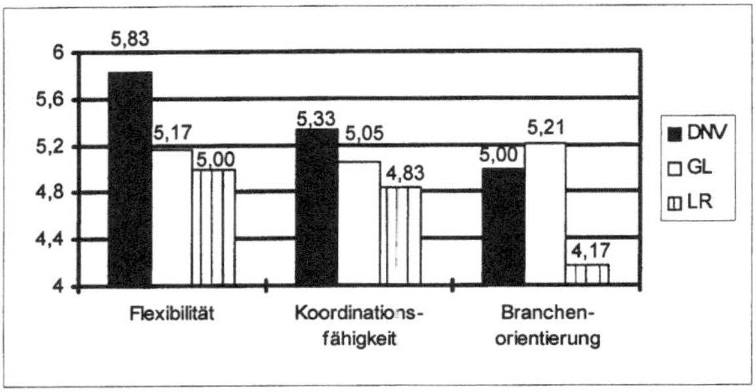

Abb. 6.8 Vergleich der Bewertungen der Effektivität von Det Norske Veritas, dem Germanischen Lloyd und Lloyd's Register of Shipping bezüglich der Definition und Überwachung von Vorschriften aus der Perspektive der ***Werften***

Die Sachverständigen Dritten nehmen den Germanischen Lloyd hinsichtlich aller drei Kriterien als effektiver wahr als Det Norske Veritas (vgl. Abb. 6.9). Vergleicht man die Einschätzungen der Werften (vgl. Abb. 6.8) und der Sachverständigen Dritten (vgl. Abb. 6.9), so fällt auf, daß einerseits die Wahrnehmungen der Effektivitätskriterien bezüglich des Germanischen Lloyd fast exakt übereinstimmen. Andererseits gibt es bezüglich der Wahrnehmungen der Flexibilität und der Koordinationsfähigkeit von Det Norske Veritas drastische Unterschiede.

Während die Vertreter der Werften beide Kriterien als hoch ausgeprägt einschätzen, nehmen die Sachverständigen Dritten die Flexibilität und Koordinationsfähigkeit der norwegischen Klassifikationsgesellschaft um mehr als einen Skalenpunkt niedriger ausgeprägt wahr. Diesen Ergebnissen wird wiederum die Selbsteinschätzung der IACS-Mitglieder gegenübergestellt[297].

[297] Bei diesem Vergleich muß wiederum beachtet werden, daß die Werften und Sachverständigen Dritten zuvor die Ausprägungen der Effektivitätskriterien für jeweils ein IACS-Mitglied bewertet haben. Die Selbsteinschätzungen der Klassifikationsgesellschaften sind hingegen über alle Gesellschaften aggregiert.

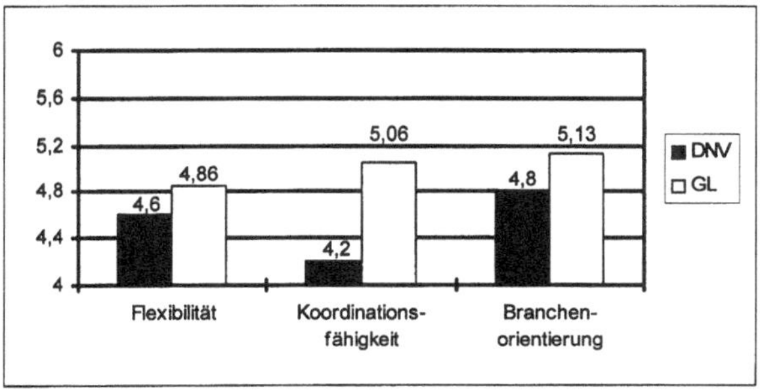

Abb. 6.9 Vergleich der Bewertungen der Effektivität von Det Norske Veritas und dem Germanischen Lloyd bezüglich der Definition und Überwachung von Vorschriften aus der Perspektive der ***Sachverständigen Dritten***

Die Selbsteinschätzung der IACS-Mitglieder in Bezug auf ihre Flexibilität, Koordinationsfähigkeit und Branchenorientierung (vgl. Tab. 6.30) entspricht den positiven Bewertungen der Werften und der Sachverständigen Dritten. Die Standardabweichungen sind allerdings bezüglich der Selbsteinschätzung der Aktivität der Definition und Überwachung von Vorschriften höher ausgeprägt als hinsichtlich der Selbsteinschätzung im Bereich des technologischen Fachwissens (vgl. Tab. 6.28).

Effektivitätskriterium:	**MW_K**	**$STAW_K$**
Flexibilität	**5,18** (n=11)	1,60
Koordinationsfähigkeit	**5,45** (n=11)	1,51
Branchenorientierung	**5,27** (n=11)	1,56

Tab. 6.30 Selbsteinschätzung der Effektivität der Klassifikationsgesellschaften bezüglich der Definition und Überwachung der Vorschriften

Die Effektivität der IACS-Mitglieder wird bezüglich der Definition und Überwachung der Vorschriften von allen Befragten etwas niedriger bewertet als bezüglich des Einsatzes des technologischen Fachwissens. Dennoch sind alle Ergebnisse durchweg als positiv zu beurteilen. Die IACS-Mitglieder scheinen ihrer wesentlichen Aufgabe, der Überwachung von Schiffsneubauten und fahrender Flotte sowie dem Erlassen von Klassifikationsvorschriften, sehr effektiv nachzugehen.

6.4. Regulative Tätigkeit von Klassifikationsgesellschaften

Dieser Abschnitt befaßt sich mit der Rolle der Klassifikationsgesellschaften als Machtpromotoren des technischen Fortschritts im Schiffbau. Machtinstrument ist das Vorschriftensystem der IACS-Mitglieder. In Abschnitt 6.4.1. werden die Ergebnisse präsentiert, die die Aktualität der Klassifikationsvorschriften betreffen. Im Anschluß an die Darstellung von Resultaten im Hinblick auf die Vereinheitlichung von Vorschriften in Abschnitt 6.4.2. werden die Ergebnisse, die die inhaltliche Ausgestaltung von Vorschriften betreffen, in Abschnitt 6.4.3. vorgestellt.

6.4.1. Aktualität der Klassifikationsvorschriften

Die Tätigkeit der Klassifikationsgesellschaften im Schiffbau basiert auf der Anwendung von Klassifikationsvorschriften. Innovationen auf den Werften werden von den IACS-Mitgliedern mit Hilfe dieser Vorschriften abgenommen. In Abschnitt 4.1.3.3. wurde eine These über den positiven Zusammenhang zwischen der Aktualität und der Innovationswirkung einer Vorschrift formuliert.

Um zu prüfen, ob diese These verworfen werden muß, sollten die Vertreter der drei Gruppen die Aussage beurteilen: „Je weniger aktuell eine Klassifikationsvorschrift ist, desto innovationsbehindernder ist ihre Wirkung" (1 = trifft gar nicht zu; 7 = trifft voll zu).

MW_K	$STAW_K$	MW_W	$STAW_W$	MW_D	$STAW_D$
6,10 (n=10)	1,52	**5,96** (n=24)	1,85	**5,73** (n=26)	1,73

Tab. 6.31 Vergleich der Wahrnehmungen bezüglich des Grades des Zutreffens der Aussage: „Je weniger aktuell eine Klassifikationsvorschrift ist, desto innovationsbehindernder ist ihre Wirkung"

Diese Aussage wird von allen drei Gruppen einheitlich als zutreffend bewertet (vgl. Tab. 6.31). Die Mittelwerte unterscheiden sich nicht signifikant[298]. Somit können die drei Einzelstichproben zu einer Gesamtstichprobe aggregiert werden. Die Verteilung der Häufigkeiten der aggregierten Daten ist in Abb. 6.10 dargestellt.

---

[298] Kruskal-Wallis-3-Gruppen-Test; Signifikanzniveau $\alpha = 0{,}05$.

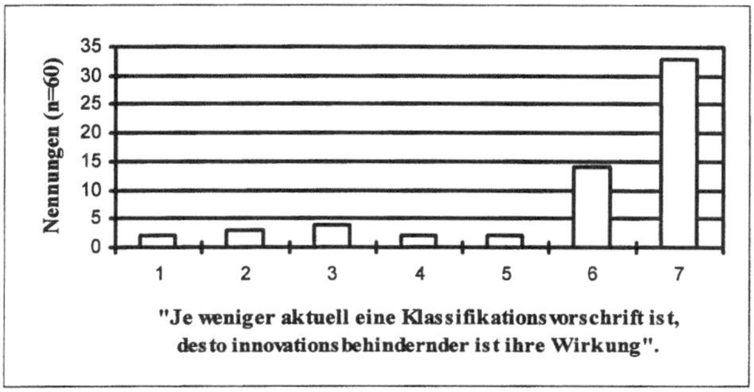

Abb. 6.10 Häufigkeitsverteilung der Wahrnehmungen bezüglich des vermuteten positiven Zusammenhangs zwischen der Aktualität einer Vorschrift und ihrer Innovationswirkung

Der Mittelwert der aggregierten Daten liegt bei 5,88. Die Standardabweichung beträgt 1,73. Mit Hilfe der vorliegenden Daten soll die Hypothese überprüft werden, daß die aggregierte Stichprobe aus einer Grundgesamtheit stammt, deren Mittelwert bezüglich der Wahrnehmung des Zutreffens der Aussage, daß zwischen der Aktualität und der Innovationswirkung einer Klassifikationsvorschrift ein positiver Zusammenhang besteht, größer ist als fünf. Es wird ein approximativer Gaußtest durchgeführt. Die Nullhypothese lautet H_0: $\mu \leq 5$. Die Alternativhypothese lautet H_1: $\mu > 5$. Die Nullhypothese wird abgelehnt[299]. Es kann also angenommen werden, daß die Grundgesamtheit der Experten im Schiffbau den Grad des Zutreffens der obigen Aussage im Mittel mit einem Wert größer als fünf bewertet. Die These, daß je älter eine Klassifikationsvorschrift ist, desto stärker behindert sie Innovationen, wird nicht verworfen.

Aktuelle Vorschriften werden also als weniger innovationsbehindernd empfunden als ältere Vorschriften. Sofern die Experten des Schiffbaus technischem Fortschritt positiv gegenüberstehen, kann daraus gefolgert werden, daß sie an einer höchstmöglichen Aktualität der Vorschriften interessiert sein müßten. Für die Klassifikationsgesellschaften, denen bei der Aktualisierung der Vorschriften als handelnde Institutionen die entscheidende Rolle zukommt, ergibt sich bei der Beantwortung der Frage der höchste Mittelwert. Das läßt den Schluß zu, daß auch die Klassifikationsgesellschaften großes Interesse an aktuellen Vorschriften haben. Dieses Interesse an aktuellen Vorschriften könnte, verbunden

[299] Der Verwerfungsbereich ergibt sich bei einem Signifikanzniveau von $\alpha = 0{,}05$ zu $B = (1{,}645;\infty)$. Der Testfunktionswert v berechnet sich zu 3,94 und fällt in den Verwerfungsbereich.

mit dem umfangreichen technologischen Fachwissen der IACS-Mitglieder[300], ein Anreiz für die Klassifikationsgesellschaften sein, die Klassifikationsvorschriften auf einem aktuellen Stand der Technik zu halten. Auf diese Weise können die Klassifikationsvorschriften technischen Fortschritt als „demand pull“ fördern (vgl. Abschnitt 3.2.3.).

Die Auswertung der ersten Frage aus diesem Abschnitt hat gezeigt, daß hohe Aktualität in einem positiven Zusammenhang mit der Innovationswirkung von Vorschriften steht. Daran schließt sich unmittelbar die Frage an, wie sich die Aktualität der Klassifikationsvorschriften in den letzten Jahren verändert hat. Zu diesem Zweck wurden die Befragten gebeten einzuschätzen, wie sich die zeitliche Spanne zwischen wissenschaftlich-technischer Erkenntnis und Berücksichtigung dieser Erkenntnis in Klassifikationsvorschriften in den letzten 10 Jahre verändert hat (1 = die zeitliche Spanne hat stark abgenommen; 7 = die zeitliche Spanne hat stark zugenommen):

MW_K	$STAW_K$	MW_W	$STAW_W$	MW_D	$STAW_D$
3,18 (n=11)	1,83	**2,50** (n=24)	0,83	**3,96** (n=23)	1,97

Tab. 6.32 Vergleich der wahrgenommenen Veränderung der Zeitspanne zwischen wissenschaftlich-technischer Erkenntnis und deren Berücksichtigung in den Vorschriften über die letzten 10 Jahre

Der Mittelwert der Gruppe der Sachverständigen Dritten ist signifikant höher ausgeprägt als der Mittelwert der Werften[301]. Die bei den Werften geführten Interviews haben gezeigt, daß diese Mittelwertdifferenzen vermutlich die Folge einer zu komplizierten Fragestellung sind: Einige Interviewpartner gaben zunächst einen hohen Wert auf der Intervallskala an. Dies entspricht der Einschätzung, daß die zeitliche Spanne zwischen wissenschaftlich-technischer Erkenntnis und Berücksichtigung dieser Erkenntnis in den Klassifikationsvorschriften zugenommen hat. Auf Nachfrage äußerten diese Befragten, daß sich die Aktualität der Klassifikationsvorschriften erhöht habe. Gefragt war aber nicht nach der Aktualität, sondern nach der Veränderung der Zeitspanne zwischen wissenschaftlich-technischer Erkenntnis und Berücksichtigung dieser Erkenntnis in den Vorschriften, die entsprechend abgenommen hat. Durch die persönlichen Gespräche mit den Vertretern der Werften konnte diese Unklarheit beseitigt

[300] Dieses Fachwissen resultiert u.a. aus der Klassifikation von Schiffen und interner Forschung und Entwicklung. Vgl. Abschnitt 6.5.

[301] Kruskal-Wallis-3-Gruppen-Test auf Mittelwertdifferenzen und anschließend paarweise Mann-Whitney U-Tests; Signifikanzniveau $\alpha = 0{,}05$.

werden. Es ergab sich ein relativ niedriger Mittelwert von 2,50 bei geringer Standardabweichung. Diese Frage wurde also von einigen Gesprächspartnern bei den Werften mißverstanden. Betrachtet man die Antworten der IACS-Mitglieder und der Sachverständigen Dritten vor diesem Hintergrund, so resultieren die höheren Mittelwerte möglicherweise aus der komplizierten Formulierung der Frage. Ein weiteres Indiz hierfür ist die relativ hohe Standardabweichung innerhalb der Gruppe der Klassifikationsgesellschaften und der Sachverständigen Dritten im Vergleich zur Gruppe der Werften. Da die Daten bei den Klassifikationsgesellschaften und den Sachverständigen Dritten durch die Versendung von Fragebögen erhoben wurden, war es nicht möglich, diese Unstimmigkeit zu klären.

Nach Ansicht der befragten Vertreter der Werften hat die Aktualität der Vorschriften deutlich zugenommen. Verbunden mit den Angaben zu der vorhergehenden Frage läßt sich feststellen, daß sich die Wirkung der Klassifikationsgesellschaften auf den technischen Fortschritt im Schiffbau in den letzten zehn Jahren verbessert hat. Ob die IACS-Mitglieder noch innovationsfördernder als vor zehn Jahren sind oder lediglich weniger innovationsbehindernd, läßt sich anhand dieser Daten nicht ableiten. Berücksichtigt man allerdings die vorhergehenden Ergebnisse dieser Arbeit, die den Klassifikationsgesellschaften durchweg innovationsfördernde Wirkung attestieren, so scheint ersteres zutreffend zu sein.

Auf diesen Fragen aufbauend wurden die Vertreter der einzelnen Gruppen um eine Einschätzung der *durchschnittlichen* zeitlichen Verzögerung und *minimal möglichen* zeitlichen Verzögerung (in Monaten) zwischen wissenschaftlich-technischer Erkenntnis und Berücksichtigung dieser Erkenntnis in den Vorschriften gebeten (vgl. Tab. 6.33).

Die Mittelwerte der subjektiven Wahrnehmungen der drei Gruppen unterscheiden sich bezüglich der Einschätzung der durchschnittlichen und minimal möglichen zeitlichen Verzögerung zwischen wissenschaftlich-technischer Erkenntnis und Berücksichtigung dieser Erkenntnis in den Klassifikationsvorschriften nicht signifikant[302].

---

[302] Scheffé-Test; Signifikanzniveau $\alpha = 0{,}05$.

	MW_K	$STAW_K$	MW_W	$STAW_W$	MW_D	$STAW_D$
Durchschnittliche zeitliche Verzögerung (in Monaten)	**25,75** (n=10)	16,10	**19,97** (n=19)	12,79	**27,71** (n=21)	17,72
Minimal mögliche zeitliche Verzögerung (in Monaten)	**11,20** (n=10)	6,76	**9,55** (n=20)	6,45	**14,00** (n=21)	13,82

Tab. 6.33 Vergleich der wahrgenommenen durchschnittlichen bzw. minimal möglichen zeitlichen Verzögerung zwischen der Generierung wissenschaftlich-technischer Erkenntnisse und deren Berücksichtigung in den Vorschriften

Die Werften nehmen die durchschnittliche zeitliche Verzögerung mit 20 Monaten und die minimal mögliche mit knapp 10 Monaten als am kürzesten wahr. Die Klassifikationsgesellschaften schätzen die durchschnittliche zeitliche Verzögerung um ein halbes Jahr höher ein. Daß die Werften die zeitliche Verzögerung geringer einschätzen als die Klassifikationsgesellschaften, ist ein überraschender Befund. Auch wenn die Wahrnehmungsunterschiede zwischen den Klassifikationsgesellschaften und den Werften nicht signifikant sind, sollten die Ursachen hierfür weiter untersucht werden. Das Verhältnis der Einschätzungen von der minimal möglichen zur durchschnittlichen zeitlichen Verzögerung liegt in allen drei Gruppen bei etwa 1:2. Die wahrgenommenen Unterschiede der durchschnittlichen und minimal möglichen zeitlichen Verzögerung sind in allen Gruppen signifikant[303].

Einige Gesprächspartner bei den Werften äußerten Bedenken, Angaben über die Zeitspanne zwischen der Generierung und der Umsetzung neuen Wissens in Klassifikationsvorschriften zu machen. Der Ablauf der Vorschriftenaktualisierung sei stark einzelfallabhängig. Eine generelle Einschätzung der Zeitspanne zwischen dem Entstehen von technischem Wissen und der Berücksichtigung in den Vorschriften sei aus den folgenden Gründen nicht angemessen:

- Die zu bewertende Zeitspanne sei abhängig vom Ursprung der wissenschaftlichen Erkenntnis. Geht das Know-how auf Grundlagenforschung zurück, dauere die Umsetzung in eine Vorschrift länger als bei Fachwissen, das auf angewandter Forschung oder Entwicklung basiert.
- Je stärker das Interesse der Öffentlichkeit sei, desto schneller vollziehe sich die Umsetzung von Erkenntnissen in Vorschriften. Beispielsweise sei der

[303] Die Ergebnisse des t-Tests für gepaarte Stichproben innerhalb der Gruppe der *Klassifikationsgesellschaften*: t-Wert = 3,31; Freiheitsgrade = 9; Irrtumswahrscheinlichkeit p = 0,009.
Die Ergebnisse des t-Tests für gepaarte Stichproben innerhalb der Gruppe der *Werften*: t-Wert = 4,52; Freiheitsgrade = 18; Irrtumswahrscheinlichkeit p = 0,000.
Die Ergebnisse des t-Tests für gepaarte Stichproben innerhalb der Gruppe der *Sachverständigen Dritten*: t-Wert = 6,64; Freiheitsgrade = 20; Irrtumswahrscheinlichkeit p = 0,000.

Untergang der „Estonia“ politisch derart brisant gewesen, daß die Aufarbeitung der Ursachen der Katastrophe und die Verabschiedung von Vorschriften zur Verhinderung ähnlicher Unglücke stark forciert wurden.

Diese Argumente tragen zu einer Erklärung der relativ hohen Standardabweichungen der Antworten in allen Gruppen bei. Möglicherweise hatten die Befragten sehr unterschiedliche Einzelfälle vor Augen, auf die sich ihre Angaben bezogen.

Erstaunlich ist, daß die Befragten der Klassifikationsgesellschaften ein großes Potential für die Verkürzung der Verzögerung bei der Umsetzung von neuen technischen Erkenntnissen in Klassifikationsvorschriften sehen: Die Beurteilung der durchschnittlichen Verzögerung liegt mehr als 14 Monate höher als die Einschätzung der minimal möglichen. Wenn dieses Potential zur Verkürzung der Zeiten für die Umsetzung technischer Erkenntnisse in Vorschriften tatsächlich besteht, bleibt die Frage offen, warum es nicht ausgeschöpft wird. Die IACS-Mitglieder haben mit der Beantwortung der ersten Frage dieses Abschnitts die These über einen positiven Zusammenhang zwischen der Aktualität und der Innovationswirkung einer Klassifikationsvorschrift bestätigt. Zur Förderung technischen Fortschritts müßten die Klassifikationsgesellschaften an einer Minimierung der Verzögerung zwischen Generierung und Umsetzung technologischen Know-hows interessiert sein.

Eine Ursache für das Auseinanderklaffen der wahrgenommenen durchschnittlichen und minimal möglichen zeitlichen Verzögerung könnte darin begründet sein, daß die IACS-Mitglieder einem zu geringen externen Druck zur Vorschriftenaktualisierung ausgesetzt sind.

Die nächste Frage dieses Abschnitts greift diese Problematik auf. Sie betrifft die Ausprägung der Einflußmöglichkeiten der Werften, die Klassifikationsgesellschaften zur stärkeren Aktualisierung von Vorschriften zu bewegen: Es sollten die Einflußmöglichkeiten der Werften, die Klassifikationsgesellschaften zur stärkeren Aktualisierung von Vorschriften zu bewegen (1 = sehr schwach ausgeprägt; 7 = sehr stark ausgeprägt), bewertet werden. Diese Einflußmöglichkeiten wurden von den Klassifikationsgesellschaften am höchsten, von den Werften am niedrigsten eingeschätzt (vgl. Tab. 6.34). Die durchschnittliche Einschätzung der Sachverständigen Dritten liegt zwischen den Wahrnehmungen der IACS-Mitglieder und der Werften. Die Mittelwerte unterscheiden sich dabei aber nicht signifikant.

MW_K	$STAW_K$	MW_W	$STAW_W$	MW_D	$STAW_D$
5,00 (n=11)	1,34	**3,75** (n=24)	1,87	**4,19** (n=26)	1,86

Tab. 6.34 Vergleich der Wahrnehmungen bezüglich der Ausprägung der Einflußmöglichkeiten der Werften, die Klassifikationsgesellschaften zur stärkeren Aktualisierung von Vorschriften zu bewegen

In diesem Abschnitt sollte außerdem die Wirkung moderner Simulations- und Prüfeinrichtungen auf die Aktualität der Klassifikationsvorschriften bzw. auf den Innovationsprozeß im Schiffbau untersucht werden. Zu den modernen Simulations- und Prüfeinrichtungen werden alle Möglichkeiten der Computertechnik gezählt, die die Darstellung und Simulation komplexer Schiffsdatenstrukturen (z.B. Finite-Elemente-Modelle, Schwingungssimulationen) unterstützen.

„Moderne Simulations- und Prüfeinrichtungen erleichtern die Berücksichtigung naturwissenschaftlich-technischer Erkenntnisse in den Vorschriften“ (1 = trifft gar nicht zu; 7 = trifft voll zu)					
MW_K	$STAW_K$	MW_W	$STAW_W$	MW_D	$STAW_D$
5,55 (n=11)	0,93	**6,08** (n=24)	1,35	**6,00** (n=24)	1,25
„Moderne Simulations- und Prüfeinrichtungen erhöhen die Aktualität der Klassifikationsvorschriften“ (1 = trifft gar nicht zu; 7 = trifft voll zu)					
MW_K	$STAW_K$	MW_W	$STAW_W$	MW_D	$STAW_D$
5,05 (n=11)	1,39	**5,75** (n=24)	1,54	**5,67** (n=24)	1,31
Wirkung moderner Simulations- und Prüfeinrichtungen auf den technischen Fortschritt (1 = sehr stark innovationsbehindernd; 7 = sehr stark innovationsfördernd)					
MW_K	$STAW_K$	MW_W	$STAW_W$	MW_D	$STAW_D$
5,00 (n=11)	1,48	**6,25** (n=24)	0,79	**5,79** (n=24)	1,22

Tab. 6.35 Vergleich der Wahrnehmungen bezüglich der Wirkung moderner Simulations- und Prüfeinrichtungen auf die Aktualität der Klassifikationsvorschriften bzw. auf den Innovationsprozeß

Hinsichtlich aller der in Tab. 6.35 dargestellten Variablen sind die Wahrnehmungen der Werften am höchsten, die der Klassifikationsgesellschaften am niedrigsten ausgeprägt. Für die ersten beiden Variablen sind die Mittelwertunterschiede allerdings nicht signifikant[304]. Die Wirkung moderner Simulations- und Prüfeinrichtungen auf den technischen Fortschritt bewerten die Werften signifikant höher als die Klassifikationsgesellschaften[305].

Zahlreiche Einzelgespräche bei den Werften zeigten, daß die Entwicklung computergestützter Daten- und Simulationsmodelle aus der Perspektive der regulierten Unternehmen erst am Anfang steht und von tiefgreifender Bedeutung für den Schiffbau sein wird. Die Klassifikationsgesellschaften sollten sensibilisiert werden für die Bedeutung, die speziell die Werften diesem Bereich beimessen. Angesichts des eingeschränkten F&E-Engagements der deutschen Werften (vgl. Abschnitt 6.1.2.) ist diese Aussage allerdings zu relativieren.

Aus der zweiten Frage dieses Abschnitts ging hervor, daß Klassifkationsvorschriften aktueller als vor zehn Jahren sind. Der Einsatz moderner Simulations- und Prüfeinrichtungen könnte eine Ursache für die gestiegene Aktualität von Klassifikationsvorschriften sein. Eine Korrelationsanalyse zeigt allerdings in keiner der drei Gruppen ein signifikanten Zusammenhang.

An diesen Fragenabschnitt schloß sich die Frage nach der Veränderung des Anteils systemorientierter Innovationen im Schiffbau über die letzten zehn Jahren an (1 = der Anteil systemorientierter Innovationen hat stark abgenommen; 7 = der Anteil systemorientierter Innovationen hat stark zugenommen). Die Einschätzungen sind in Tab. 6.36 zusammengefaßt.

MW_K	$STAW_K$	MW_W	$STAW_W$	MW_D	$STAW_D$
5,91 (n=11)	0,54	**6,04** (n=24)	0,81	**5,52** (n=23)	1,20

Tab. 6.36 Vergleich der Wahrnehmungen hinsichtlich der Veränderung des Anteils systemorientierter Innovationen im Schiffbau

Signifikante Unterschiede in den Wahrnehmungen bestehen nicht[306]. Deshalb können die Daten wiederum zu einer Gesamtstichprobe aggregiert und insgesamt analysiert werden[307]. Mit Hilfe eines approximativen Gaußtests wird gete-

---

[304] Kruskal-Wallis-3-Gruppen-Test auf Mittelwertdifferenzen für die erste Variable, Scheffé-Test für die zweite Variable, Signifikanzniveau $\alpha = 0,05$.

[305] Kruskal-Wallis-3-Gruppen-Test auf Mittelwertdifferenzen und ein anschließender paarweiser Mann-Whitney U-Test; Signifikanzniveau $\alpha = 0,05$.

[306] Kruskal-Wallis-3-Gruppen-Test auf Mittelwertdifferenzen; Signifikanzniveau $\alpha = 0,05$.

[307] Mittelwert = 5,81; Standardabweichung = 0,96; n = 58.

stet, ob die aggregierte Stichprobe aus einer Grundgesamtheit von Schiffbauexperten stammt, die den Anteil systemorientierter Innovationen im Schiffbau im Vergleich zum Stand von vor zehn Jahren als deutlich angestiegen wahrnimmt. Als charakteristisch zur Prüfung dieser Hypothese wird der Wert vier ausgewählt (Nullhypothese: $\mu_0 \leq 4$). Der Test ergibt, daß die Nullhypothese zu verwerfen ist[308]. Die Wahrnehmungen der Befragten zu diesem Untersuchungsmerkmal sind derart hoch ausgeprägt, daß sogar eine verschärfte Nullhypothese (H_0: $\mu \leq 5$) abgelehnt wird[309]: Diese Ergebnisse lassen auf eine deutliche Zunahme systemorientierter Innovationen im Schiffbau schließen. Die Stärke der Veränderung wird von den Klassifikationsgesellschaften und den Werften fast exakt identisch bewertet. Die niedrigen Standardabweichungen bei den IACS-Mitgliedern und den Werften zeigen auch Einigkeit innerhalb der Gruppen bei der Einschätzung dieser Frage.

Die Bewertung der folgenden beiden Aussagen sollte Aufschluß darüber geben, ob sich aus der zunehmenden Bedeutung systemorientierter Innovationen weitreichende Konsequenzen für die Tätigkeit der Klassifikationsgesellschaften ergeben. Zum einen sollten die Befragten die Aussage bewerten, daß die Beschleunigung der Technikentwicklung im Schiffbau eine abnehmende Aktualität der Vorschriften zur Folge hat. Zum anderen sollte eingeschätzt werden, ob die Komplexitätszunahme des Systems von Klassifikationsvorschriften, die aus einer Zunahme systemorientierter Innovationen resultiert, abnehmende Aktualität zur Folge hat (1 = trifft gar nicht zu; 7 = trifft voll zu). Tabelle 6.37 faßt die Ergebnisse zusammen.

Beide Aussagen wurden von den Befragten als eher nicht zutreffend bewertet. Die Antworten der Klassifikationsgesellschaften liegen bezüglich beider Variablen auf etwas niedrigerem Niveau als die Aussagen der Werften und der Sachverständigen Dritten, die diese Fragen im Mittel fast identisch beurteilten. Signifikant sind die Unterschiede nicht[310]. Deshalb konnten die Daten für beide Variablen jeweils aggregiert werden.

---

[308] Testfunktionswert v = 14,36. Verwerfungsbereich B = (1,645; ∞). $v \in B$.

[309] Der Testfunktionswert berechnet sich zu v = 6,43 und liegt damit im Verwerfungsbereich B = (1,645; ∞).

[310] Scheffé-Test, Signifikanzniveau $\alpha = 0{,}05$.

Die Beschleunigung der Technikentwicklung im Schiffbau hat eine abnehmende Aktualität der Vorschriften zur Folge					
MW_K	$STAW_K$	MW_W	$STAW_W$	MW_D	$STAW_D$
3,00 (n=11)	1,73	**4,04** (n=24)	1,46	**4,00** (n=26)	1,62
Die Komplexitätszunahme des Systems von Klassifikationsvorschriften, die aus einer Zunahme systemorientierter Innovationen resultiert, hat abnehmende Aktualität zur Folge					
MW_K	$STAW_K$	MW_W	$STAW_W$	MW_D	$STAW_D$
3,10 (n=11)	1,58	**3,67** (n=24)	1,46	**3,60** (n=25)	1,50

Tab. 6.37 Vergleich der Wahrnehmungen bezüglich der Aussagen, daß die Beschleunigung der Technikentwicklung und die Komplexitätszunahme des Systems von Klassifikationsvorschriften eine abnehmende Aktualität der Vorschriften zur Folge haben

Mit Hilfe eines approximativen Gaußtests wurde geprüft, ob die aggregierte Stichprobe aus einer Grundgesamtheit stammt, die beide Aussagen als zutreffend bewertet. Eine zustimmende Einstellung wird unterstellt, wenn die Nullhypothese $\mu \leq 4$ verworfen wird (vgl. Tab. 6.38).

Ursache abnehmender Aktualität der Klassifikations-vorschriften	**MW**	**STAW**	**Nennungen**	**Testfunk-tionswert v**
Beschleunigung der Technik-entwicklung	3,84	1,60	61	-5,66
Komplexitätszunahme des Systems der Klassifikations-vorschriften	3,53	1,49	60	-7,64

Tab. 6.38 Aggregierte Daten und Testfunktionswerte bezüglich der Bewertung der Beschleunigung der Technikentwicklung bzw. der Komplexitätszunahme des Systems von Klassifikationsvorschriften als Gründe für eine abnehmende Aktualität der Vorschriften

Beide Testfunktionswerte fallen nicht in den Verwerfungsbereich B $(1{,}645; \infty)$. Die Nullhypothese wird für beide Variablen *nicht* verworfen.
Die Ergebnisse zur zweiten Frage dieses Abschnitts haben gezeigt, daß die Aktualität der Klassifikationsvorschriften zugenommen hat. Aus den Befunden zu

der direkt zuvor gestellten Frage ging hervor, daß der Anteil systemorientierter Innovationen im Schiffbau ebenfalls zugenommen hat. Die vorliegenden Ergebnisse zeigen, daß sich eine Zunahme des Anteils der Systeminnovationen nicht negativ auf die Aktualität der Klassifikationsvorschriften auszuwirken scheint. Auch die Beschleunigung der Technikentwicklung, die allerdings nicht als eigenständige Variable abgefragt wurde, scheint die Aktualität der Vorschriften nicht negativ zu beeinflussen.

6.4.2. Vereinheitlichung der Klassifikationsvorschriften

Dieser Abschnitt begann mit der Frage, ob die Innovationswirkung unterschiedlicher Vorschriften beurteilt werden kann (1 = gar nicht; 7 = auf jeden Fall). Falls es möglich ist, die Innovationswirkung unterschiedlicher Vorschriften zu bewerten, hätte man schon in der Generierungsphase neuer Vorschriften die Gelegenheit, Aspekte der Innovationsfreundlichkeit zu berücksichtigen und Vorschriften ggf. so festzulegen, daß den Werften bei der Umsetzung der Vorschriften der nötige Freiraum für technischen Fortschritt bleibt.

MW_K	$STAW_K$	MW_W	$STAW_W$	MW_D	$STAW_D$
4,50 (n=10)	1,43	**4,96** (n=24)	1,52	**5,23** (n=26)	1,24

Tab. 6.39 Vergleich der Einschätzungen bezüglich der Frage, ob die Innovationswirkung unterschiedlicher Vorschriften beurteilt werden kann (1 = gar nicht, 7 = auf jeden Fall)

Bei der Einschätzung dieser Frage gibt es keine signifikanten Mittelwertunterschiede[311]. Die Wahrnehmungen schwanken zwischen leichter und mittlerer Zustimmung. Daran anschließend wurde nach den inhaltlichen Unterschieden zwischen den Vorschriften der Klassifikationsgesellschaften gefragt.

MW_K	$STAW_K$	MW_W	$STAW_W$	MW_D	$STAW_D$
3,09 (n=11)	1,04	**4,38** (n=24)	1,38	**4,15** (n=26)	1,52

Tab. 6.40 Vergleich der Einschätzungen bezüglich der Frage: „Wie stark differieren die Vorschriften der Mitglieder der IACS?" (1 = gar nicht; 7 = sehr stark)

[311] Scheffé-Test, Signifikanzniveau $\alpha = 0{,}05$.

Die Wahrnehmungen der Unterschiede zwischen den Vorschriften der einzelnen Klassifikationsgesellschaften weisen in allen drei Gruppen ein mittleres Ausprägungsniveau auf. Die Vertreter der Werften nehmen die Unterschiede als am größten wahr, die Befragten der IACS-Mitglieder schätzen die Differenzen in den Vorschriften am niedrigsten ein, die Mittelwerte beider Gruppen unterscheiden sich signifikant[312]. Die Einschätzungen der Sachverständigen Dritten liegen zwischen denen der Klassifikationsgesellschaften und der Werften, unterscheiden sich aber von keiner dieser Gruppen signifikant.

Im folgenden werden drei Fragen ausgewertet, die sich mit den Auswirkungen vereinheitlichter Vorschriften befassen. Der Grad des Zutreffens der einzelnen Aussagen sollte bewertet werden (1 = trifft gar nicht zu; 7 = trifft voll zu; vgl. Tab. 6.41).

„Je einheitlicher die Vorschriften der Klassifikationsgesellschaften sind, desto innovationsfördernder ist ihre Wirkung!“					
MW_K	$STAW_K$	MW_W	$STAW_W$	MW_D	$STAW_D$
4,55 (n=11)	1,51	**4,71** (n=24)	2,16	**4,38** (n=26)	2,28
„Die Zusammenarbeit der Klassifikationsgesellschaften in internationalen Organisationen fördert die Vereinheitlichung der Vorschriften!“					
MW_K	$STAW_K$	MW_W	$STAW_W$	MW_D	$STAW_D$
6,45 (n=11)	0,93	**6,08** (n=24)	1,25	**5,92** (n=26)	1,16
„Erst daraus ergibt sich für Werften die Möglichkeit, weltweit Aufträge entgegenzunehmen und mit unterschiedlichen Klassifikationsgesellschaften zusammenzuarbeiten!“					
MW_K	$STAW_K$	MW_W	$STAW_W$	MW_D	$STAW_D$
3,73 (n=11)	2,05	**3,58** (n=24)	2,06	**4,72** (n=25)	2,35

Tab. 6.41 Vergleich der Einschätzungen bezüglich der Vereinheitlichung von Klassifikationsvorschriften (1 = trifft gar nicht zu; 7 = trifft voll zu)

Die Mittelwerte der Gruppen unterscheiden sich bezüglich keines der Untersuchungsmerkmale signifikant[313]. Die Einschätzungen der Innovationswirkung vereinheitlichter Vorschriften durch die Werften und die Sachverständigen Dritten weisen sehr hohe Standardabweichungen auf. Die Mittelwerte sind des-

312 Scheffé-Test, Signifikanzniveau $\alpha = 0,05$.

313 Scheffé-Test, Signifikanzniveau $\alpha = 0,05$.

halb wenig aussagekräftig. Interessant ist die Verteilung der Antworten, hier dargestellt für die aggregierten Daten hinsichtlich der ersten dieser drei Variablen (vgl. Abb. 6.11).

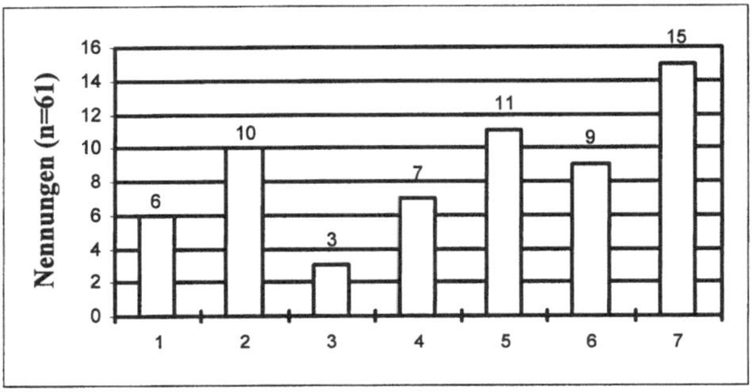

Abb. 6.11 Häufigkeitsverteilungen der aggregierten Stichprobe bezüglich der Aussage: „Je einheitlicher die Vorschriften der Klassifikationsgesellschaften, desto innovationsfördernder ist ihre Wirkung“ (1 = trifft gar nicht zu; 7 = trifft voll zu)

Der Mittelwert der aggregierten Daten liegt bei 4,54, die Standardabweichung beträgt 2,09. Die Unterschiede in den subjektiven Wahrnehmungen der einzelnen Befragten sind extrem hoch ausgeprägt. Im folgenden soll versucht werden, diese Wahrnehmungsdifferenzen mit Hilfe der von den Gesprächspartnern bei den Werften gemachten Anmerkungen zu erklären. Es können zwei Lager unterschiedlicher Wahrnehmung identifiziert werden:

Das größere Lager vertritt mit der folgenden Begründung die Auffassung, daß vereinheitlichte Vorschriften innovationsfördernd wirken: Aus den Gesprächen bei den Werften ging hervor, daß es nicht *die* Klassifikationsgesellschaft gibt, die über die gesamte Breite des technischen Fachwissens im Schiffbau die Spitzenposition einnimmt. Es gebe vielmehr einzelne IACS-Mitglieder, die jeweils Know-how-Führer für einzelne Schiffstypen seien. Ein Vorschriftensystem aus den Stärken aller Klassifikationsgesellschaften könnte deshalb für alle Beteiligten von Vorteil sein, wenn es sich aus der Summe der Stärken der einzelnen Gesellschaften zusammensetzt. Die Vorschriften bilden dann umfassend und aktuell den Stand der Technik ab. Wie die Auswertung der ersten Frage dieses Abschnitts gezeigt hat, besteht zwischen der Aktualität und der Innovationswirkung einer Vorschrift ein positiver Zusammenhang, d.h. dieser Argumentation folgend wäre die Innovationswirkung vereinheitlichter Vorschriften positiv.

Das andere Lager der Befragten vertritt die Meinung, daß vereinheitlichte Vorschriften eher innovationsbehindernd wirken. Dahinter steht die Befürchtung, daß als Grundlage für einheitliche Vorschriften der kleinste gemeinsame Nenner aller Gesellschaften gewählt werden könnte, d.h. das Niveau der Vorschriften würde sich an dem technischen Stand der schwächeren und nicht an dem der stärkeren IACS-Mitglieder orientieren. Veraltetes Wissen würde zum internationalen Standard. Aufgrund mangelnder Aktualität würden diese Vorschriften den technischen Fortschritt im Schiffbau weniger stark fördern als nicht vereinheitlichte Vorschriften.

Die bisherigen Argumente für und wider vereinheitlichte Vorschriften waren statischer Natur. Ein weiteres Argument gegen die Vereinheitlichung von Vorschriften ergibt sich aus einer dynamischen Betrachtung der Zusammenhänge: Die Vereinheitlichung von Klassifikationsvorschriften erschwert Absprachen. Haben alle IACS-Mitglieder eigenständige Vorschriften, so können Absprachen zu speziellen Vorschriften unmittelbar zwischen der Bauwerft und der den Bau begleitenden Klassifikationsgesellschaft erfolgen. Sind die Vorschriften international vereinheitlicht, können Absprachen nur mit Zustimmung aller vereinbart werden. Dieses könnte Genehmigungsverfahren verlängern. Die Aufnahme neuer technischer Erkenntnisse würde ebenfalls einen Abstimmungsprozeß zwischen den einzelnen Klassifikationsgesellschaften erforderlich machen, der die Aktualität der Vorschriften negativ beeinflussen könnte[314]. Die Flexibilität der einzelnen IACS-Mitglieder wäre möglicherweise stark eingeschränkt.

Unabhängig von der Innovationswirkung vereinheitlichter Vorschriften waren zahlreiche Gesprächspartner bei den Werften der Auffassung, daß die Vereinheitlichung von Vorschriften zu Kostensenkungen und Zeiteinsparungen führt, weil die Einarbeitung in die Regelwerke unterschiedlicher Klassifikationsgesellschaften entfiele.

Innerhalb und zwischen den Gruppen ergibt sich ein geschlossenes Meinungsbild dahingehend, daß die internationale Zusammenarbeit der Klassifikationsgesellschaften zur Vereinheitlichung der Vorschriften führt.

Extrem hohe Standardabweichungen ergeben sich für die Einschätzung der Frage, ob sich erst aus der Vereinheitlichung der Vorschriften für die Werften die Möglichkeit ergibt, weltweit Aufträge entgegenzunehmen und mit unterschiedlichen IACS-Mitgliedern zusammenzuarbeiten. Die Verteilung der Häufigkeiten ist dreigipfelig (vgl. Abb. 6.12). Ein Teil der Befragten sieht keinen Zusam-

---

[314] Zur Trägheit bei der Verabschiedung internationaler Vorschriften vgl. Boisson, 1994, S. 312.

menhang zwischen der Vereinheitlichung der Klassifikationsvorschriften und der Möglichkeit der Werften mit unterschiedlichen Klassifikationsgesellschaften zusammenzuarbeiten. Ein anderer Teil der Befragten bewertet diese Aussage als vollkommen zutreffend, d.h. aus ihrer Sicht könnte eine weltweite Zusammenarbeit von Werften und IACS-Mitgliedern nicht ohne vereinheitlichte Vorschriften erfolgen. Ein dritter Gipfel der Verteilung findet sich in der Mitte der Skala, d.h. diese Befragten sind unsicher bezüglich der Beurteilung dieser Frage.

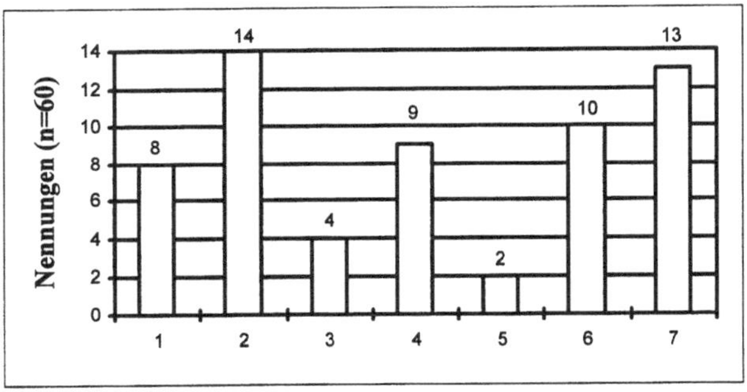

Abb. 6.12 Häufigkeitsverteilungen der Wahrnehmungen der aggregierten Stichprobe bezüglich der Aussage: „Erst aus der Vereinheitlichung der Vorschriften ergibt sich für die Werften die Möglichkeit, weltweit Aufträge entgegenzunehmen und mit unterschiedlichen Klassifikationsgesellschaften zusammenzuarbeiten“ (1 = trifft gar nicht zu; 7 = trifft voll zu)

Mit Hilfe einer Korrelationsanalyse wird versucht, Zusammenhänge aufzudekken, die diese Wahrnehmungsdifferenzen erklären könnten:
Innerhalb der Gruppe der *Werften* korreliert die Wahrnehmung hinsichtlich der Aussage, daß sich erst aus der Vereinheitlichung der Vorschriften Möglichkeiten für eine weltweite Zusammenarbeit von Werften mit unterschiedlichen Klassifikationsgesellschaften ergeben, signifikant positiv mit:

- der Einschätzung bezüglich der Aussage, daß „je einheitlicher die Vorschriften der Klassifikationsgesellschaften sind, desto innovationsfördernder ist ihre Wirkung“[315],
- der Einschätzung der Bedeutung der Vereinheitlichung von Vorschriften für den technischen Fortschritt im Schiffbau[316].

[315] Pearson-Korrelationskoeffizient 0,4407; Signifikanzniveau $\alpha = 0{,}05$.
[316] Pearson-Korrelationskoeffizient 0,5904; Signifikanzniveau $\alpha = 0{,}01$.

Diejenigen Befragten der Werften, die einerseits davon überzeugt sind, daß sich vereinheitlichte Klassifikationsvorschriften innovationsfördernd auswirken und andererseits die Vereinheitlichung von Vorschriften als einen Schwerpunkt des technischen Fortschritts im Schiffbau wahrnehmen, sind der Meinung, daß sich erst aus der Vereinheitlichung der Vorschriften Möglichkeiten für eine weltweite Zusammenarbeit von Werften mit unterschiedlichen Klassifikationsgesellschaften ergeben.

Innerhalb der Gruppe der *Sachverständigen Dritten* korreliert die Wahrnehmung hinsichtlich der Aussage, daß sich erst aus der Vereinheitlichung der Vorschriften Möglichkeiten für eine weltweite Zusammenarbeit von Werften mit unterschiedlichen Klassifikationsgesellschaften ergeben, ebenfalls, wie für die Gruppe der Werften, signifikant positiv mit der Einschätzung bezüglich der Aussage, daß „je einheitlicher die Vorschriften der Klassifikationsgesellschaften sind, desto innovationsfördernder ist ihre Wirkung“[317].

6.4.3. Inhaltliche Ausgestaltung der Klassifikationsvorschriften

In diesem Abschnitt wird untersucht, ob die Art der inhaltlichen Ausgestaltung einer Klassifikationsvorschrift Einfluß auf die Innovationswirkung dieser Vorschrift hat. Vorschriften können zum einen als Beschreibende Vorschriften im Detail die Methoden für die Konstruktion, die Zusammensetzung, den zu verwendenden Werkstoff usw. festlegen. Zum anderen gibt es die Möglichkeit, eine Vorschrift als Anforderungsvorschrift zu formulieren, die die Resultate (Eigenschaften oder Leistungen) festlegen, die ein Produkt erbringen soll. In Abschnitt 3.3.1.2. wurde die These aufgestellt, daß Beschreibende Vorschriften eher innovationsbehindernd, Anforderungsvorschriften eher innovationsfördernd wirken. Anforderungsvorschriften räumen den Unternehmen mehr kreativen Spielraum für innovative Ideen ein. Bevor diese These empirisch geprüft wird, werden die Wahrnehmungen der Befragten bezüglich der Anteile von Beschreibenden und Anforderungsvorschriften an den Klassifikationsvorschriften insgesamt dargestellt (vgl. Tab. 6.42).

Betrachtet man diese Ergebnisse, so ist zunächst einmal höchst interessant, daß die Einschätzungen aller drei Gruppen nahezu exakt übereinstimmen, die Mittelwerte weichen nicht signifikant voneinander ab[318]. Besonders faszinierend ist, daß sowohl die deutschen Befragten aus der Gruppe der Werften und der Sachverständigen Dritten als auch die Vertreter der Klassifikationsgesellschaf-

---

[317] Pearson-Korrelationskoeffizient 0,6562; Signifikanzniveau $\alpha = 0,01$.

[318] Scheffé-Test, Signifikanzniveau $\alpha = 0,05$.

ten, die eine internationale Sichtweise repräsentieren, zu derselben Einschätzung gelangen.

	MW_K	$STAW_K$	MW_W	$STAW_W$	MW_D	$STAW_D$
Anteil Beschreibender Vorschriften an den Vorschriften insgesamt	**63,50** (n=10)	21,48	**59,61** (n=23)	20,48	**62,14** (n=21)	21,71
Anteil der Anforderungsvorschriften an den Vorschriften insgesamt	**36,50** (n=10)	21,48	**40,39** (n=23)	20,48	**37,86** (n=21)	21,71

Tab. 6.42 Vergleich der Wahrnehmungen hinsichtlich der Anteile von Beschreibenden und Anforderungsvorschriften an den Klassifikationsvorschriften insgesamt

Die Anteile an Beschreibenden bzw. Anforderungsvorschriften wurden aus allen drei Perspektiven mit etwa 60:40 eingeschätzt, d.h. 60 % aller Vorschriften haben den Charakter von „Kochbuch“-Vorschriften, die im Detail die Methoden für die Konstruktion, die Zusammensetzung, den zu verwendenden Werkstoff usw. festlegen. 40 % der Vorschriften definieren als Anforderungsvorschriften die Resultate (Eigenschaften oder Leistungen), die ein Produkt erbringen soll.

An die Frage nach der Aufteilung der Anteile von Beschreibenden und Anforderungsvorschriften an den Klassifikationsvorschriften insgesamt schloß sich die Frage nach der Wirkung unterschiedlich ausgestalteter Vorschriften auf den technischen Fortschritt im Schiffbau an (vgl. Tab. 6.43).

	MW_K	$STAW_K$	MW_W	$STAW_W$	MW_D	$STAW_D$
Innovationswirkung Beschreibender Vorschriften?	**3,64** (n=11)	1,57	**3,17** (n=24)	1,20	**3,67** (n=24)	1,55
Innovationswirkung von Anforderungsvorschriften?	**5,55** (n=11)	1,44	**5,42** (n=24)	0,97	**5,00** (n=24)	1,56

Tab. 6.43 Vergleich der Einschätzungen bezüglich der Innovationswirkung von Beschreibenden und Anforderungsvorschriften (1 = sehr stark innovationsbehindernd; 7 = sehr stark innovationsfördernd)

Bei beiden Variablen treten wiederum keine signifikanten Mittelwertunterschiede auf[319]. Die Vertreter aller drei Gruppen schätzten die Innovationswirkung Beschreibender Vorschriften im Mittel als leicht innovationsbehindernd ein. Anforderungsvorschriften wurden überwiegend als innovationsfördernd bis stark innovationsfördernd bewertet. Abbildung 6.13 gibt die Häufigkeitsvertei-

---

[319] Scheffé-Test, Signifikanzniveau $\alpha = 0{,}05$.

lungen der Beurteilung der Innovationswirkung von Beschreibenden und Anforderungsvorschriften der aggregierten Stichprobe wieder.

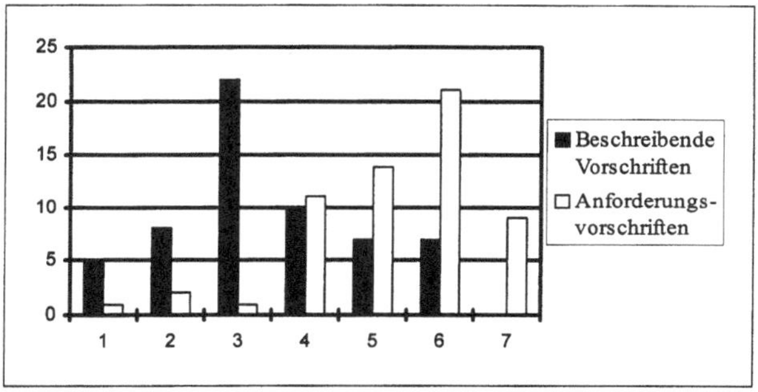

Abb. 6.13 Gegenüberstellung der aggregierten Verteilungen der Wahrnehmungen der Innovationswirkung von Beschreibenden und Anforderungsvorschriften

Ein t-Test für gepaarte Stichproben zeigt, daß Anforderungsvorschriften signifikant innovationsfördernder beurteilt werden als Beschreibende Vorschriften[320]. Die These, daß Anforderungsvorschriften innovationsfördernder sind als Beschreibende Vorschriften, ist somit nicht zu verwerfen.

Ein Beispiel soll die innovationsbehindernde Tendenz Beschreibender Vorschriften veranschaulichen: Die United States Coast Guard schreibt in den Bestimmungen des „Oil Pollution Act 1990 - PL - 101-380" u.a. verbindlich vor, daß Öltanker, die amerikanische Gewässer befahren, in Doppelhüllen-Bauweise gefertigt sein müssen. Es wird demnach ein bestimmter Konstruktionstyp verbindlich vorgeschrieben, d.h. es handelt sich um eine Beschreibende Vorschrift. Andere innovative Ansätze zur notwendigen Erhöhung der Sicherheit von Tankern, z.B. das „European-Economic-Ecological (EEE)-Konzept"[321] eines Europäischen Werftenkonsortiums, haben von vornherein keine Chance, eine Zulassung zu erhalten.

---

[320] t-Wert = -6,10; Freiheitsgrade 58; Irrtumswahrscheinlichkeit p = 0,000.

[321] „Such tankers contain ballast tanks 6 metres wide on the sides of the cargo tanks, and horizontal bulkheading of oil tanks. If an accident occurs, seawater floods into the bottom tank and exerts the pressure on the oil, which is transferred to the ballast tanks" (Boisson, 1994, S. 315). Ein ähnliches Konzept wird auch von einer japanischen Werft vorgeschlagen (vgl. dazu ebenfalls Boisson, 1994, S. 315).

Die International Maritime Organization (IMO) verhält sich innovationsfreundlicher, sie revidierte ihre MARPOL (Marine Pollution)-Konvention: Seit Juli 1993 schreibt diese Konvention für Öltanker Doppelhüllen *oder* gleichwertige Systeme vor, die denselben Grad an Sicherheit gewährleisten[322].

Es wird außerdem geprüft, ob die Stichprobe aus einer Grundgesamtheit stammt, deren Mittelwert bezüglich der Beurteilung der Innovationswirkung Beschreibender Vorschriften kleiner als vier und bezüglich der Einschätzung der Innovationswirkung von Anforderungsvorschriften größer als vier ist, d.h. ob von der Stichprobe auf eine Grundgesamtheit der Schiffbauexperten geschlossen werden kann, die Beschreibende Vorschriften als innovationsbehindernd und Anforderungsvorschriften als innovationsfördernd wahrnimmt. Für die Bewertung Beschreibender Vorschriften lautet die Nullhypothese H_0: $\mu \geq 4$. Die Alternativhypothese lautet H_1: $\mu < 4$. Die Nullhypothese wird abgelehnt (vgl. Tab. 6.44)[323]. Daraus kann gefolgert werden, daß die Grundgesamtheit die Wirkung Beschreibender Vorschriften als innovationsbehindernd wahrnimmt. Für die Bewertung der Anforderungsvorschriften lautet die Nullhypothese H_0: $\mu \leq 4$. Die Alternativhypothese lautet H_1: $\mu > 4$. Auch für diesen Fall wird die Nullhypothese abgelehnt (vgl. Tab. 6.44)[324]. Anforderungsvorschriften werden von der Grundgesamtheit als innovationsfördernd wahrgenommen.

Untersuchungsmerkmal	**MW**	**STAW**	**Nennungen**	**Testfunktionswert v**
Bewertung von Beschreibenden Vorschriften	3,46	1,42	59	-2,92
Bewertung von Anforderungsvorschriften	5,27	1,42	59	7,39

Tab. 6.44 Aggregierte Daten und Testfunktionswerte bezüglich der Wahrnehmung der Wirkung von Beschreibenden und Anforderungsvorschriften auf den technischen Fortschritt

Die Einschätzung der Innovationswirkung Beschreibender Vorschriften durch eine Werft ist möglicherweise abhängig von der Intensität, mit der dieses Unternehmen Forschung betreibt. Dies kann für die Werften anhand einer Korrelationsanalyse veranschaulicht werden: Die Einschätzung der Innovationswirkung Beschreibender Klassifikationsvorschriften korreliert stark negativ mit den Anteilen für Grundlagen-[325] und angewandte Forschung[326] am gesamten F&E-

[322] Vgl. Boisson, 1994, S. 315.
[323] Signifikanzniveau $\alpha = 0{,}05$; $B = (-\infty; -1{,}645)$.
[324] Signifikanzniveau $\alpha = 0{,}05$; $B = (1{,}645; \infty)$.
[325] Pearson-Korrelationskoeffizient -0,5451; Signifikanzniveau $\alpha = 0{,}05$.
[326] Pearson-Korrelationskoeffizient -0,5921; Signifikanzniveau $\alpha = 0{,}01$.

Budget der Werft. Zwei unterschiedliche Argumente können zu einer Erklärung dieses Zusammenhangs beitragen:

- Zum einen könnten die Werften, die sich stark in der Forschung engagieren, Beschreibende Vorschriften als besonders innovationsbehindernd wahrnehmen. Dies kann durch die folgende Überlegung plausibel gemacht werden: Eine Beschreibende Vorschrift läßt wegen ihrer inhaltlichen Ausgestaltung wenig innovativen Freiraum. Betreibt eine Werft keine Forschung, die die Aufnahme fremden oder die Schaffung eigenen Know-hows fördern könnte, so erscheint ihr der Inhalt einer Beschreibenden Vorschrift möglicherweise als aktuell. Die Notwendigkeit, diese Vorschrift einzuhalten, übt vermutlich Innovationsdruck auf diese Werft aus. Deshalb wird die Vorschrift als innovationsfördernd bewertet. Die Klassifikationsgesellschaft wird als Motor des Fortschritts betrachtet. Beschreibende Vorschriften werden von dieser Werft als Träger von Know-how und als Instrument zum Erwerb externen Wissens angesehen.

  Betreibt eine Werft selbst F&E, geht der interne Wissensstand möglicherweise über den in einer Beschreibenden Klassifikationsvorschrift verankerten hinaus. Für diese Werft ist der Inhalt der Vorschrift nicht neu. Aufgrund der Ausgestaltung dieser Vorschriften fehlen Freiräume für technisch neue Lösungen. Konsequenterweise werden Beschreibende Vorschriften von dieser Werft als innovationsbehindernd bewertet. Dieser Argumentation folgend scheint die Wirkung Beschreibender Vorschriften auf den technischen Fortschritt im Schiffbau abhängig zu sein vom relativen Know-how der jeweiligen Werft im Vergleich zu dem in der Vorschrift verankerten Stand der Technik.
- Zum anderen könnte der hohe Anteil Beschreibender Vorschriften verbunden mit der wahrgenommenen innovationsbehindernden Wirkung dieser Art von Vorschriften eine Ursache für die geringe F&E-Intensität der Werften sein. Möglicherweise werden die aus Beschreibenden Vorschriften resultierenden Widerstände gegen Innovationen derart stark wahrgenommen, daß die Werften ihr F&E-Engagement einschränken.

Trotz der genannten Vorteile scheint die ausschließliche Anwendung von Anforderungsvorschriften im Schiffbau nicht sinnvoll zu sein: Einige Gesprächspartner bei den Werften unterstrichen die Bedeutung Beschreibender Vorschriften, die Sicherheit bei Basiskonstruktionen geben würden. Ein zu großer Anteil von Anforderungsvorschriften sei vor allem für kleine Werften zu teuer und zu riskant und führe möglicherweise zu einer Verlängerung der Bauzeiten der Schiffe.

Einige Gesprächspartner verwiesen auf einen positiven Einfluß Beschreibender Vorschriften auf den technischen Fortschritt: Sofern die Vorschriften der

Klassifikationsgesellschaften sehr aktuell sind, d.h. Wissen in ihnen verarbeitet ist, das nicht bei den Werften vorliegt[327], dann können diese Vorschriften sehr stark innovationsfördernd wirken und als Motor des Fortschritts fungieren[328].

Die positive Innovationswirkung Beschreibender Vorschriften aufgrund hoher Aktualität gilt allerdings nur bei statischer Betrachtung der Zusammenhänge. Soll dieser Mechanismus auf Dauer wirksam sein, müssen die entsprechenden Vorschriften laufend aktualisiert werden. Für Anforderungsvorschriften ist der Aktualisierungsdruck vermutlich nicht so hoch. Durch größere Spielräume bei der Umsetzung der Vorschriften in technische Lösungen können sich Innovationen auch bei Existenz älterer Vorschriften durchsetzen lassen.

Die Wahrnehmungen der Wirkungen von Anforderungsvorschriften korrelieren in der Gruppe der IACS-Mitglieder[329] und der Werften[330] signifikant positiv mit der Einschätzung der Innovationswirkung der Definition und Überwachung von Vorschriften durch Klassifikationsgesellschaften aus Abschnitt 6.2.2. Die Korrelationsanalyse läßt keine Rückschlüsse auf kausale Zusammenhänge zu. Eine mögliche Erklärung der Zusammenhänge lautet, daß die Befragten dieser beiden Gruppen den Einfluß der Definition und Überwachung der Vorschriften durch die Klassifikationsgesellschaften als innovationsfördernd wahrnehmen, weil sie die Innovationswirkung von Anforderungsvorschriften sehr positiv bewerten.

6.5. Technologisches Fachwissen der Klassifikationsgesellschaften

In diesem Abschnitt werden die Ergebnisse vorgestellt, die die Rolle der Klassifikationsgesellschaften als Fachpromotoren des technischen Fortschritts im Schiffbau betreffen. Zunächst wurde gefragt, wie stark das bei den Klassifikationsgesellschaften konzentrierte Wissen den technischen Fortschritt im Schiffbau insgesamt fördert (1= gar nicht; 7= sehr stark), d.h. diese übergeordnete Frage soll klären, ob die IACS-Mitglieder von den Befragten als Fachpromoto-

---

[327] Wie bei den zuvor gemachten Ausführungen deutlich wurde, ist der relative Wissensstand einer Werft vom eigenen F&E-Engagement abhängig. An dieser Stelle ist Wissen gemeint, das absolut neu ist, d.h. bei keiner Werft vorliegt.

[328] In diesem Zusammenhang kann von den Klassifikationsvorschriften ein ähnlicher Informationseffekt ausgehen wie von Patenten: Innovationsbeeinflussende Aspekte des Patentwesens werden im Zusammenhang mit dem Schutz- und Informationseffekt von Patenten diskutiert. Vgl. hierzu z.B. Grefermann et al., 1974; Oppenländer, 1984a; Oppenländer, 1984b; Mansfield, 1996; Franke, 1993; Engelsman/van Raan, 1994.

[329] Pearson-Korrelationskoeffizient 0,7483; Signifikanzniveau $\alpha = 0{,}01$.

[330] Pearson-Korrelationskoeffizient 0,4332; Signifikanzniveau $\alpha = 0{,}05$.

ren des technischen Fortschritts im Schiffbau wahrgenommen werden (vgl. Tab. 6.45).

MW_K	$STAW_K$	MW_W	$STAW_W$	MW_D	$STAW_D$
5,82 (n=11)	0,75	**5,33** (n=24)	1,20	**5,35** (n=26)	1,29

Tab. 6.45 Vergleich der Wahrnehmungen hinsichtlich der Frage, wie stark das bei Klassifikationsgesellschaften konzentrierte Wissen den technischen Fortschritt im Schiffbau fördert

Dem bei Klassifikationsgesellschaften konzentrierten Know-how wird von allen drei Gruppen eine innovationsfördernde bis stark innovationsfördernde Wirkung eingeräumt. Die Gruppenmittelwerte unterscheiden sich nicht signifikant[331]. Daher konnten die Daten zu einer Stichprobe von Experten des Schiffbaus aggregiert werden (vgl. Abb. 6.14).

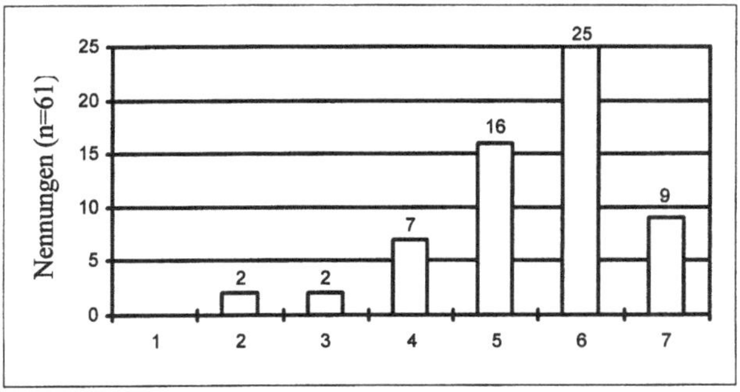

Abb. 6.14 Häufigkeitsverteilung der Wahrnehmungen der aggregierten Stichprobe bezüglich der Frage, wie stark das bei den IACS-Mitgliedern konzentrierte Wissen den technischen Fortschritt fördert

Der Mittelwert der aggregierten Daten liegt bei 5,43. Die Standardabweichung beträgt 1,18. Interessant ist es, mit Hilfe der vorliegenden Daten wiederum Aussagen über den Mittelwert der Wahrnehmung der Grundgesamtheit zu machen. Schätzt die Grundgesamtheit der Schiffbauexperten den Einfluß des Fachwissens der IACS-Mitglieder auf den technischen Fortschritt im Schiffbau positiv

[331] Scheffé-Test; Signifikanzniveau $\alpha = 0{,}05$.

ein? Dies wird unterstellt für den Fall, daß die Stichprobe aus einer Grundgesamtheit stammt, die bezüglich dieses Untersuchungsmerkmals einen Populationsmittelwert hat, der oberhalb der Skalenmitte von vier liegt. Es wird ein approximativer Gaußtest durchgeführt. Die Nullhypothese lautet: H_0: $\mu \leq 4$. Die Alternativhypothese lautet H_1: $\mu > 4$. Die Nullhypothese wird abgelehnt[332]. Daraus kann geschlossen werden, daß die Grundgesamtheit die Stärke, mit der das technologische Fachwissen der Klassifikationsgesellschaften den Fortschritt im Schiffbau fördert, im Mittel mit einem Wert größer als vier bewertet. Die These, daß die IACS-Mitglieder Fachpromotoren des technischen Fortschritts im Schiffbau sind (vgl. Abschnitt 4.1.1.3.), wird nicht verworfen. Das technische Know-how der Klassifikationsgesellschaften wird derart hoch bewertet, daß mit Hilfe des gleichen Tests auch eine verschärfte Nullhypothese H_0: $\mu \leq 5$ abgelehnt werden kann[333]. Die Rolle der Klassifikationsgesellschaften als Fachpromotoren des technischen Fortschritts im Schiffbau wird also als stark ausgeprägt wahrgenommen.

Die Eigenschaften eines Fachpromotors wurden für die Anwendung auf Klassifikationsgesellschaften operationalisiert: Die Fragen beziehen sich auf den Umfang technologischen Fachwissen, die Nutzung dieses Wissens, die Qualität der Mitarbeiter in F&E sowie im Technischen Dienstleistungsservice und die Kreativität im Umgang mit diesem Fachwissen. Außerdem sollten die Befragten beurteilen, ob die Werften über die Nutzung des Technischen Dienstleistungsservices vom Know-how der IACS-Mitglieder profitieren und ob die Klassifikationsgesellschaften F&E mit Schwerpunkt „Forschung“ betreiben und die Werften u.a. auf diesem Wissen aufbauend F&E mit Schwerpunkt „Entwicklung“ betreiben.

Die nachfolgenden Aussagen sind in Abschnitt 4.1.1.3. als Thesen formuliert worden und sollten von den Befragten auf ihre Richtigkeit beurteilt werden. Die Antwortmöglichkeiten für die Bewertung des Grades des Zutreffens der Aussagen reichten von 1 (= die Aussage trifft gar nicht zu) bis 7 (= die Aussage trifft voll zu).

---

[332] Signifikanzniveau $\alpha = 0{,}05$; $B = (1{,}645; \infty)$. Der Testfunktionswert v berechnet sich zu 9,46. $v \in B$.

[333] Der Testfunktionswert v beträgt für diesen Fall 2,85 und liegt ebenfalls im Verwerfungsbereich.

		MW_K	$STAW_K$	MW_w	$STAW_W$	MW_D	$STAW_D$
1	Klassifikationsgesellschaften haben mehr technologisches Fachwissen als einzelne Werften	**5,73** (n=11)	0,79	**5,58** (n=24)	1,64	**5,23** (n=26)	1,53
2	Klassifikationsgesellschaften forschen an der Spitze der Technologie	**5,09** (n=11)	1,30	**5,00** (n=24)	1,56	**4,81** (n=26)	1,60
3	Klassifikationsgesellschaften haben fachlich besonders qualifizierte Mitarbeiter	**6,55** (n=11)	0,52	**5,09** (n=23)	1,81	**5,31** (n=26)	1,54
4	Klassifikationsgesellschaften setzen ihr Know-how sehr kreativ ein	**5,82** (n=11)	0,75	**4,21** (n=24)	1,44	**4,65** (n=26)	1,16
5	Werften profitieren vom Know-how der Klassifikationsgesellschaften durch Techn. Dienstleistungsservice	**5,27** (n=11)	1,01	**5,71** (n=24)	1,27	**5,12** (n=26)	1,51
6	F&E: Klassifikationsgesellschaften Schwerpunkt „F“, Werften Schwerpunkt „E“	**4,00** (n=11)	1,84	**4,71** (n=24)	1,85	**5,21** (n=24)	1,38

Tab. 6.46 Vergleich der Wahrnehmungen der Befragten zur Rolle der Klassifikationsgesellschaften als Fachpromotoren des technischen Fortschritts

Für die erste, zweite, fünfte und sechste Variable konnten keine signifikanten Mittelwertunterschiede festgestellt werden[334]. Für diese Untersuchungsmerkmale wurden wiederum die Daten zu einer Gesamtstichprobe aggregiert und insgesamt mit Hilfe des approximativen Gaußtests weiter ausgewertet:
Von den Mittelwerten der Stichprobe sollen erneut Rückschlüsse auf die Populationsmittelwerte gezogen werden. Es wird untersucht, ob die aggregierte Stichprobe aus einer Grundgesamtheit stammt, die den Grad des Zutreffens der Aussagen hoch bewertet. Als charakteristischer Wert wird die Skalenmitte, d.h. der Wert vier, gewählt. Im folgenden wird getestet, bezüglich welcher Untersuchungsmerkmale die Stichprobe aus einer Grundgesamtheit mit einem Mittelwert größer vier stammt. Die Nullhypothese lautet: H_0: $\mu \leq 4$. Die Alternativhypothese lautet: H_1: $\mu > 4$. Der Verwerfungsbereich ergibt sich bei einem Signifikanzniveau von $\alpha = 0{,}05$ zu $B = (1{,}645; \infty)$. Die relevanten Daten sind in Tabelle 6.47 zusammengetragen.

[334] Für die erste, zweite und sechste Variable wurde der Scheffé-Test verwendet. Für die fünfte Variable der Kruskal-Wallis-3-Gruppen-Test auf Mittelwertdifferenzen. Das Signifikanzniveau lag jeweils bei $\alpha = 0{,}05$.

Untersuchungsmerkmal	MW	STAW	Nennungen	Testfkt.-wert v
Klassifikationsgesellschaften haben mehr technologisches Fachwissen als einzelne Werften	5,46	1,47	61	7,76
Klassifikationsgesellschaften forschen an der Spitze der Technologie	4,93	1,52	61	4,78
Werften profitieren vom Know-how der Klassifikationsgesellschaften durch Techn. Dienstleistungsservice	5,38	1,34	61	8,04
F&E: Klassifikationsgesellschaften Schwerpunkt „F", Werften Schwerpunkt „E"	4,78	1,70	59	3,52

Tab. 6.47 Aggregierte Daten und Ergebnisse des approximativen Gaußtests hinsichtlich der Rolle der Klassifikationsgesellschaften als Fachpromotoren

Für alle vier Untersuchungsmerkmale liegt der Testfunktionswert v innerhalb des Verwerfungsbereiches, d.h. die Nullhypothese wird für alle vier Variablen verworfen. Die Grundgesamtheit scheint also diese vier Aussagen im Mittel als zutreffend wahrzunehmen:

1. Die Klassifikationsgesellschaften verfügen demnach aufgrund ihrer überwachenden Tätigkeit über mehr technologisches Fachwissen als einzelne Werften.
2. Sie setzen dieses Wissen ein, um an der Spitze der Technologie zu forschen.
3. Die Werften können von diesem Know-how durch die Inanspruchnahme des Technischen Dienstleistungsservices profitieren.
4. Die Klassifikationsgesellschaften legen ihren F&E-Schwerpunkt eher auf die Forschung, wohingegen die Werften ihren Schwerpunkt in der Entwicklung setzen.

Das Zutreffen der letztgenannten Aussage wird untermauert durch die Ergebnisse zur Aufteilung der F&E-/Konstruktions-Budgets der IACS-Mitglieder bzw. der Werften[335].

Weitere Tests zeigen, daß hinsichtlich der Untersuchungsmerkmale eins (Klassifikationsgesellschaften verfügen über mehr technologisches Fachwissen als einzelne Werften) und fünf dieses Abschnitts (durch den Technischen Dienstleistungsservice profitieren die Werften vom Know-how der IACS-Mitglieder) sogar die verschärfte Nullhypothese H_0: $\mu \leq 5$ abgelehnt wird[336]. Die Stichprobe stammt bezüglich dieser Untersuchungsmerkmale aus einer

[335] Vgl. Abschnitt 6.1.1. und 6.1.2.

[336] Der Testfunktionswert v lautet für die erste Variable v = 2,44. Für die fünfte Variable ist v = 2,21.

Grundgesamtheit mit einem Mittelwert $\mu > 5$. Die Experten des Schiffbaus erkennen also an, daß die IACS-Mitglieder über umfassenderes Schiffbau-Know-how verfügen als einzelne Werften und daß die Werften durch die Vergabe von Forschungs-/Entwicklungsaufträgen vom Fachwissen der Klassifikationsgesellschaften profitieren.

Die Werften wurden außerdem befragt, ob sie den Technischen Dienstleistungsservice der Klassifikationsgesellschaften in Anspruch nehmen. *Alle* Werften gaben an, den Technischen Dienstleistungsservice zu nutzen[337]. Dies unterstreicht die technische Kompetenz der IACS-Mitglieder. Allerdings wurden von einigen Interviewpartnern bei den Werften Interessenskonflikte der Klassifikationsgesellschaften im Bereich des Technischen Dienstleistungsservices konstatiert: Die Werften übertragen den Klassifikationsgesellschaften z.B. die Festigkeitsberechnungen der Stahlstruktur eines Neubaus. Dies betrifft die IACS-Mitglieder als Dienstleister. Die von der Klassifikationsgesellschaft gemachten Berechnungen werden derselben Gesellschaft in ihrer Tätigkeit als regulierende Institution von der Werft zur Genehmigung eingereicht. Ein Gesprächspartner kommentierte diesen Konflikt wie folgt: „Was die Klassifikationsgesellschaften selbst berechnen, können sie im Genehmigungsverfahren nicht ablehnen". Dieser Interessenskonflikt zwischen Beratungs- und Überwachungsfunktion der Klassifikationsgesellschaften wird von einigen Werften möglicherweise bewußt genutzt, um sicherzustellen, daß es keine Schwierigkeiten bei der Genehmigung ihrer Entwürfe gibt.

In Abschnitt 3.2.3. wurde ein innovationsbehinderndes Verhalten der regulierten Unternehmen unter dem Stichwort „Schweigekartell der Oberingenieure" angesprochen, d.h. das bewußte Zurückhalten von Informationen über technische Entwicklungen. Dieses innovationsbehindernde Phänomen der Regulierung tritt vermutlich im Schiffbau aufgrund des herausragenden technologischen Fachwissens der Klassifikationsgesellschaften nicht auf. Die folgenden Argumente sollen dies noch einmal belegen:

- Alle IACS-Mitglieder betreiben eigenständig Forschung und Entwicklung. Der Anteil der Forschungs-Investitionen am gesamten Konstruktions-/F&E-Budget liegt erheblich höher als dieser Anteil bei den deutschen Werften[338].
- Acht der befragten Klassifikationsgesellschaften stellen Werften technologisches Know-how über die Inanspruchnahme des Technischen Dienstleistungsservices zur Verfügung[339].

---

[337] Die Zahl der Nennungen bezüglich dieses Untersuchungsmerkmals beträgt n = 24.
[338] Vgl. Abschnitt 6.1.1. und 6.1.2.
[339] Vgl. Abschnitt 6.1.1.

- Acht IACS-Mitglieder fungieren als Träger staatlich geförderter F&E-Projekte[340].
- Die Aussage, daß Klassifikationsgesellschaften über mehr technologisches Fachwissen als einzelne Werften verfügen, wird von den Vertretern aller drei Gruppen als stark zutreffend wahrgenommen.

Aufgrund des umfangreichen und qualitativ hochwertigen Know-hows der Klassifikationsgesellschaften dürften die Werften vermutlich nicht in der Lage sein, technologisches Wissen zu unterschlagen, das sich in einer Reduzierung von Umweltbelastungen und einer Erhöhung der Sicherheit in der Schiffahrt niederschlagen könnte.

Für die Variablen drei (fachliche Qualifikation der Mitarbeiter der F&E-Abteilung und des Technischen Dienstleistungsservices der Klassifikationsgesellschaften) und vier (Kreativität der Klassifikationsgesellschaften im Umgang mit Know-how) aus diesem Block ergab sich, daß die IACS-Mitglieder den Grad des Zutreffens in Bezug auf beide Variablen signifikant höher bewerteten als die Werften und Sachverständigen Dritten[341]. Diese signifikanten Unterschiede resultieren nicht aus einer schlechten Bewertung durch die Werften bzw. Sachverständigen Dritten, sondern aus einer extrem hohen Selbsteinschätzung der Klassifikationsgesellschaften. Der hohe Mittelwert (MW = 6,55) und die niedrige Standardabweichung (STAW = 0,52) für die Gruppe der IACS-Mitglieder zeigen, daß die Klassifikationsgesellschaften einheitlich von der Qualifikation ihrer Mitarbeiter begeistert sind. Die hohen Standardabweichungen in der Gruppe der Werften und der Sachverständigen Dritten hinsichtlich dieser Variablen deuten auf eine uneinheitliche Wahrnehmung hin.
Für die folgenden Hypothesentests werden die Daten der Werften und der Sachverständigen Dritten aggregiert. Die Daten der IACS-Mitglieder müssen bezüglich dieser Untersuchungsmerkmale getrennt ausgewertet werden. Die Hypothesen haben die gleiche Gestalt wie zuvor[342]. Für die Klassifikationsgesellschaften wird ein Einstichproben-t-Test[343] durchgeführt (vgl. Tab. 6.48).

---

[340] Vgl. Abschnitt 6.1.1.

[341] Für beide Variablen wurde ein Kruskal-Wallis-3-Gruppen-Test auf Mittelwertdifferenzen und anschließend paarweise Mann-Whitney U-Tests durchgeführt. Das Signifikanzniveau betrug jeweils $\alpha = 0{,}05$.

[342] Die Nullhypothese lautet: H_0: $\mu \leq 4$. Die Alternativhypothese lautet: H_1:$\mu > 4$. Der Verwerfungsbereich ergibt sich bei einem Signifikanzniveau von $\alpha = 0{,}05$ zu $B = (1{,}645; \infty)$.

[343] Vgl. Bamberg/Baur, 1987, S. 187ff.

Untersuchungsmerkmal	MW_K	$STAW_K$	Nennungen	Testfkt.-wert v
Klassifikationsgesellschaften haben fachlich besonders qualifizierte Mitarbeiter	6,55	0,52	11	16,26
Klassifikationsgesellschaften setzen ihr Know-how sehr kreativ ein	5,82	0,75	11	8,05

Tab. 6.48 Daten und Testfunktionswerte für die Gruppe der IACS-Mitglieder bezüglich der Qualifikation der Mitarbeiter und der Kreativität im Umgang mit Know-how

Bezüglich beider Variablen wird die Nullhypothese verworfen[344]. Für beide Untersuchungsmerkmale kommt es sogar dann noch zu einer Ablehnung der Nullhypothese, wenn diese verschärft wird zu H_0: $\mu \leq 5$ [345]. Hinsichtlich beider Untersuchungsmerkmale stammt die Stichprobe der Klassifikationsgesellschaften aus einer Grundgesamtheit, die die Aussagen, die Mitarbeiter der IACS-Mitglieder in F&E sowie im Technischen Dienstleistungsservice seien besonders qualifiziert und die Klassifikationsgesellschaften seien im Know-how-Einsatz sehr kreativ, mit einem Mittelwert $\mu > 5$ bewerten. Für die aggregierten Daten der Werften und der Sachverständigen Dritten ergeben sich die folgenden Werte (vgl. Tab. 6.49):

Untersuchungsmerkmal	$MW_{W,D}$	$STAW_{W,D}$	Nennungen	Testfkt.-wert v
hohe Qualifikation der Mitarbeiter	4,44	1,31	50	2,38
starke Kreativität im Know-how-Einsatz	5,20	1,66	49	5,06

Tab. 6.49 Aggregierte Daten und Testfunktionswerte der Werften und Sachverständigen Dritten bezüglich der Qualifikation der Mitarbeiter und der Kreativität im Umgang mit Know-how

Für beide Untersuchungsmerkmale fallen die Testfunktionswerte ebenfalls in den Verwerfungsbereich. H_0 ($\mu \leq 4$) wird jeweils abgelehnt. Die Stichprobe

[344] Die Grundgesamtheit der Klassifikationsgesellschaften ist bezüglich des Untersuchungsmerkmals „Kreativität im Know-how-Einsatz" nicht normalverteilt. Damit ist eine Voraussetzung zur Anwendung des Einstichproben-t-Tests verletzt. Der Stichprobenumfang dieser Gruppe ist nicht hinreichend groß, um auf ein anderes statisitisches Verfahren auszuweichen (approximativer Gaußtest). Der mit dem Einstichproben-t-Test ermittelte Testfunktionswert v ist allerdings so hoch, daß ein Fehler aufgrund der Verletzung des Vorliegens der Normalverteilung mit hoher Wahrscheinlichkeit nicht zum Tragen kommt.

[345] Die zugehörigen Testfunktionswerte lauten v = 9,87 für die Wahrnehmung der Qualifikation der Mitarbeiter in F&E und dem Technischen Dienstleistungsservice bzw. v = 3,63 für die Einschätzung der Kreativität beim Einsatz von Know-how.

stammt hinsichtlich dieser Untersuchungsmerkmale aus einer Grundgesamtheit, die den Grad des Zutreffens dieser Aussage mit einem Mittelwert $\mu > 4$ bewertet.

6.6. ÜBERBRÜCKUNG VON SCHNITTSTELLEN ZWISCHEN UNTERNEHMEN UND BEHÖRDEN

In diesem Abschnitt werden die Ergebnisse vorgestellt, die die Klassifikationsgesellschaften in ihrer Rolle als Beziehungspromotoren des technischen Fortschritts im Schiffbau darstellen. Zu Beginn dieses Fragenkomplexes wurden die IACS-Mitglieder befragt, welche Unternehmen/Institutionen Anregungen für interne F&E-Projekte geben bzw. Ergebnisse dieser Projekte nutzen[346]. Die Ergebnisse sind in den beiden folgenden Tabellen zusammengefaßt (vgl. Tab. 6.50 und 6.51). Die Zahlen geben jeweils an, wieviele IACS-Mitglieder Anregungen für F&E-Projekte von den genannten Kommunikationspartnern erhielten bzw. wie häufig F&E-Ergebnisse von diesen genutzt wurden.

Anregungen für F&E-Projekte kommen von	**Zahl der IACS-Mitglieder (n=10)**
eigener Klassifikationsgesellschaft	10
internationalen Organisationen	9
Universitäten/Forschungseinrichtungen	9
Werften	7
anderen privatrechtlichen Organisationen[347]	7
fremden Klassifikationsgesellschaften	5
Behörden	4
Sonstigen	-

Tab. 6.50 Institutionen, die Anregungen für F&E-Projekte bei Klassifikationsgesellschaften geben

Die Institutionen, die Anregungen für F&E-Projekte bei Klassifikationsgesellschaften geben, wurden entsprechend der Zahl der Nennungen in absteigender Reihenfolge notiert. Die häufigsten Inputgeber sind demnach internationale Organisationen, Universitäten/Forschungseinrichtungen und Werften. Auch die

---

346 Die Frage nach den Quellen für F&E-Anregungen wurde von zehn Klassifikationsgesellschaften beantwortet. Auf die Frage der Verwertung von Ergebnissen der F&E-Projekte antworteten alle elf Gesellschaften.

347 Hierzu zählen z.B. Reeder, Versicherer und Zulieferer.

Kommunikation im Bereich von F&E unter den IACS-Mitgliedern scheint relativ gut zu funktionieren. Die Hälfte der antwortenden Klassifikationsgesellschaften gab an, F&E-Inputs von anderen IACS-Mitglieder zu bekommen.

Nutzung von F&E-Ergebnissen durch	**Zahl der IACS-Mitglieder (n=11)**
eigene Klassifikationsgesellschaft	11
Werften	11
internationale Organisationen	9
Behörden	8
andere privatrechtliche Organisationen	8
fremde Klassifikationsgesellschaften	5
Universitäten/Forschungseinrichtungen	3
Sonstige	-

Tab. 6.51 Institutionen, die Ergebnisse von F&E-Projekten der Klassifikationsgesellschaften nutzen

Die häufigsten Nutzer der Ergebnisse von F&E-Projekten der Klassifikationsgesellschaften sind die Werften gefolgt von internationalen Organisationen, Behörden und privaten Organisationen (ohne Werften).

Vergleicht man die Nennungen der Institutionen/Unternehmen, die Anregungen für F&E-Projekte geben, mit der Zahl der Nennungen derer, die die Ergebnisse nutzen, so fällt folgendes auf:

1. Universitäten/Forschungseinrichtungen werden wesentlich häufiger als Quelle von Anregungen für F&E-Projekte bei den IACS-Mitgliedern genannt denn als Nutzer der Ergebnisse. Neun Klassifikationsgesellschaften bekommen Anregungen von Universitäten oder anderen Forschungseinrichtungen. Nur drei Klassifikationsgesellschaften nannten diese Einrichtungen als die Nutzer des aus den F&E-Projekten resultierenden Know-hows. Bei sechs Klassifikationsgesellschaften findet also ein einseitiger Technologietransfer aus der Wissenschaft zu Klassifikationsgesellschaften statt. Zur Erklärung könnte beitragen, daß sich diese Einrichtungen auf Grundlagenforschung konzentrieren und die Ergebnisse von Projekten der Klassifikationsgesellschaften aus den Bereichen der angewandten Forschung und Entwicklung nicht verwerten können. Wie aus den Ergebnissen des Abschnitt 6.1.2. hervorgeht, setzen die Klassifikationsgesellschaften einen nicht unerheblichen Teil ihres Konstruktions-/F&E-Budgets für Grundlagenforschung ein. Zumindest die Ergebnisse dieser Projekte müßten für die Universitäten und For-

schungseinrichtungen von Interesse sein. Der nur bei wenigen Klassifikationsgesellschaften funktionierende Rücklauf von Ergebnissen der F&E-Projekte an Universitäten und Forschungseinrichtungen sollte die Vertreter der Wissenschaft und der Klassifikationsgesellschaften veranlassen, über eine Verbesserung des Transfers nachzudenken.

2. Die Werften nutzen häufiger die Ergebnisse von F&E-Projekten der IACS-Mitglieder, als daß sie Anregungen hierfür geben. Dieser Befund wird an späterer Stelle mit einer Selbsteinschätzung der Werften verglichen. Dort wird auch versucht, das Verhalten der Werften zu erklären.
3. Behörden zählen per Saldo ebenfalls zu den Nutznießern der F&E-Projekte der IACS-Mitglieder. Vier Klassifikationsgesellschaften bekommen Anregungen von Behörden. Acht nennen Behörden als Nutzer ihrer F&E-Ergebnisse. Diese Diskrepanz kann zum Teil dadurch erklärt werden, daß den Behörden das technologische Fachwissen fehlt, um Anregungen für F&E-Projekte zu geben. Die Ergebnisse derartiger Projekte fließen allerdings häufig in die Vorschriften der Behörden ein und tragen zu einer Erhöhung der Sicherheit in Schiffbau und Schiffahrt bei. Dennoch sollen an dieser Stelle Behörden zu einem verstärkten Engagement beim Einbringen von Anregungen aufgefordert werden: Die Identifikation aktueller Probleme der Schiffssicherheit in der Praxis ist auch ohne tiefgreifendes technisches Sachverständnis möglich.

Diese Ergebnisse lassen keine Aussagen über die Intensität der Kontakte zu. Sie zeigen aber, daß es ein ausgeprägtes F&E-Netzwerk im Schiffbau gibt: Anregungen für F&E-Projekte der IACS-Mitglieder kommen aus unterschiedlichen Richtungen, die Ergebnisse von Forschung und Entwicklung werden breit gestreut.

Das Intermediärenmodell, das in Abschnitt 2.2. allgemein für die Tätigkeit von Klassifikationsgesellschaften vorgestellt wurde, ist in ähnlicher Form für die Kommunikation zur Förderung von Forschung und Entwicklung im Schiffbau existent, wie die Angaben der IACS-Mitglieder bestätigen.

Den Angaben der IACS-Mitglieder werden im folgenden Aussagen der Werften und Sachverständigen Dritten gegenübergestellt. Die Befragten dieser beiden Gruppen sollten einschätzen, wie häufig sie Anregungen für F&E-Projekte bei den Klassifikationsgesellschaften geben bzw. Ergebnisse dieser F&E-Projekte nutzen (1 = gar nicht; 7 = sehr häufig). Tabelle 6.52 faßt die Ergebnisse zusammen.

	MW_w	$STAW_W$	MW_D	$STAW_D$
Häufigkeit, mit der Anregungen für F&E-Projekte bei Klassifikations-gesellschaften gegeben werden	**3,38** (n=24)	1,86	**3,60** (n=25)	2,04
Häufigkeit, mit der Ergebnisse von F&E-Projekten der Klassifikati-onsgesellschaften genutzt werden	**4,08** (n=24)	1,77	**4,52** (n=25)	1,50

Tab. 6.52 Vergleich der Häufigkeiten, mit denen Werften bzw. Sachverständige Dritte Anregungen für F&E-Projekte bei Klassifikationsgesellschaften geben bzw. deren Ergebnisse nutzen

Ein t-Test für unabhängige Stichproben[348] zeigt, daß sich die Mittelwerte der Gruppe der Werften und der Sachverständigen Dritten jeweils bezüglich beider Untersuchungsmerkmale nicht signifikant voneinander unterscheiden.

Auffallend sind die hohen Standardabweichungen bei den Einschätzungen der Häufigkeiten. Mit Hilfe von Korrelationsanalysen wird versucht, die Zusammenhänge für die Werften näher zu beleuchten: Die Häufigkeit, mit der Werften Anregungen für F&E-Projekte bei den Klassifikationsgesellschaften geben, korreliert stark positiv mit der Häufigkeit, mit der die Werften die Ergebnisse dieser Projekte nutzen[349]. Das ist nicht verwunderlich, denn es zeugt von einem natürlichen F&E-Engagement mit beidseitigem Know-how-Austausch.
Die Häufigkeit, mit der die Werften Anregungen für F&E-Projekte bei den Klassifikationsgesellschaften geben, korreliert ebenfalls stark positiv mit den Anteilen am Konstruktions-/F&E-Budget, die diese Unternehmen für Grundlagen-[350] und angewandte Forschung bereitstellen[351]. Die Häufigkeit, mit der die Werften Anregungen für F&E-Projekte bei den Klassifikationsgesellschaften geben, korreliert negativ mit dem Anteil des in die Konstruktion investierten Budgets[352]. Gerade die Werften, die sich intensiv mit Forschung beschäftigen und selbst intern Wissen schaffen, bringen dieses in der Form von Anregungen für F&E-Projekte bei den Klassifikationsgesellschaften ein. Werften, die sich auf die Konstruktion konzentrieren, geben eher selten Anregungen für F&E-Projekte bei den IACS-Mitgliedern.

---

[348] Vgl. Bühl/Zöfel, 1994, S. 210ff.
[349] Pearson-Korrelationskoeffizient 0,5586, Signifikanzniveau $\alpha = 0{,}01$.
[350] Kendall's τ-Korrelationskoeffizient 0,6897; Signifikanzniveau $\alpha = 0{,}01$.
[351] Pearson-Korrelationskoeffizient 0,6633; Signifikanzniveau $\alpha = 0{,}01$.
[352] Pearson-Korrelationskoeffizient -0,4870; Signifikanzniveau $\alpha = 0{,}05$.

Des weiteren geben zudem die größeren Werften verstärkt Anregungen für F&E-Projekte[353]. Dies ist dadurch zu erklären, daß größere Werften sich stärker in F&E engagieren[354] oder besser in die Netzwerkstruktur im Schiffbau eingebunden sind als kleinere und deshalb häufiger Anregungen geben. Beide Variablen (Häufigkeit, mit der die Werften Anregungen für F&E-Projekte gegeben und die Ergebnisse dieser Projekte nutzen) korrelieren stark mit der Einschätzung der Innovationswirkung von Anforderungsvorschriften[355]. Die Unternehmen, die Anforderungsvorschriften für stark innovationsfördernd halten, geben häufig Anregungen bzw. nutzen die Ergebnisse. Möglicherweise verbirgt sich hinter diesem Zusammenhang die Wahrnehmung der Werften, mit den Klassifikationsgesellschaften einen innovationsfreundlichen Kooperationspartner für Forschung und Entwicklung zu haben.

Die Mittelwerte zeigen, daß die Werften und Sachverständigen Dritten häufiger die Ergebnisse von F&E-Projekten der IACS-Mitglieder nutzen als Anregungen für F&E-Projekte zu geben. Mit Hilfe eines t-Test für gepaarte Stichproben[356] wird geprüft, ob diese Unterschiede signifikant sind. Der Test zeigt, daß sich die Mittelwerte der Werften für das Geben von Anregungen und die Nutzung von Ergebnissen bei einem Signifikanzniveau von $\alpha = 0{,}10$ signifikant unterscheiden[357]. Dieses Ergebnis stimmt mit den Angaben der IACS-Mitglieder überein,

---

[353] Die Größe der Werft (gemessen in der Zahl der Mitarbeiter im Jahre 1996) und die Größe der Konstruktions-/F&E-Abteilung (gemessen in der Zahl der Mitarbeiter in dieser Abteilung) korrelieren positiv mit der Häufigkeit, mit der diese Unternehmen Anregungen für F&E-Projekte bei den Klassifikationsgesellschaften geben. Für die Größe der Werft und die Häufigkeit von Anregungen für F&E-Projekte beträgt der Pearson-Korrelationskoeffizient 0,4520; $\alpha = 0{,}05$. Für die Größe der Konstruktions-/F&E-Abteilung und die Häufigkeit von Anregungen für F&E-Projekte beträgt der Pearson-Korrelationskoeffizient 0,5719; $\alpha = 0{,}01$.

[354] Dieser Zusammenhang läßt sich durch die folgenden Korrelationen belegen: Die Größe der erfaßten Werften korreliert positiv mit dem Anteil des Konstruktions-/F&E-Budgets, der für angewandte Forschung (Kendall's τ-Korrelationskoeffizient 0,3497; Signifikanzniveau $\alpha = 0{,}05$) und Entwicklung (Kendall's τ-Korrelationskoeffizient 0,3318; Signifikanzniveau $\alpha = 0{,}05$) bereitgestellt wird. Die Größe der Werften korreliert negativ mit dem Anteil des Konstruktions-/F&E-Budgets, der für Konstruktion (Kendall's τ-Korrelationskoeffizient -0,3727; $\alpha = 0{,}05$) eingesetzt wird. Größere Werften betreiben demnach mehr (angewandte) Forschung und Entwicklung als kleinere.

[355] Der Pearson-Korrelationskoeffizient für die Häufigkeit, mit der die Werften Anregungen für F&E-Projekte geben, beträgt 0,6056, Signifikanzniveau $\alpha = 0{,}01$. Der Pearson-Korrelationskoeffizient für die Häufigkeit der Nutzung der Ergebnisse beträgt 0,6607, Signifikanzniveau $\alpha = 0{,}01$.

[356] vgl. Bühl/Zöfel, 1994, S. 213f.

[357] t-Wert = -2,03; Freiheitsgrade 23; Irrtumswahrscheinlichkeit $p = 0{,}054$.

die Werften per Saldo häufiger als Nutznießer der Ergebnisse von F&E-Projekten der Klassifikationsgesellschaften nennen.

Der t-Test für gepaarte Stichproben zeigt, daß sich die Mittelwerte für das Geben von Anregungen und die Nutzung von Ergebnissen innerhalb der Gruppe der Sachverständigen Dritten bei einem Signifikanzniveau von $\alpha = 0{,}05$ signifikant unterscheiden[358].

Die Werften und Sachverständigen Dritten nutzen die F&E-Ergebnisse der IACS-Mitglieder signifikant häufiger, als daß sie Anregungen für F&E-Projekte geben. Per Saldo scheint von den F&E-Projekten der IACS-Mitgliedern ein fortschrittsfördernder Nettoinput auszugehen. Hierfür gibt es unterschiedliche Erklärungsmöglichkeiten:

- Die IACS-Mitglieder engagieren sich stärker in Forschung und Entwicklung als die Werften und Sachverständigen Dritten. Deshalb fließen häufiger Informationen von den Klassifikationsgesellschaften zu den Partnern als umgekehrt. Dieses Argument wird u.a. gestützt durch die Ergebnisse zum Umfang der F&E-Tätigkeit der Klassifikationsgesellschaften und der Werften, denen zufolge die IACS-Mitglieder wesentlich höhere Anteile ihres Konstruktions-/F&E-Budgets in Forschung und Entwicklung investieren als die Werften[359].
- Die Werften und Sachverständigen Dritten scheuen sich, unternehmensinternes Know-how preiszugeben, indem sie Wissen offenbaren und damit Anregungen für F&E-Projekte geben. Ohne eigenes Know-how zu offenbaren, wollen sie möglichst viel externes Wissen der Klassifikationsgesellschaften aufnehmen. Möglicherweise verursacht der starke Konkurrenzdruck auf dem Weltschiffbaumarkt eine von Mißtrauen geprägte Stimmung, die eine Einigelung der Werften zur Folge hat.

Die folgenden Fragen zielten direkt auf die Rolle der IACS-Mitglieder als Beziehungspromotoren des technischen Fortschritts im Schiffbau. Als übergeordnet sollte von den Befragten zunächst bewertet werden, ob Klassifikationsgesellschaften Beziehungspromotoren des technischen Fortschritts im Schiffbau sind. Die Frage lautete: „Wie stark fördert die Überbrückung von Schnittstellen zwischen Unternehmen und Behörden durch Klassifikationsgesellschaften den technischen Fortschritt im Schiffbau (1 = gar nicht, 7 = sehr stark)?“

---

[358] t-Wert = -2,13; Freiheitsgrade 24; Irrtumswahrscheinlichkeit $p = 0{,}044$.

[359] Vgl. Abschnitt 6.1.1. und 6.1.2.

MW_K	$STAW_K$	MW_W	$STAW_W$	MW_D	$STAW_D$
5,73 (n=11)	0,65	**5,04** (n=24)	1,00	**4,92** (n=25)	1,26

Tab. 6.53 Vergleich der Wahrnehmungen bezüglich der Frage, ob Klassifikationsgesellschaften Beziehungspromotoren des technischen Fortschritts im Schiffbau sind

Die Mittelwerte der drei Gruppen weichen nicht signifikant voneinander ab[360]. Die aggregierten Daten ergeben das folgende Bild (vgl. Abb. 6.15):

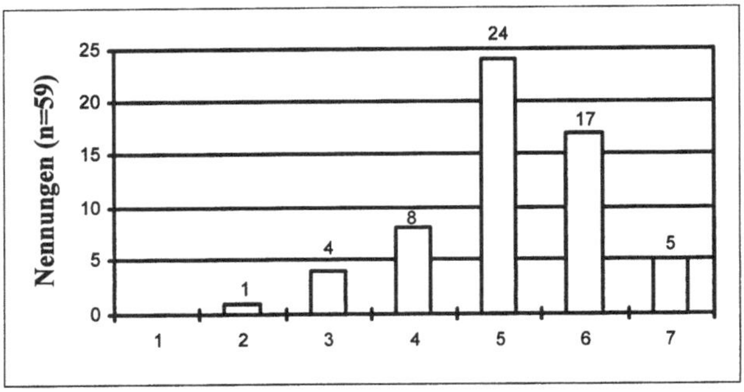

Abb. 6.15 Häufigkeitsverteilung der aggregierten Stichprobe bezüglich der Frage, wie stark die IACS-Mitglieder durch die Überbrückung von Schnittstellen den technischen Fortschritt fördern

Der Mittelwert der aggregierten Daten beträgt 5,14. Die Standardabweichung liegt bei 1,09. Mit Hilfe der vorliegenden Daten sollen Rückschlüsse auf den Mittelwert der Grundgesamtheit der Schiffbauexperten gezogen werden: Schätzt die Grundgesamtheit der Schiffbauexperten die Wirkung der Überbrükkung von Schnittstellen zwischen Unternehmen und Behörden durch die IACS-Mitglieder im Schiffbau positiv ein?
Dies wird unterstellt für den Fall, daß die Stichprobe aus einer Grundgesamtheit stammt, die bezüglich dieses Untersuchungsmerkmals einen Populationsmittelwert größer als vier hat. Es wird ein approximativer Gaußtest durchgeführt. Die Nullhypothese lautet: H_0: $\mu \leq 4$. Die Alternativhypothese lautet H_1:$\mu > 4$. Die Nullhypothese wird verworfen[361]. Daraus kann geschlossen werden, daß die

[360] Kruskal-Wallis-3-Gruppen-Test auf Mittelwertdifferenzen, Signifikanzniveau $\alpha = 0,05$.

[361] Der Verwerfungsbereich ergibt sich bei einem Signifikanzniveau von $\alpha = 0,05$ zu $B = (1,645; \infty)$. Der Testfunktionswert v berechnet sich zu 8,03. $v \in B$.

Grundgesamtheit der Schiffbauexperten die Stärke, mit der die Klassifikationsgesellschaften den technischen Fortschritt im Schiffbau durch die Überbrükkung von Schnittstellen fördern, im Mittel mit einem Wert größer als vier bewertet. Die These, daß die IACS-Mitglieder Beziehungspromotoren des technischen Fortschritts im Schiffbau sind (vgl. Abschnitt 4.), wird nicht verworfen.

Die Rolle des Beziehungspromotors wurde für die Anwendung auf die Institution der Klassifikationsgesellschaften operationalisiert. Es wurden acht Thesen aufgestellt, die von den Befragten aller Gruppen auf ihr Zutreffen bewertet werden sollten (1 = trifft gar nicht zu; 7 = trifft voll zu)[362]: Die beiden ersten Thesen sollen zur Klärung der Frage beitragen, ob die Klassifikationsgesellschaften über die technisch-organisatorischen Möglichkeiten verfügen, Schnittstellen zwischen wichtigen Unternehmen und Behörden des Schiffbaus zu überbrükken. Die folgenden vier Thesen sollen Aufschluß darüber geben, ob die IACS-Mitglieder die Einbindung in ein Netzwerk im Schiffbau nutzen, um Anregungen für F&E-Projekte zu geben, Forschungsergebnisse zu verbreiten, Konflikte im Schiffbau als unabhängige dritte Instanz zu lösen und technischen Fortschritt zu koordinieren. Die siebente These soll klären, ob die Klassifikationsgesellschaften ihre Potentiale als Fach-, Beziehungs- und Machtpromotor optimal zur Förderung des technischen Fortschritts einsetzen. Die achte und letzte These zu diesem Bereich ist auf die Zukunft gerichtet: Kann die Verknüpfung des Kommunikationspotentials der Klassifikationsgesellschaften und ihres technologischen Fachwissens die Basis zur Bildung eines Netzwerks sein, das auf die Förderung von technischem Fortschritt im Schiffbau ausgerichtet ist? Die subjektiven Wahrnehmungen der Befragten zu den einzelnen Thesen sind in Tab. 6.54 gegenübergestellt.

Die drei Gruppen schätzen die einzelnen Variablen zwar z.T. leicht unterschiedlich ein, die Mittelwerte unterscheiden sich aber nicht signifikant[363]. Daraufhin wurden die Daten der drei Gruppen für diese Untersuchungsmerkmale zu einer Stichprobe von Schiffbauexperten aggregiert.

---

[362] Vgl. Abschnitt 4.1.2.3. zur Rolle der Klassifikationsgesellschaften als Beziehungspromotoren.

[363] Scheffé-Test bzw. Kruskal-Wallis-3-Gruppen-Test auf Mittelwertdiffenrenzen, Signifikanzniveau $\alpha = 0{,}05$.

Nr.		MW_K	$STAW_K$	MW_w	$STAW_W$	MW_D	$STAW_D$
1	Klass.-ges. haben Informationsbeziehungen zu allen wichtigen Unternehmen und Behörden des Schiffbaus.	**6,64** (n=11)	0,50	**6,33** (n=24)	0,87	**6,12** (n=26)	1,21
2	Klass.-ges. verfügen über ein hohes Kommunikationspotential zur Vermittlung zwischen den relevanten Unternehmen und Behörden.	**5,91** (n=11)	0,94	**5,50** (n=24)	1,44	**5,58** (n=26)	1,14
3	Klass.-ges. geben Anregungen für F&E-Projekte.	**5,95** (n=11)	1,46	**5,13** (n=24)	1,39	**5,38** (n=26)	1,44
4	Klass.-ges. verbreiten neues technischem Know-how.	**5,60** (n=10)	0,97	**4,71** (n=24)	1,60	**4,85** (n=26)	1,57
5	Klass.-ges. lösen Konflikte zwischen Unternehmen und Behörden.	**5,36** (n=11)	1,29	**4,46** (n=24)	1,89	**4,08** (n=26)	1,77
6	Klass.-ges. koordinieren den technischen Fortschritt im Schiffbau.	**4,45** (n=11)	1,37	**4,83** (n=24)	1,27	**4,77** (n=26)	1,50
7	Klass.-ges. nutzen ihre Potentiale zur Förderung des technischen Fortschritts optimal.	**5,09** (n=11)	1,30	**4,38** (n=24)	1,69	**4,62** (n=26)	1,44
8	Das Kommunikationspotential und das Fachwissen der Klass.-ges. könnten die Basis eines Netzwerks zur Förderung des technischen Fortschritts bilden.	**5,27** (n=11)	1,49	**5,88** (n=24)	1,48	**5,04** (n=26)	1,71

Tab. 6.54 Vergleich der Wahrnehmungen der Befragten zur Rolle der Klassifikationsgesellschaften als Beziehungspromotoren des technischen Fortschritts

Bezüglich jeder der oben genannten Thesen wird der Mittelwert der Stichprobe mit dem Populationsmittelwert verglichen. Es wird geprüft, ob der Mittelwert der Grundgesamtheit auf Akzeptanz bzw. Ablehnung der einzelnen Thesen schließen läßt. Akzeptanz wird dann unterstellt, wenn die Nullhypothese $\mu \leq 4$ mit Hilfe eines approximativen Gaußtests bei einem Signifikanzniveau von $\alpha = 0{,}05$ verworfen wird. Der Verwerfungsbereich B wird gebildet durch das Intervall $(1{,}645; \infty)$. Tabelle 6.55 faßt die relevanten Zahlen der aggregierten Stichprobe zusammen.

Nr.		MW	STAW	Nennungen	Testfkts.-wert v
1	Klass.-ges. haben Informationsbeziehungen zu allen wichtigen Unternehmen und Behörden des Schiffbaus.	6,30	0,99	61	18,15
2	Klass.-ges. verfügen über ein hohes Kommunikationspotential zur Vermittlung zwischen den relevanten Unternehmen und Behörden.	5,61	1,23	61	10,22
3	Klass.-ges. geben Anregungen für F&E-Projekte.	5,39	1,43	61	7,59
4	Klass.-ges. verbreiten neues technisches Know-how.	4,92	1,51	60	4,72
5	Klass.-ges. lösen Konflikte zwischen Unternehmen und Behörden.	4,46	1,78	61	2,02
6	Klass.-ges. koordinieren den technischen Fortschritt im Schiffbau.	4,74	1,38	61	4,19
7	Klass.-ges. nutzen ihre Potentiale zur Förderung des technischen Fortschritts optimal.	4,61	1,52	61	3,13
8	Das Kommunikationspotential und das Fachwissen der Klass.-ges. könnten die Basis eines Netzwerks zur Förderung des technischen Fortschritts bilden.	5,41	1,61	61	6,84

Tab. 6.55 Aggregierte Daten und Ergebnisse des approximativen Gaußtests hinsichtlich der Rolle der Klassifikationsgesellschaften als Beziehungspromotoren des technischen Fortschritts

Die Testfunktionswerte aller Variablen liegen innerhalb des Verwerfungsbereiches, d.h. die Nullhypothesen, daß die Grundgesamtheit der Schiffbauexperten die einzelnen Aussagen im Durchschnitt auf einer 7er-Skala mit einem Skalenmittelwert kleiner als vier einschätzt, werden verworfen. Die Population bewertet den Grad des Zutreffens bezüglich aller Untersuchungsmerkmale im Mittel mit einem Wert, der größer als vier ist.

Weitere Tests ergeben:

- für die erste These, daß die Grundgesamtheit den Grad des Zutreffens dieser Aussage im Mittel höher als 6 bewertet[364].
- für die zweite, dritte und achte These, daß die Grundgesamtheit den Grad des Zutreffens dieser Aussagen im Mittel höher als 5 bewertet[365].

---

[364] Signifikanzniveau $\alpha = 0{,}05$; $B = (1{,}645; \infty)$; H_0: $\mu \leq 6$, Testfunktionswert $v = 2{,}37$.

Zur Auswertung der Ergebnisse im einzelnen:
In Abb. 6.16 wird die Häufigkeitsverteilung der Wahrnehmungen bezüglich der ersten Variablen dargestellt. Die Aussage, daß die Klassifikationsgesellschaften Informationsbeziehungen zu allen wichtigen Unternehmen und Behörden des Schiffbau haben, wird mit überragender Zustimmung beantwortet[366].

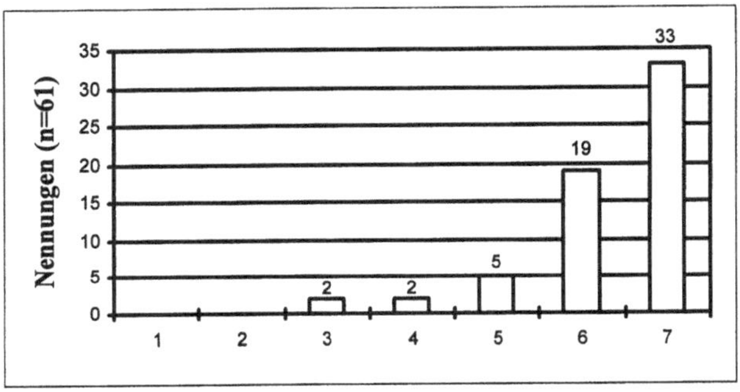

Abb. 6.16 Häufigkeitsverteilung der aggregierten Stichprobe bezüglich der These, daß die Klassifikationsgesellschaften Informationsbeziehungen zu allen wichtigen Unternehmen und Behörden des Schiffbaus haben

Das Netzwerk der wichtigen Unternehmen und Behörden ist in Abschnitt 2.2. im Intermediärenmodell dargestellt worden, in dessen Zentrum die Klassifikationsgesellschaften stehen. Die Auswertung der ersten These läßt allerdings noch keine Einschätzung darüber zu, ob die IACS-Mitglieder tatsächlich im Zentrum dieses Netzwerkes stehen. Darüber sollte die Bewertung der zweiten These Aufschluß geben, die auf die Qualität der Beziehungen zwischen den Klassifikationsgesellschaften und den anderen Elementen des Netzwerks zielt.

Die vorliegenden Daten geben keinen Anlaß, die zweite These zur Rolle der IACS-Mitglieder als Beziehungspromotoren des technischen Fortschritts zu verwerfen. Die subjektiven Wahrnehmungen der Befragten lassen darauf schließen, daß die Klassifikationsgesellschaften über die technisch-organisatorischen Voraussetzungen verfügen, den technischen Fortschritt im Schiffbau zu fördern. Die Existenz der im Intermediärenmodell dargestellten Netzwerkstruktur im Schiffbau, in deren Zentrum die Klassifikationsgesell-

---

[365] Signifikanzniveau $\alpha = 0{,}05$; $B = (1{,}645; \infty)$; H_0: $\mu \leq 5$, Testfunktionswert $v = 3{,}87$ für die zweite Aussage, $v = 2{,}13$ für die dritte und $v = 1{,}99$ für die achte Aussage.
[366] Der Mittelwert der aggregierten Stichprobe beträgt 6,30. Die Standardabweichung liegt bei 0,99. Es gingen 61 Fälle in die Berechnungen ein.

schaften stehen, wird durch die Auswertung dieser ersten beiden Fragen gestützt.

Das Engagement, mit dem die IACS-Mitglieder auf aktuelle technische Probleme hinweisen und Anregungen für F&E-Projekte geben, wird insgesamt sehr hoch bewertet. Das gleiche gilt für die Rolle der Klassifikationsgesellschaften bei der Verbreitung von technischem Wissen.

Interessant sind die Ergebnisse bezüglich der Wahrnehmung der Aussage, daß Klassifikationsgesellschaften Konflikte zwischen Unternehmen und Behörden im Schiffbau lösen. Die IACS-Mitglieder haben diese Aussage als eher zutreffend bewertet. Die Werften und Sachverständigen Dritten haben diese These als die in diesem Fragenkomplex am wenigsten zutreffende eingeschätzt. Zahlreiche Gesprächspartner bei den Werften waren der Meinung, daß die Klassifikationsgesellschaften es gezielt vermieden, in Konflikte hineinzugeraten. Die IACS-Mitglieder scheuten eine Intervention in Konfliktsituationen, weil hierdurch ihre Neutralität gefährdet werden könnte.

Andere Interviewpartner wiesen den Klassifikationsgesellschaften sehr wohl die Rolle eines Konfliktlösers zu. Als Beispiel hierfür wurden Streitigkeiten zwischen Reeder und Werft genannt, zu denen Gutachter der Klassifikationsgesellschaften hinzugezogen würden, um die Einhaltung bestimmter strittiger Vertragsklauseln zu beurteilen.

In Abschnitt 6.1.3. wurde auf eine mögliche Abhängigkeit der Klassifikationsgesellschaften von den Interessen der Reeder hingewiesen. Diese Abhängigkeit könnte z.B. bei einer Schlichtung zwischen Reeder und Werft zu Konflikten führen.

7. ZUSAMMMENFASSENDE BEWERTUNG

Ausgangspunkt der Arbeit war die Beobachtung, daß technische Innovationen fast ausnahmslos der Zulassung durch eine technische Prüforganisation bedürfen. Wissenschaftliche Erkenntnisse über den Einfluß derartiger Institutionen auf den technischen Fortschritt liegen bislang kaum vor. Ziel dieser Studie war es daher, den Einfluß der Regulierung auf den technischen Fortschritt zu analysieren. Der Untersuchungsgegenstand wurde auf die technische Regulierung durch Klassifikationsgesellschaften im Schiffbau eingegrenzt.

Auf der Grundlage einer Fragebogenerhebung bei den Mitgliedern der International Association of Classification und deutschen Sachverständigen Dritten sowie 24 Interviews mit den Leitern der Konstruktions- bzw. Projektabteilung deutscher Werften konnte umfangreiches Datenmaterial gewonnen werden.

In Abschnitt 7.1. werden die empirischen Befunde zusammengefaßt. In Abschnitt 7.2. sind Implikationen für die Praxis zusammengestellt und abschließend werden in Abschnitt 7.3. die Grenzen der Studie aufgezeigt sowie Anregungen für zukünftige Forschungsarbeiten gegeben.

7.1. ZUSAMMENFASSUNG DER EMPIRISCHEN BEFUNDE

Die empirischen Befunde dieser Studie lassen Klassifikationsgesellschaften als sehr innovationsfördernd erscheinen. Die wichtigsten Ergebnisse zur Rolle der Klassifikationsgesellschaften im Innovationsprozeß im Schiffbau werden an dieser Stelle kurz zusammengefaßt:

- Als wichtigstes Ergebnis ist die einheitlich sehr positive Wahrnehmung der Gesamtwirkung der Klassifikationsgesellschaften auf den technischen Fortschritt im Schiffbau zu nennen. Als Triebfeder des innovationsfördernden Verhaltens der Klassifikationsgesellschaften ist möglicherweise der Wettbewerb der in der IACS zusammengeschlossenen Gesellschaften auf dem Markt für Klassifikationsleistungen zu nennen. Die Möglichkeit der Reeder bzw. der Werften, sich einen Partner für die Klassifikation frei auszuwählen, scheint Druck auf die IACS-Mitglieder auszuüben, sich flexibel und innovationsfördernd zu verhalten und sich an den Bedürfnissen von Reedern und Werften zu orientieren.
- Aus einem Ranking der Klassifikationsgesellschaften geht hervor, daß Det Norske Veritas (DNV) einheitlich von allen drei Gruppen als die Gesellschaft wahrgenommen wird, die den technischen Fortschritt im Schiffbau am stärksten fördert. Det Norske Veritas führt die Spitzengruppe der Klassifikationsgesellschaften an. Demgegenüber gibt es eine Gruppe von Klassifikationsge-

sellschaften, die nicht als innovationsfördernd hervortritt. Aufgrund der relativen Stellung im Vergleich zu den Mitbewerbern und wegen der absoluten Höhe der Bewertungen in allen drei Gruppen kommt Det Norske Veritas eine Vorbildfunktion zu.

- Als Schwerpunkte des technischen Fortschritts im Schiffbau konnten Neuentwicklungen in der Schiffstechnik, die Erhöhung der Betriebssicherheit der Schiffe, die Steigerung der Wirtschaftlichkeit und die Setzung und Überwachung der Einhaltung schärferer Umweltschutzauflagen identifiziert werden. Am stärksten innovationsfördernd wirken die Klassifikationsgesellschaften ein auf die Erhöhung der Betriebssicherheit der Schiffe und auf die Setzung und Überwachung der Einhaltung schärferer Umweltschutzauflagen.
- Die Effektivität der Klassifikationsgesellschaften in Forschung und Entwicklung und bei der Ausübung der Hauptaktivität, der Definition und Überwachung von Vorschriften, wird einheitlich von allen drei Gruppen sehr positiv bewertet.
- Die Befragten aller drei Gruppen bestätigen den als These formulierten positiven Zusammenhang zwischen der Aktualität einer Vorschrift und deren Innovationswirkung. Es konnte außerdem gezeigt werden, daß die Aktualität der Vorschriften im Laufe der letzten zehn Jahre zugenommen hat, d.h. auch dies ist ein Beleg für die positive Innovationswirkung der Klassifikationsgesellschaften.
- Die durchschnittliche Zeitspanne, die für die Einarbeitung neuer wissenschaftlich-technischer Erkenntnisse in die Vorschriften benötigt wird, wird in den drei Gruppen mit 20 bis 28 Monaten relativ niedrig eingeschätzt. Die minimal mögliche zeitliche Verzögerung liegt in allen Gruppen etwa bei 50 % der durchschnittlichen zeitlichen Verzögerung, so daß ein deutliches Potential zu einer weiteren Verbesserung der Innovationswirkung der Vorschriften gegeben ist.
- Hinsichtlich der Wirkung moderner Simulations- und Prüfeinrichtungen auf den technischen Fortschritt im Schiffbau bestehen signifikante Wahrnehmungsunterschiede zwischen den Klassifikationsgesellschaften und den Werften, die einen Diskussionsbedarf aufdecken.
- Ein umstrittenes Thema stellt ebenfalls die Beurteilung der Innovationswirkung vereinheitlichter Vorschriften dar. Ein Teil der Befragten sieht hierin positive Effekte. Ein anderer Teil der Befragten ist der Auffassung, daß vereinheitlichte Vorschriften die Trägheit des Systems erhöhen und sich deshalb negativ auf den technischen Fortschritt auswirken.
- Hinsichtlich der inhaltlichen Ausgestaltung der Vorschriften besteht das Vorschriftensystem zu etwa 60 % aus Beschreibenden und zu 40 % aus Anforderungsvorschriften. Die These, daß Anforderungsvorschriften innovationsfördernder als Beschreibende Vorschriften sind, kann anhand des vorliegenden Datenmaterials nicht verworfen werden. Es wäre denkbar, daß der ohnehin

schon positive Einfluß der IACS-Mitglieder auf den technischen Fortschritt durch eine weitere Steigerung des Anteils der Anforderungsvorschriften an den Vorschriften insgesamt noch gesteigert werden könnte.

- Das in Abschnitt 4.1. vorgestellte Promotorenmodell, das die verschiedenen Aktivitäten der Klassifikationsgesellschaften im Schiffbau systematisch darstellt, scheint die Realität gut abzubilden. Keine der einzelnen Aktivitäten der Klassifikationsgesellschaften wird als innovationsbehindernd wahrgenommen.
- Klassifikationsgesellschaften werden aufgrund ihres technologischen Know-hows als Fachpromotoren des technischen Fortschritts im Schiffbau wahrgenommen (vgl. Tab. 6.45 und 6.46): Die Klassifikationsgesellschaften verfügen über umfangreicheres technologisches Fachwissen als einzelne Werften, die Qualifikation der Mitarbeiter der Klassifikationsgesellschaften in F&E sowie im Technischen Dienstleistungsservice wird einheitlich hoch eingeschätzt. Des weiteren wird allgemein als zutreffend empfunden, daß die Werften durch die Inanspruchnahme des Technischen Dienstleistungsservices der IACS-Mitglieder von ihrem Know-how profitieren.
- Klassifikationsgesellschaften werden aufgrund ihrer Fähigkeit zur Überbrükkung von Schnittstellen zwischen relevanten Unternehmen und Behörden des Schiffbaus als Beziehungspromotoren des technischen Fortschritts wahrgenommen (vgl. Tab. 6.53). Als besonders charakteristische Eigenschaft wird das Kommunikationspotential bewertet. Aus der Perspektive der regulierenden Institutionen, der regulierten Unternehmen und der Sachverständigen Dritten könnte dieses Kommunikationspotential zusammen mit dem technologischen Fachwissen der Klassifikationsgesellschaften die Basis zur Bildung eines Netzwerks zur Förderung des technischen Fortschritts im Schiffbau bilden. Außerdem wird das Potential der IACS-Mitglieder zum Geben von Anregungen und zur Verbreitung neuen technischen Wissens im Schiffbau relativ hoch eingeschätzt.
- In Abschnitt 2.2. wurde ein Intermediärenmodell eines weltweiten Netzwerkes für den Schiffbau vorgestellt, in dessen Zentrum die Klassifikationsgesellschaften stehen. Die Ergebnisse aus Abschnitt 6.6. bestätigen die Existenz eines derartigen Netzwerkes. Die Analyse der Fragen, wer Anregungen für F&E-Projekte bei den Klassifikationsgesellschaften gibt bzw. die Ergebnisse hieraus nutzt, gibt einen guten Überblick über die bestehenden Strukturen in Forschung und Entwicklung. Darüber hinaus lassen die Daten vermuten, daß von den IACS-Mitgliedern per Saldo ein positiver Nettoeffekt zur Förderung von F&E im Schiffbau ausgeht.

7.2. Implikationen für die Praxis

Was können die Mitglieder der International Association of Classification Societies aus dieser Studie lernen?

- Aus Sicht der Werften und Sachverständigen Dritten scheinen die Klassifikationsgesellschaften einen nicht unerheblichen Teil der eingesetzten F&E-Gelder, mehr als 20 %, zu verschwenden. Als Ursache hierfür wurde vor allem Ineffizienz wahrgenommen, d.h. zu hohe Kosten im Verhältnis zum Ergebnis (vgl. Abschnitt 6.3.3.). Die Klassifikationsgesellschaften sollten die Kostenstrukturen ihrer Forschung und Entwicklung überprüfen und die Aufklärung über die Verwendung der F&E-Gelder in den interessierten Kreisen verbessern.
- Die empirischen Befunde haben des weiteren ein etwa 50 %-iges Potential zur Reduzierung der Zeitspanne zwischen wissenschaftlich-technischer Erkenntnis und deren Einarbeitung in die Vorschriften aufgezeigt (vgl. Abschnitt 6.4.1.). Dieses Potential könnte zur weiteren Verstärkung positiver Impulse auf den technischen Fortschritt im Schiffbau genutzt werden.
- Etwa 60 % der Klassifikationsvorschriften haben den Charakter Beschreibender „Kochbuch"-Vorschriften. Ungefähr 40 % der Klassifikationsvorschriften sind Anforderungsvorschriften, welche die Eigenschaften oder Leistungen festlegen, die ein Produkt erbringen soll. Anforderungsvorschriften werden als signifikant innovationsfördernder empfunden als Beschreibende Vorschriften (vgl. Abschnitt 6.4.3.). Die Klassifikationsgesellschaften sollten sich dessen bewußt sein und versuchen, bei der Überarbeitung bestehender und der Fixierung neuer Klassifikationsvorschriften so weit wie möglich Anforderungsvorschriften zu formulieren, um dem technischen Fortschritt einen möglichst großen Spielraum einzuräumen, ohne allerdings die notwendige Sicherheit bei Konstruktionen aufzugeben.
- Einige Befragte der Werften nehmen Interessenskonflikte der Klassifikationsgesellschaften hinsichtlich ihrer Tätigkeit als Dienstleister und Regulierer wahr (vgl. Abschnitt 6.5.): Klassifikationsgesellschaften führen in ihrer Beratungsfunktion z.B. Festigkeitsberechnungen der Stahlstruktur eines Neubaus für eine Werft durch. Die Berechnungen werden derselben Klassifikationsgesellschaft in ihrer Rolle als Überwachungsorganisation von der Werft zur Genehmigung vorgelegt.
  Ähnliche Interessenskonflikte werden in Bezug auf die Trägerschaft staatlich geförderter F&E-Projekte durch Klassifikationsgesellschaften festgestellt (vgl. Abschnitt 6.2.2.). Einerseits verwalten die Klassifikationsgesellschaften als Träger staatlich gefördeter F&E-Projekte die finanziellen Mittel, andererseits beantragen sie selbst Fördermittel. Die Klassifikationsgesellschaften

sollten sich dieser Interessenskonflikte bewußt sein und verantwortlich mit ihnen umgehen.

- Die F&E-Aktivitäten der IACS-Mitglieder sowie die Aktualisierung der Vorschriften sollten sich nicht auf die Schiffstypen beschränken, mit denen die Klassifikationsgesellschaften die größten Umsätze erwirtschaften. Vor allem die Vertreter kleinerer Werften waren der Auffassung, daß Nischenbereiche wie z.B. kleine Spezialschiffe und Yachten hinsichtlich Forschung und Entwicklung sowie der Aktualisierung von Vorschriften vernachlässigt würden (vgl. Abschnitt 6.2.5.).
- Aufgrund eines engen Zusammenhanges zwischen dem in den Vorschriften abgebildeten Stand der Technik und dem Einfluß dieser auf den technischen Fortschritt sollte darauf geachtet werden, daß nicht der kleinste gemeinsame Nenner die Grundlage international vereinheitlichter Klassifikationsvorschriften bildet, sondern daß die einzelnen Klassifikationsgesellschaften ihr jeweiliges Expertenwissen einbringen, um die Verabschiedung eines aktuellen technologiefördernden Vorschriftenkataloges zu gewährleisten (vgl. Abschnitt 6.4.2.). Es sollte außerdem sichergestellt werden, daß ausreichende Flexibilität zur dynamischen Anpassung der Vorschriften an neue technische Erkenntnisse vorhanden ist.

Was können die deutschen Werften aus dieser Studie lernen?

Die deutschen Werften haben im Jahre 1996 nur etwa 0,26 % vom Umsatz in Forschung und Entwicklung investiert (vgl. Abschnitt 6.1.2.). An dieser Stelle sollen die deutschen Werften ermuntert werden, ihr Engagement in F&E deutlich zu erhöhen. F&E darf nicht als Aufwand betrachtet werden, sondern muß als Investition in die Zukunft gesehen werden, anderenfalls besteht die Gefahr, daß die deutsche Schiffbauindustrie langfristig ihre internationale Wettbewerbsfähigkeit verliert. Es reicht vermutlich nicht aus, sich die Früchte der F&E-Aktivitäten staatlich geförderter Institutionen der deutschen Forschungslandschaft „in den Schoß fallen zu lassen“.

Was kann der Gesetzgeber aus dieser Arbeit lernen?

Der Wettbewerb technischer Überwachungsorganisationen scheint die Flexibilität und Kundenorientierung der regulierenden Institutionen und damit den technischen Fortschritt zu fördern - wie die Befunde dieser Arbeit zur Rolle der Klassifikationsgesellschaften im Innovationsprozeß im Schiffbau zeigen. Der Gesetzgeber sollte deshalb darüber nachdenken, Monopole technischer Regulierung, wie sie z.B. bei Umweltbehörden existieren, aufzuheben und möglicherweise den Wettbewerb privater Überwachungseinrichtungen gesetzlich zu legitimieren. Eine zunehmende Deregulierung und Liberalisierung der Märkte technischer Regulierung, wie sie sich derzeit z.B. im Bereich der technischen Überwachungsvereine vollzieht[367], könnte zu Erleichterungen bei der Umsetzung von Innovationen in vielen technischen Gebieten führen und sollte weiter forciert werden.

Einschränkend muß eingeräumt werden, daß der Wettbewerb unterschiedlicher Anbieter auf einem Markt für Regulierungsleistungen zu einer Abhängigkeit der Regulierer von den regulierten Unternehmen führen könnte. Derartige Entwicklungen müssen aufmerksam beobachtet werden.

Was können andere technische Überwachungsorganisationen aus der vorliegenden Arbeit lernen?

Vermutlich verfügen nicht nur Klassifikationsgesellschaften über qualitativ und quantitativ hochwertiges technologisches Know-how, sondern gleichermaßen Überwachungsorganisationen anderer technischer Bereiche, wie z.B. TÜV. Dieses Know-how kann innovationsfördernd genutzt werden: Die Überwachungsorganisationen könnten als Vertragsforschungsanbieter auftreten. Auf diese Weise könnte zum einen das technologische Know-how vermarktet werden, zum anderen ließen sich erhebliche Imagegewinne erzielen.

Technische Überwachungsorganisationen könnten auch die Rolle des Projektträgers staatlich geförderter F&E-Projekte übernehmen. Das vermutlich vorhandene Know-how sowie umfangreiche Informationsbeziehungen zu vielen am Innovationsprozeß beteiligten Unternehmen und Institutionen schaffen hierfür gute Voraussetzungen. Die Übernahme der Trägerschaft derartiger Projekte erhöht die Bindung an die Wissenschaft und reduziert das Problem des „Schweigekartells der Oberingenieure" (vgl. Abschnitt 3.2.3. und 6.5.). Ohne eine umfassende Einstellungsänderung vom Bürokratie- zum Dienstleistungsdenken auf Seiten der Regulierer dürften die angesprochenen Empfehlungen allerdings nicht umsetzbar sein.

---

[367] Vgl. Kno., 1998.

7.3. Restriktionen der Untersuchung und Ansatzpunkte für zukünftige Forschung

Eine Restriktion dieser Arbeit liegt in der verwendeten Datengrundlage: Die Stichproben der Werften und der Sachverständigen Dritten setzen sich ausschließlich aus deutschen Befragten zusammen. Dies hat möglicherweise bei einigen Fragen zu einer systematischen Verzerrung der Daten geführt. Dennoch wurde diese Datenverzerrung in Kauf genommen, um die Möglichkeit persönlicher Interviews auf den deutschen Werften nutzen zu können. Wie sich im Nachhinein herausgestellt hat, waren diese Interviews von großem Nutzen zur Erklärung der Hintergründe des Einflusses der Klassifikationsgesellschaften auf den technischen Fortschritt im Schiffbau. Zukünftige Forschungsprojekte könnten den Einfluß der Klassifikationsgesellschaften auf den technischen Fortschritt im Schiffbau in anderen Ländern untersuchen. Besonders interessant wäre es, die Schiffbauländer Südkorea und Japan näher zu untersuchen, die derzeit den Weltschiffbaumarkt dominieren.

Ein Ranking der Klassifikationsgesellschaften hat ergeben, daß die norwegische Klassifikationsgesellschaft - Det Norske Veritas - von allen befragten Gruppen als am stärksten innovationsfördernd wahrgenommen wurde. In diesem Zusammenhang wäre es von Interesse, die internen Prozesse und Organisationsstrukturen der Klassifikationsgesellschaften zu untersuchen, um Muster innovationsfördernder Strukturen regulierender Institutionen identifizieren zu können.

Der Fokus dieser Arbeit liegt auf der Analyse des Einflusses der Klassifikationsgesellschaften auf den technischen Fortschritt im Schiffbau. Es fehlt eine Kontrollgruppe anderer intermediärer regulierender Institutionen, um die positiven Befunde bezüglich der Klassifikationsgesellschaften mit dieser vergleichen zu können. Zukünftige Forschung könnte sich mit der Wirkung technischer Überwachungsorganisationen anderer Bereiche beschäftigen. Auch hierbei könnte zur Identifikation innovationsbeeinflussender Aktivitäten das in der vorliegenden Arbeit verwendete Promotorenmodell genutzt werden.

Interessant wäre es außerdem, eine regulierende Institution gezielt zu untersuchen, die ein Regulierungsmonopol innehat. Die Ergebnisse einer derartigen Studie könnten mit den Befunden der vorliegenden Arbeit verglichen werden, um zu analysieren, ob die Existenz bzw. Nicht-Existenz eines derartigen Monopols von entscheidendem Einfluß auf die innovationsfördernde Wirkung regulierender Institutionen ist.

Literaturverzeichnis:

Aaker, D.A./Kumar, V./Day, G.S.: Marketing research, 6. Auflage, New York, Chichester, Weinheim, Brisbane, Singapore, Toronto, 1997.

Aubert, J.S.: „Grüne" Schutzanstriche, in: Schiff & Hafen/Seewirtschaft, Heft 9/1993.

Backhaus, K./Erichson, B./Plinke, W./Weiber, R.: Multivariate Analysemethoden. Eine anwendungsorientierte Einführung, 7. Auflage, Berlin, 1994.

Baker, N.R./Siegman, J./Rubenstein, A.H.: The Effects of Perceived Needs and Means on the Generation of Ideas for Industrial Research and Development Projects, in: IEEE-Transactions on Engineering Management, Vol. EM-14 (1967), S. 156-163.

Bamberg, G./Baur, F.: Statistik, 5., überarbeitete Auflage, München, Wien, 1987.

Bauer, F.: Datenanalyse mit SPSS, 2., revidierte Auflage, Berlin, Heidelberg, New York, London, Paris, Tokyo, 1986.

Baumol, W.J./Oates, W.E.: The Theory of Environmental Policy, Cambridge, New York, Port Chester, Melbourne, Sydney, 1988.

Bertram, V.: Wege zu einem besseren Forschungsmanagement, in: HANSA, Zentralorgan für Schiffahrt, Schiffbau und Hafen, 1991, S. 800-807.

beu: Schwimmender Schrott mit Prüfplakette, in: Handelsblatt, 11./12.2.1995.

BMBF-Projektträger Schiffstechnik (Hrsg.): Entwicklungen in der Schiffstechnik, Statusseminar, Köln, 1995.

Böhler, H.: Marktforschung, Stuttgart, Berlin, Köln, Mainz, 1985.

Böhme, H./Sichelschmidt, H.: Sicherheit auf See, Kieler Diskussionsbeiträge Nr. 243, Institut für Weltwirtschaft, Januar 1995.

Boisson, P.: New Dispensation for Safety at Sea: Reasons and Conditions, in: Journal of Maritime Law and Commerce, Vol. 25, No. 2, April, 1994, S. 309-317.

Bonus, H.: Verzauberte Dörfer, oder: Solidarität, Ungleichheit und Zwang, in: Ordo: Jahrbuch für die Ordnung von Wirtschaft und Gesellschaft, Band 29, 1978, S. 49-82.

Bonus, H.: Öffentliche Güter: Verführung und Gefangenendilemma, in: LIST FORUM, Band 10 (1979/80), S. 69-102.

Bortz, J.: Statistik für Sozialwissenschaftler, 3., neu bearbeitete Auflage, Berlin, Heidelberg, New York, Tokyo, 1989.

Brockhaus Enzyklopädie: 24 Bände, 19., völlig neu bearbeitete Auflage, Mannheim, 1990.

Brockhoff, K.: Technischer Fortschritt II: im Betrieb, in: Handwörterbuch der Wirtschaftswissenschaft, Bd. 7, Göttingen, Zürich 1977.

Brockhoff, K.: Stärken und Schwächen industrieller Forschung und Entwicklung: Umfrageergebnisse aus der Bundesrepublik Deutschland, Stuttgart, 1990.

Brockhoff, K.: Industrial research for future competitiveness, Berlin, Heidelberg, New York, 1997.

Brockhoff, K.: Forschung und Entwicklung: Planung und Kontrolle, 5., ergänzte und erweiterte Auflage, München, Wien, 1999.

Buchanan, J.M./Stubblebine, W.C.: Externality, in: Economica, Vol. 29, 1962, S. 371-384.

Budäus, D.: Externe Effekte unternehmerischer Aktivitäten, in: Die Unternehmung, Schweizerische Zeitschrift für Betriebswirtschaft, 1976, Heft 3, S. 225-243.

Bühl, A./Zöfel, P.: SPSS für Windows Version 6.0: Praxisorientierte Einführung in die moderne Datenanalyse, Bonn, Paris, Reading/Mass., 1994.

Bühler, A.: Risk-Management in Schiffbau und Schiffahrt, Wiesbaden, 1995.

Büning, H.: Nichtparametrische statistische Methoden, 2., erweiterte und völlig überarbeitete Auflage, Berlin, New York, 1994.

Bundes-Immissionsschutzgesetz - BImSchG; in der Neufassung vom 22. Mai 1990.

Bundesminister für Verkehr, Erklärung des Bundesministers für Verkehr zu Sicherheitsfragen in der Schiffs- und Meerestechnik, Nr. 285, Bonn, 7.8.1975, VkBl Amtlicher Teil, Heft 17 (1975), S. 498

Camp, R.C.: Benchmarking: The Search for Industry Best Practices that Lead to Superior Performance, Milwaukee, Wisconsin, 1989.

Cansier, D.: Ökonomische Grundprobleme der Umweltpolitik, Berlin, 1975.

Daniel, W. W.:Biostatistics, A Foundation for the Analysis in the Health Sciences, 4. edition, Singapur, 1987.

Davenport, P.: Germanischer Lloyd: 125 Jahre im Dienst der Sicherheit, in: Schiff & Hafen/ SEEWIRTSCHAFT, Heft 3/1992, S. 24-29.

David, P.A./Greenstein, S.: Compatibility Standards and Information Technology - Business Strategies, Market Development and Public Policies. Center for Economic Policy Research, Publication Number 159, Stanford University, 1989.

Deichmann, F.: Betrieb des „Transportsystems Schiff": Geänderte Anforderungen aus Sicht einer Linienreederei, in: Schiff & Hafen, Heft 3, 1997, S. 10-19.

Deutsches Institut für Normung e.V. (Hrsg.): Grundlagen der Normungsarbeit des DIN, 4., geänderte Auflage, Berlin, Köln, 1982.

Dichtl, E./Issing, O. (Hrsg.): Vahlens Großes Wirtschaftslexikon, 2., überarbeitete und erweiterte Auflage, München, 1994.

Dosi, G.: Technological Paradigms and technological trajectories, in: Research Policy, Vol. 11, 1982, S. 147-162.

Drobnig, A.: Tätigkeit und Haftung von Klassifikationsgesellschaften in der Bundesrepublik Deutschland am Beispiel des Germanischen Lloyd, Münster, 1995.

Eichener, V./Voelzkow, H.: Entwicklungsbegleitende Normung: Integration von Forschung & Entwicklung, Normung und Technikfolgenabschätzung, in: DIN-Mitteilungen, 72. Jg., 1993, Nr.12, S. 764-768.

Eichener, V./Voelzkow, H./Wegge, M.: Der optimale Zeitpunkt für die Entwicklungsbegleitende Normung (EBN), in: DIN-Mitteilungen, 75. Jg., 1996, Nr. 2, S. 99-105.

Endres, A.: Umweltökonomie: eine Einführung, Darmstadt, 1994.

Engelhardt, K.: Fachwissen Patentinformation: Datenbanken strategisch genutzt, Essen, 1989.

Engelsman, E.C./ van Raan, A.F.J.: A patent-based cartography of technology, in: Research Policy, Vol. 23, 1994, S. 1-26.

Franke, J.F.: Die Bedeutung des Patentwesens im Innovationsprozeß, in: Ifo-Studien, 39. Jahrgang, Nr. 3-4, 1993, S. 307-326.

Freeman III, A.M./Haveman, R.H./Kneese, A.V.: The Economics of Environmental Policy, New York, London, Sydney, Toronto, 1973.

Frey, B.S.: Theorie demokratischer Wirtschaftspolitik, München, 1981.

Frey, B.S.: Umweltökonomie, 3., erweiterte Auflage, Göttingen, 1992.

Friedrichs, J.: Methoden empirischer Sozialforschung, 14. Auflage, Opladen, 1990.

Fuchs, G.: Zukunftstechnologien und politische Gestaltung: zur staatlichen Regulierung technischer Innovationen: Probleme und Lösungsstrategien am Beispiel der Informations- und Kommunikationstechniken, Konstanz, 1992.

Ganzhorn, K.E.: Der technische Überwachungs-Verein als Fortschrittskraft der Technik, Vortrag gehalten bei der Mitglieder-Versammlung des TÜVs Südwest am 14. Juni 1994 in Mannheim, Schriftenreihe „Forum" TÜV Südwest, Heft 6/94.

Gawel, E.: Bürokratietheorie und Umweltverwaltung - Ökonomische Einsichten in verwaltungsrechtliches Handeln im Umweltschutz -, in: Zeitschrift für angewandte Umweltforschung, Jg. 8 (1995), Heft 1, S. 79-89.

Gemünden, H.G./Walter, A.: Beziehungspromotoren - Schlüsselpersonen für interorganisationale Innovationsprozesse, in: Zeitschrift für Betriebswirtschaft, Jg. 65 (1995), S. 971-986.

Genoux, J.: Geht der Schiffbau unter? In: Kieler Nachrichten, 28.9.96.

Gerätesicherheitsgesetz (GSG) vom 24. Juni 1968.

Gerätesicherheits-Prüfstellenverordnung (GSPrüfV) in der Fassung vom 15. Januar 1986.

Germanischer Lloyd (Hrsg.): Germanischer Lloyd: Internationales Register 1867 - 1992: Herausgegeben anläßlich des 125-jährigen Jubiläums der Gesellschaft am 16. März 1992, Hamburg, 1992.

Germanischer Lloyd (Hrsg.): Tätigkeitsbericht 1993.

Germanischer Lloyd (Hrsg.): Geschäftsbericht 1994.

Germanischer Lloyd (Hrsg.): Tätigkeitsbericht 1995a.

Germanischer Lloyd (Hrsg.): Klassifikations- und Bauvorschriften I-Schiffstechnik Teil 0 - Klassifikation und Besichtigung, Ausgabe 1995b.

Germanischer Lloyd (Hrsg.): GL-Magazin, Nr. 2, Dez. 1995/Jan. 1996.

Gissel, H./Orth, K.-L.: Normen als Grundlage für den offenen Weltmarkt, in: etz, Band 114, 1993, Heft 13, S. 848-853.

Grefermann, K./Röthlingshöfer, K.Ch.: Patentwesen und technischer Fortschritt, Göttingen, 1974.

Groß: Germanischer Lloyd: 125 Jahre geprüfte Sicherheit, in: Hamburger Wirtschaft, März 1992.

Hansmeyer, K.H.: Ökonomische Anforderungen an die staatliche Datensetzung für die Umweltpolitik und ihre Realisierung, in: Wegehenkel, L. (Hrsg.): Marktwirtschaft und Umwelt: Symposium vom 26.-28. März 1980, Tübingen 1981, S. 6-20.

Hanusch, H./Cantner, U.: Neuere Ansätze in der Innovationstheorie und der Theorie des technischen Wandels - Konsequenzen für eine Industrie- und Technologiepolitik, in: Meyer-Krahmer, F. (Hrsg.): Innovationsökonomie und Technologiepolitik: Forschungsansätze und politische Konsequenzen, Heidelberg, 1993.

Hartlieb, B.: Entwicklungsbegleitende Normung (EBN) - Geschichtliche Entwicklung der Normung, Gründung eines Sonderausschusses des DIN-Präsidiums, in: DIN-Mitteilungen, 72. Jg., 1993, Nr. 6, S. 332-339.

Hauschildt, J./ Chakrabarti, A.: Arbeitsteilung im Innovationsmanagement - Forschungsergebnisse, Kriterien und Modelle, in: ZfO, Jg. 57 (1988), S. 378-388.

Hauschildt, J.: Zur Messung des Innovationserfolges, in: ZfB, Jg. 61 (1991), S. 451-476.

Hauschildt, J.: External Acquisition of Knowledge for Innovations - A Research Agenda, in: R&D Management Vol. 22, 1992, S. 105-110.

Hauschildt, J.: Innovationsmanagement - Determinanten des Innovationserfolges, in: Hauschildt, J./ Grün, O. (Hrsg.): Ergebnisse empirischer betriebswirtschaftlicher Forschung, Zu einer Realtheorie der Unternehmung. Festschrift für Eberhard Witte, Stuttgart, 1993, S. 295-326.

Hauschildt, J.: Innovationsmanagement, 2., völlig überarbeitete und erweiterte Auflage, München, 1997.

Hauschildt, J.: Weiterentwicklung des Promotoren-Modells, in: Hauschildt, J./Gemünden, H.G. (Hrsg.): Promotoren: Champions der Innovation, Wiesbaden, 1998, S. 235-262.

Hauschildt, J./Kirchmann, E.: Zur Existenz und Effizienz von Prozeßpromotoren, in: Hauschildt, J./Gemünden, H.G. (Hrsg.): Promotoren: Champions der Innovation, Wiesbaden, 1998, S. 89-107.

Hair, Jr., J. F./Anderson, R. E./ Tatham, R. L./Black, W. C.: Multivariate Data Analysis: with Readings, 4. edition, New Jersey, 1995.

Helfert, M.: Gewerkschaften und technische Entwicklung, WSI (Wirtschafts- und Sozialwissenschaftliches Institut des Deutschen Gewerkschaftsbundes)-Studie zur Wirtschafts- und Sozialforschung Nr. 59, Köln, 1987.

Horn, K.: Die Industrie verliert den Anschluß an die Grundlagenforschung, in: Frankfurter Allgemeine Zeitung, 8.10.1998, S. 20.

Horváth, P./Herter, R.N.: Benchmarking: Vergleich mit den Besten, in: Controlling, 4. Jg., 1992, Heft 1, S. 4-11.

International Association of Classification Societies (Hrsg.): A Unique Contribution to Safe Shipping and Clean Seas, o.J.

International Association of Classification Societies (Hrsg.): IACS briefing: IACS and IMO: The Essential Relationship, No. 4, February 1997.

Jagusch, H.: Straßenverkehrsrecht, 32. neu bearbeitete Auflage, München, 1993.

Jaques, B.: Class under attack, in: Seatrade Review, August, 1992, S. 6-7.

Joskow, P.L./Noll, R.G.: Regulation in Theory and Practice, in: Fromm, G. (Hrsg.): Studies in Public Regulation, Cambridge, Mass.: MIT, 1981, S. 1-65.

Kahn, A.: The Economics of Regulation, Vol. 2, New York, N.Y., 1971.

Kaufer, E./Blankart, Ch.: Regulation in West Germany: The State of the Debate, in: Journal of Institutional and Theoretical Economics (Zeitschrift für die gesamte Staatswissenschaft), Vol. 139, 1983, S. 435-451.

Kaufer, E.: Theoretische Grundlagen der Regulierung, in: Beihefte der Konjunkturpolitik, Band 32, 1986, S. 11-24.

Kaufer, E.: Theorie der öffentlichen Regulierung, München, 1981.

Kemper, M.: Das Umweltproblem in der Marktwirtschaft: wirtschaftstheoretische Grundlagen und vergleichende Analyse umweltpolitischer Instrumente in der Luftreinhalte- und Gewässerschutzpolitik, 2., unveränderte Auflage, 1993.

Kirchmann, E.M.W.: Innovationskooperation zwischen Herstellern und Anwendern, Wiesbaden, 1994.

Kirsch, G.: Technischer Fortschritt III: Förderung durch die öffentliche Hand, in: Handwörterbuch der Wirtschaftswissenschaften, 1997, S. 609-620.

Kistner, G.: Geprüfte Sicherheit - Schiffstechnik im Wandel der Zeit, Bremerhaven, 1992.

Klar, J.: Tankersicherheit und die Kosten des Öltransports, in: Schiff & Hafen/ Seewirtschaft, Heft 8, 1993, S. 14-16.

Kleinaltenkamp, M.: Der Einfluß der Normung und Standardisierung auf die Diffusion technischer Innovationen, 2. Auflage, Bochum, 1990.

Kleinaltenkamp, M.: Standardisierung und Marktprozeß - Entwicklungen und Auswirkungen im CIM-Bereich, Wiesbaden, 1993.

Kleinaltenkamp, M./Marra, A.: Diffusion technologischer Innovationen im Spannungsfeld zwischen Regulierungs- und Deregulierungsmaßnahmen: Wirkungsanalyse am Beispiel der Lasertechnik und der Lasernormen, Berlin, 1993.

Kno.: Technische Überwachungsvereine zu neuen Strukturen gezwungen, in: Frankfurter Allgemeine Zeitung, 4.7.1998, S.21.

Krafft, M.: Außendienstentlohnung im Licht der Neuen Institutionenlehre, Wiesbaden, 1995.

Krapp, R./Hansen, H./Rüssel, K./Fricke, W./Lehmhus, R.: Forschung und Entwicklung, in: HANSA - Schiffahrt - Schiffbau - Hafen - 129. Jahrgang (1992), Nr. 2, S. 130-138.

Kreienbaum, C./Wacker-Theodorakopoulos, C.: Innovationen unter verschiedenen Umweltregimen, Hamburger Jahrbuch für Wirtschafts- und Gesellschaftspolitik, 39. Jahr, 1994, S. 167-187.

Krieg, K.G.: Internationale Normen und Technologie, Vortrag zur 8. IFAN-Konferenz am 12./13. Oktober 1995 in Edinburgh.

Krumrey, H.: Macht der Prädikate, in: Wirtschaftswoche, 43. Jg., 1989, Nr. 1/2, 6.1.1989, S. 73-75.

Lehmann, E.: Schiffstechnik: Forschung und Entwicklung werden in Deutschland großgeschrieben, in: Schiff & Hafen, Heft 12, 1993, S. 41-45.

lib: Fortschritt entlastet Arbeit stärker als Natur, in: Frankfurter Allgemeine Zeitung, 22.7.1998, S. 15.

Luce, R.D./Raiffa, H.: Games and Decisions: Introduction and critical survey, London, 1957.

Lutz, B./Schmidt, G.: Industriesoziologie, in: König, R.(Hrsg.): Handbuch der empirischen Sozialforschung, Bd.8 Beruf, Industrie, Sozialer Wandel in unterentwickelten Ländern, 2. Auflage, Stuttgart, 1977.

Maas, C.: Regulierung und Innovation: ein empirisch weitgehend unerforschter Zusammenhang, Wirtschaftswissenschaftliche Dokumentation, Technische Universität Berlin, 1986.

Mansfield, E.: Patents and Innovations: An Empirical Study, in: Management Science, Vol. 32, No. 2, February 1986, S. 173-181.

Meyer-Krahmer, F. (Hrsg.): Innovationsökonomie und Technologiepolitik: Forschungsansätze und politische Konsequenzen, Heidelberg, 1993.

Mintzberg, H.: A Note on that Dirty Word „Efficiency", in: Interfaces, Vol. 12, 1982, S. 101-105.

Mohr, C.: Antwort von CEN/CENELEC auf die Herausforderung der Neuen Konzeption, in: DIN-Mitteilungen, 67. Jg., 1988, Nr. 9, September 1988, S. 535-537.

Morbey, G.K./Reithner, R.M.: How R&D Affects Sales Growth, Productivity and Profitability, in: Research Technology Management, May-June, 1990, S. 11-14.

Mowery, D./Rosenberg, N.: The Influence of Market Demand upon Innovation: A Critical Review of Some Recent Empirical Studies, in: Research Policy, Vol. 8, 1979, S. 102-153.

Musgrave, R.A./Musgrave, P.B./Kullmer, L.: Die öffentlichen Finanzen in Theorie und Praxis, Band 1, 6., aktualisierte Auflage, Tübingen, 1994.

Niskanen, W.A.: Bureaucracy and Representative Government, Chicago, New York, 1971.

Nolte, R.F.: Innovation und Umweltschutz, Technologische und ökonomische Aspekte, dargestellt anhand ausgewählter Beispiele aus der Praxis, in: Ullmann, A.A./Zimmermann, K. (Hrsg.): Umweltpolitik im Wandel: von Beschäftigungseffekten zu Innovationswirkungen des Umweltschutzes, Frankfurt/M., New York, 1982, S. 77-95.

Norušis, M. J.: SPSS für Windows Anwenderhandbuch für das Base System Version 6.0, Chicago, 1994.

Oppenländer, K.H.: Die wirtschaftspolitische Bedeutung des Patentwesens aus der Sicht der empirischen Wirtschaftsforschung, in: Oppenländer, K.H. (Hrsg.): Patentwesen, technischer Fortschritt und Wettbewerb, Berlin, München, 1984a, S.13-27.

Oppenländer, K.H.: Patentschutz und Wettbewerb im Innovationsprozeß, in: Oppenländer, K.H.(Hrsg.): Patentwesen, technischer Fortschritt und Wettbewerb, Berlin, München, 1984b, S.47-75.

Osterkamp, R.: Standards und Steuern als Instrumente gegen die Verschmutzung der Umwelt, in: Kyklos, Vol. 31, 1978, S. 235-257.

O.V. (1993a): Australischer Parlamentsausschuß prangert „Ships of Shame"-Zustände an, in: Schiff & Hafen/Seewirtschaft, Heft 6, 1993, S. 12.

O.V. (1993b): Wirtschaftlichkeit und Sicherheit der Schiffahrt müssen verbessert werden, in: Schiff & Hafen, Heft 12, 1993.

O.V. (1994): IACS confident, in: Lloyd's Ship Manager, März/1994, S. 69.

O.V. (1995/96): Drei neue GL-Komitees in Kanada, Zypern und Korea gegründet, in: GL-Magazin, Nr. 2, Dez. 1995/ Jan. 1996.

O.V. (1997a): Ablieferungen und Aufträge deutscher Werften 1996, in: HANSA - Schiffahrt - Schiffbau - Hafen, 134. Jahrgang, 1997, Nr. 1.

O.V. (1997b): Von deutschen Werften 1996 abgelieferte Neu- und Umbauten sowie Auftragsbestand per 15. Dezember 1996, in: Schiff & Hafen, 2/97.

O.V. (1997c): Polnische Klasse verliert Mitgliedschaft in der IACS, in: Täglicher Hafenbericht, Deutsche Schiffahrtszeitung vom 23.5.1997, S. 1 und 14.

Pausenberger, E.: Internationale(n) Unternehmung, Organisation der, in: Handwörterbuch der Organisation, 3.,völlig neu bearbeitete Auflage, Stuttgart 1992, Sp. 1052 - 1066.

Perlitz, M./Löbler, H.: Brauchen Unternehmen zum Innovieren Krisen? In: Zeitschrift für Betriebswirtschaft, 55. Jg., 1985, S. 424-450.

Pfau, W.F.: A Vision for the Future: Globale Wirkungen von Forschung und neuen Technologien - wachsende Anforderung an die Normung, in: DIN Mitteilungen, 70. Jg., 1991, Nr. 2, S. 67-69.

Picot, A./Burr, W.: Regulierung der Deregulierung im Telekommunikationssektor, in: Zeitschrift für betriebswirtschaftliche Forschung, Jg. 48 (1996), Heft 2.

Reinhard, M. et al.: Konzeption eines Innovationstests für die Bundesrepublik Deutschland, Gutachten des Ifo-Instituts für Wirtschaftsforschung, München, 1979.

Riesenhuber, H.: Entwicklungsbegleitende Normung zur Förderung technologischer Entwicklungen in Europa - Memorandum des Vorsitzes, in: DIN-Mitteilungen, 68. Jg., 1989, Nr. 3, S. 121.

Roberts, E.B.: Introduction: Managing Technological Innovation - A Search for Generalization, in: Roberts, E.B. (Hrsg.): Generating Technological Innovation, New York, Oxford, 1987.

Rohreit, C.: Der Schiffsanstrich macht weibliche Schnecken zu Männchen, in: Die Welt, 28.10.1997.

Roppel, U.: Ökonomische Theorie der Bürokratie: Beiträge zu einer Theorie des Angebotsverhaltens staatlicher Bürokratien in Demokratien, Freiburg i. Br., 1979.

Salvarani, R.: EU-Kommisssion fordert: Hartes Durchgreifen gegen Substandard-Schiffe, in: GL-Magazin, Nr.2, Dezember 1996, S. 13.

Schiffer/Delbrück: Umweltschutz, technische Innovation und technische Normung, in: ZfU 3/92, S. 311-328.

Schlieper, U.: Externe Effekte, in: HdWW, Bd. 2, Tübingen u.a., 1980, S.524ff.

Schmidt-Tiedemann, K.J.: A New Model of the Innovation Process, in: Research Management, Vol. 25, 1982, S. 18-21.

Scholz, Ch.: Effektivität und Effizienz, organisatorische, in: Handwörterbuch der Organisation, 3.,völlig neu bearbeitete Auflage, Stuttgart 1992, Sp. 533-552.

Scholz, L./Schmalholz, H.: Patentschutz und Innovation, in: Oppenländer, K.H. (Hrsg.): Patentwesen, technischer Fortschritt und Wettbewerb, Berlin, München, 1984.

Schwarz, T./von Halle, E.: Die Schiffbauindustrie in Deutschland und im Ausland, Erstmaliger Reprint d. Ausg. Berlin, Mittler von 1902, Düsseldorf, 1987.

Schwerdtfeger, G.: Das System der Vorsorge im BImSchG, in: Wirtschaft und Verwaltung, 1984, S. 217-224.

Scott, J.T.: Regulatory Standards and Emissions-Reducing R&D, Working Paper No. 95-12, Department of Economics, Hanover, 1995.

Schrader, S.: Zwischenbetrieblicher Informationstransfer. Eine empirische Analyse kooperativen Verhaltens, Berlin, 1990.

Shepard, H.A.: Innovation-Resisting and Innovation-Producing Organizations, in: Journal of Business, Vol. 40, 1967, S. 470-477.

Siebert, H.: Das produzierte Chaos: Ökonomie und Umwelt, Stuttgart, Berlin, Köln, Mainz, 1973.

Siebert, H.: Analyse der Instrumente der Umweltpolitik, Göttingen, 1976.

Siebert, H.: Ökonomische Anreize der TA Luft? In: Wirtschaftsdienst, Heft 11, 1982, S. 560-564.

Siebert, H.: TA-Luft '85: Eine verfeinerte Politik des einzelnen Schornsteins, in: Wirtschaftsdienst, Heft 9, 1985, S. 452-455.

Sohmen, E.: Allokationstheorie und Wirtschaftspolitik, Tübingen, 1976.

Somerville, R.D.: The classification society in the year 2000, in: Schiff & Hafen, 5/97, S. 22-23.

Staehle, W.H./Grabatin, G.: Effizienz von Organisationen, in: Die Betriebswirtschaft, Jg. 39, 1979, S. 89-102.

Staudt, E.(Hrsg.): Angewandte Innovationsforschung 1, Innovationsförderung und Technologietransfer, Berlin, 1980.

Strassl, W.: Externe Effekte auf Versicherungsmärkten: Eine allokationstheoretische Begründung staatlicher Regulierung, Tübingen, 1988.

Strothmann, K.-H.: Die Bedeutung des Technologietransfers für mittelständische Unternehmen, in: Engeleiter, H.J., Corsten, H. (Hrsg.): Innovation und Technologietransfer: gesamtwirtschaftliche und einzelwirtschaftliche Probleme, Festschrift zum 60. Geburtstag von Herbert Wilhelm, Berlin, 1982, S. 259 - 274.

Täger, U.C.: Empirische Patentforschung: Mehr Information über ökonomische Wirkungen des Patents erforderlich, in: ifo-schnelldienst Heft 3, 1990, S. 3-9.

Thiard, A./Pfau, W.F.: Forschung & Entwicklung und Normung: Ein Leitfaden, Brüssel, Luxemburg, 1991.

Ulrich, P.: Unternehmerische Umweltverantwortung aus diskursethischer Sicht, in: Steinmann, H./Wagner, G.R. (Hrsg.): Umwelt und Wirtschaftsethik, Stuttgart, 1998, S. 33-47.

Verlag Hoppenstedt GmbH (Hrsg.): Handbuch der Großunternehmen, Band 2, Darmstadt, 1994.

Wachter, D.: Externe Effekte, Umweltschutz und regionale Disparitäten: Begründung und Ausgestaltung einer umweltbezogenen internalisierungsorientierten Regionalpolitik, Zürich, 1990.

Wagner, R.: „In jedem afrikanischen Hafen ein Agent", in: Frankfurter Allgemeine Zeitung, 5.1.1996.

Walter, A.: Der Beziehungspromotor: ein personaler Gestaltungsansatz für erfolgreiches Relation Marketing, Wiesbaden, 1998.

Warschkow, K.: Organisation und Budgetierung zentraler FuE-Bereiche, Stuttgart, 1993.

Weber, H.: Unternehmerverbände zwischen Markt, Staat und Gewerkschaften: zur intermediären Organisation von Wirtschaftsinteressen, Frankfurt/M., New York 1987.

Weber, M.: Wirtschaft und Gesellschaft, 4. Auflage, 2. Halbband, Tübingen, 1956.

Wicke, L.: Umweltökonomie: Eine praxisorientierte Einführung, 3., überarbeitete, erweiterte und aktualisierte Auflage, München, 1991.

Wilde, C.: Der Markt und die Klasse, in: HANSA - Schiff - Schiffbau - Hafen, 134. Jahrgang, 1997, Nr. 6., S. 5.

Windisch, R.: Das Anreizproblem bei marktlicher Koordinierung der Nutzung knapper Umweltressourcen, in: Wegehenkel, L. (Hrsg.): Marktwirtschaft und Umwelt, Tübingen, 1981, S. 105-149.

Winer, B.J./ Brown, D.R./ Michels, K.M.: Statistical Principles in Experimental Design, 3. edition, New York, 1991.

Witte, E.: Organisation für Innovationsentscheidungen, Göttingen, 1973.

Witthöft, H.J.: Umweltkatastrophen durch Tankerunfälle, in: Schiff & Hafen/ Seewirtschaft, Heft 2, 1993, S. 5.

Anhang

Anhang 1: Fragebogen für Klassifikationsgesellschaften

Influence of Classification Societies on Innovation Processes in Shipbuilding

University of Kiel, Germany
Institute for Research in Innovation Management

Dipl. Wirtsch.-Ing. Jens Langholz
Olshausenstraße 40
24098 Kiel
Germany

Tel.: +49-431-880 1692
Fax.: +49-431-880 1538
E-mail: langholz@bwl.uni-kiel.de

Introduction of the Research Project

Our objective is to determine the influence of classification societies on technological progress in shipbuilding. For this purpose it is necessary to break down the overall activities of classification societies into single activities which affect innovation processes. Therefore a role model of the division of labour in innovation management based on Witte (1973) and enlarged by Hauschildt/Chakrabarti (1988) is used as an instrument of analysis. This model distinguishes three different roles of promoting individuals. These can also be identified as activities of classification societies:

1. promoting innovations *by know-how*,
2. promoting innovations *by bridging between relevant partners* (process promoter),
3. promoting innovations *by use of power*.

The activities of classification societies identified by the application of this model are shown in the following figure:

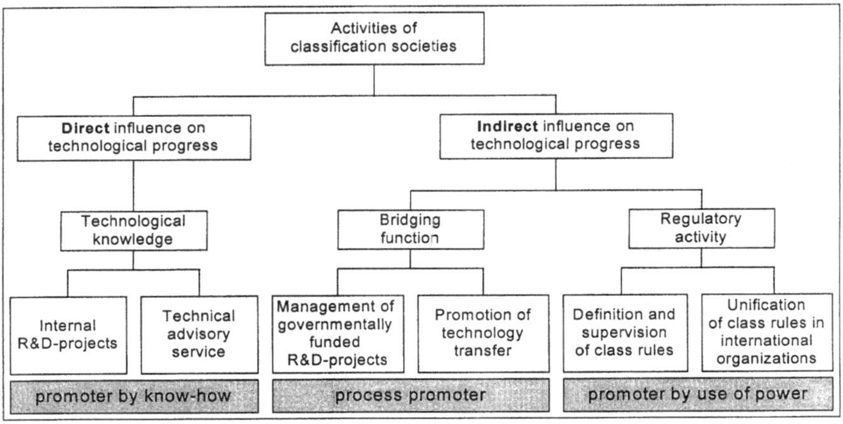

For the evaluation of the influence of classification societies on technological progress different perspectives have to be taken into account:

I. To ascertain the perceptions of the influence of classification societies on innovation processes in shipbuilding from the perspective of **regulating institutions** the 13 members of the IACS will be questioned.
II. It is planned to interview several representatives of shipyards in northern Germany. The shipyards judge the influence of classification societies on the technological progress from the point of view of **regulated companies**.
III. Finally it is intended to interview **experts in shipbuilding** who judge the relationship between shipyards and classification societies from the point of view of **external observers**. This group consists of representatives of the scientific system, public authorities, different companies (shipowners, insurers, suppliers,etc.) and international organizations.

1. Influence of classification societies on components of innovations

1. Please estimate the share of time of the total activity of **your** classification society in ship-building devoted to each single activity:

- Internal Research & Development (R&D-)-projects ......%
- Technical advisory service for shipyards ......%
- Management of governmentally funded R&D-projects ......%
- Promotion of technology transfer between important companies and public authorities in shipbuilding ......%
- Definition of class rules and supervision of the obedience to these rules ......%
- Unification of classification rules of different classification societies in international organizations (e.g. IACS) ......%
- Other activities (please state):

  ______________________________ ......%

  100%

2. Please assess the influence of each of these activities on technological progress in shipbuilding.

	strongly inhibit innovations						strongly promote innovations
Internal R&D-projects of classification societies	☐	☐	☐	☐	☐	☐	☐

	strongly inhibits innovations						strongly promotes innovations
The **technical advisory service** for shipyards	☐	☐	☐	☐	☐	☐	☐

	strongly inhibits innovations						strongly promotes innovations
The **management of governmentally funded R&D-projects** by classification societies	☐	☐	☐	☐	☐	☐	☐

	strongly inhibits innovations						strongly promotes innovations
The **promotion of technology transfer** between important companies and public authorities in shipbuilding via classification societies	☐	☐	☐	☐	☐	☐	☐

	strongly inhibit innovations						strongly promote innovations
The **definition of class rules and the supervision of the obedience to theses rules**	☐	☐	☐	☐	☐	☐	☐

	strongly inhibits innovations						strongly promotes innovations
The **unification of classification rules** of different classification societies in international organizations (e.g. IACS)	☐	☐	☐	☐	☐	☐	☐

	strongly inhibit innovations						strongly promote innovations
Other activities: ____________________	☐	☐	☐	☐	☐	☐	☐

3. How important is the extent of innovations in shipbuilding which lies **outside the responsibility** of classification societies?

not at all important — very important

☐☐☐☐☐☐☐

4. For the part of technological progress in shipbuilding which lies **within the responsibility** of classification societies, there are supposedly three areas which are affected by the activity of classification societies:

Area 1: A part of technological progress in shipbuilding which is **accelerated** by the influence of classification societies.

Area 2: A part of technological progress in shipbuilding which is **neither accelerated nor decelerated** by the influence of classification societies.

Area 3: A part of technological progress in shipbuilding which is **decelerated** by the influence of classification societies.

How important is the extent of innovations in shipbuilding which is **accelerated** by the influence of classification societies?

not at all important — very important

☐☐☐☐☐☐☐

How important is the extent of innovations in shipbuilding which is **neither accelerated nor decelerated** by the influence of classification societies?

not at all important — very important

☐☐☐☐☐☐☐

How important is the extent of innovations in shipbuilding which is **decelerated** by the influence of classification societies?

not at all important — very important

☐☐☐☐☐☐☐

5. What is the **overall influence** of classification societies on technological progress in shipbuilding?

	strongly inhibit innovations — strongly promote innovations
Classification societies in shipbuilding	☐☐☐☐☐☐☐

6. For each of those members of the IACS with which you are familiar, please evaluate the **overall influence** of these classification societies **on technological progress** in shipbuilding and assign a value between -10 and +10 (-10 = strong negative influence on technological progress, 0 = no influence on technological progress, +10 = strong positive influence on technological progress):

American Bureau of Shipping	ABS	_____	Korean Register of Shipping	KR	_____
Bureau Veritas	BV	_____	Lloyd´s Register of Shipping	LR	_____
China Classification Society	CCS	_____	Nippon Kaiji Kyokai	NK	_____
Hrvatski Registar Brodova	CRS	_____	Polski Rejestr Statkow	PRS	_____
Det Norske Veritas	DNV	_____	Registro Italiano Navale	RINA	_____
Germanischer Lloyd	GL	_____	Maritime Register of Shipping	RS	_____
Indian Register of Shipping	IRS	_____			

2. Determinants of success

1. To what extent are the following aspects **characteristic of technological progress** in shipbuilding?

Aspect	not at all characteristic → strongly characteristic
New developments in shipbuilding technology (e.g. faster ships, ships with higher capacity, etc.)	☐☐☐☐☐☐☐
Increased safety of ships	☐☐☐☐☐☐☐
Improvement of working conditions for the ships' companies	☐☐☐☐☐☐☐
Improvement of the ships' efficiency and thereby the **improvement of reliability**	☐☐☐☐☐☐☐
Establishment of and obedience to stronger environmental protection rules	☐☐☐☐☐☐☐
Increased unification of classification rules of the different classification societies	☐☐☐☐☐☐☐
Increased up-to-dateness of classification rules, i.e. a shorter time-lag between emergence of new scientific-technological knowledge and its inclusion in class rules	☐☐☐☐☐☐☐
Others (please state): ____________________________	☐☐☐☐☐☐☐

2. Are classification societies promoting or inhibiting these aspects of technological progress? **With regard to**

new developments in shipbuilding technology (e.g. faster ships, ships with higher capacity, etc.) classification societies — strongly inhibit innovations ☐☐☐☐☐☐☐ strongly promote innovations

the **increased safety of ships** classification societies — strongly inhibit innovations ☐☐☐☐☐☐☐ strongly promote innovations

the **improvement of working conditions** for the ships' companies classification societies — strongly inhibit innovations ☐☐☐☐☐☐☐ strongly promote innovations

the **improvement of the ships' efficiency** and thereby the **improvement of reliability** classification societies — strongly inhibit innovations ☐☐☐☐☐☐☐ strongly promote innovations

the **establishment of and obedience to stronger environmental protection rules** classification societies — strongly inhibit innovations ☐☐☐☐☐☐☐ strongly promote innovations

increased unification of classification rules classification societies — strongly inhibit innovations ☐☐☐☐☐☐☐ strongly promote innovations

the **increased up-to-dateness of classification rules**, i.e. a shorter time-lag between emergence of new scientific-technological knowledge and its inclusion in class rules, classification societies — strongly inhibit innovations ☐☐☐☐☐☐☐ strongly promote innovations

others (please state):______________ classification societies — strongly inhibit innovations ☐☐☐☐☐☐☐ strongly promote innovations

3. Often people say „We are investing more and more money in R&D, and we are getting less and less for the effort". Please evaluate the validity of this statement.

not at all true ☐☐☐☐☐☐☐ absolutely true

4. Assume that there has been an examination of the efficiency of the R&D-division of your society and that it has been discovered that a part of the R&D-budget is wasted. Which share of wasted money would you expect?

0%	< 5%	< 10%	< 20%	< 30%	< 40%	40% or more
☐	☐	☐	☐	☐	☐	☐

5. To what would you attribute the deficiencies in R&D of your society? Evaluate the validity of the following two statements:

a) The basic cause is ineffectiveness (i.e. your society is persuing wrong objectives).

not at all true ☐☐☐☐☐☐☐ absolutely true

b) The basic cause is inefficiency (i.e. the costs of R&D compared to the results are too high).

not at all true ☐☐☐☐☐☐☐ absolutely true

6. Please assess the performance of your society in the **area of technological knowlegde** by rating the following features.

Flexibility: To what extent is your classification society able to adjust the use of technological knowledge to changing external conditions?

to no extent ☐☐☐☐☐☐☐ to great extent

Ability to coordinate: To what extent does your classification society coordinate the use of technological knowledge with important companies and public authorities in shipbuilding?

to no extent ☐☐☐☐☐☐☐ to great extent

Adjustment to the branch of industry: To what extent does your society adjust the use of technological knowledge to the needs of shipbuilding?

to no extent ☐☐☐☐☐☐☐ to great extent

7. Please assess the performance of your society **regarding the ability to define class rules and supervise the obedience to these rules** by rating the following features?

Flexibility: To what extent is your classification society able to adjust the definition and supervision of class rules to changing external conditions?

to no extent ☐☐☐☐☐☐☐ to great extent

Ability to coordinate: To what extent does your classification society coordinate the definition and supervision of class rules with important companies and public authorities in shipbuilding?

to no extent ☐☐☐☐☐☐☐ to great extent

Adjustment to the branch of industry: To what extent does your society adjust the definition and supervision of class rules to the needs of shipbuilding?

to no extent ☐☐☐☐☐☐☐ to great extent

3. Regulatory activity of classification societies

3.1. Up-to-dateness of classification rules

1. Please assess the following statement: The less a classification rule is up-to-date the more inhibiting is its influence on innovations.

not at all true ☐☐☐☐☐☐☐ absolutely true

2. How did the **time-lag** between generation of scientific-technological knowledge and inclusion of this knowledge in classification rules change within the last 10 years?

has strongly decreased ☐ ☐ ☐ ☐ did not change ☐ ☐ ☐ has strongly increased

3. What do you think is the **average time-lag** (in months) between the generation of scientific-technological knowledge and its inclusion in classification rules?

______months

4. What do you think is the **smallest possible time-lag** (in months) between the generation of scientific-technological knowledge and its inclusion in classification rules?

______months

5. To what extent are shipyards able to influence classification societies to increase the up-to-dateness of classification rules?

to no extent ☐☐☐☐☐☐☐ to great extent

6. Please assess the influence of modern simulation and test possibilities on the up-to-dateness of classification rules respectively on innovation processes in shipbuilding:

Modern simulation and test possibilities make the consideration of scientific-technological knowledge in classification rules easier.

not at all true ☐☐☐☐☐☐☐ absolutely true

Modern simulation and test possibilities increase the up-to-dateness of classification rules.

not at all true ☐☐☐☐☐☐☐ absolutely true

Modern simulation and test possibilities

strongly inhibit innovations ☐☐☐☐☐☐☐ strongly promote innovations

7. How did the **share of system-oriented innovations** (innovations that have interfaces to different components or subsystems) in shipbuilding change within the last 10 years?

has strongly decreased ☐ ☐ ☐ did not change ☐ ☐ ☐ ☐ has strongly increased

8. Please evaluate the validity of the following two statements:

The acceleration of technological developments in shipbuilding decreases the up-to-dateness of classification rules.

not at all true ☐☐☐☐☐☐☐ absolutely true

The increasing complexity of the system of classification rules (caused by the increasing number of system-oriented innovations) decreases the up-to-dateness of classification rules.

not at all true ☐☐☐☐☐☐☐ absolutely true

3.2. Unification of classification rules

9. Is it possible to judge the influence of different class rules on innovations?

not at all ☐ ☐ ☐ ☐ ☐ ☐ ☐ in any case

10. To what extent do classification rules of the members of the IACS differ from each other?

only minimally ☐☐☐☐☐☐☐ almost no commonality

11. Please rate the following statements:

The higher the uniformity of classification rules of different classification societies, the better these rules are at promoting innovations.

not at all true ☐☐☐☐☐☐☐ absolutely true

The cooperation of classification societies through international organizations increases the uniformity of classification rules.

not at all true ☐☐☐☐☐☐☐ absolutely true

Only this unification of class rules enables shipyards to accept orders from all over the world and to cooperate with different classification societies.

not at all true ☐☐☐☐☐☐☐ absolutely true

3.3 Different kinds of classification rules

12. Please estimate: How many percent of the classification rules of your society are **descriptive** (class rules that lay down in detail the methods of construction, the composition, the materials to be used etc.) and how many percent are **performance classification rules** (class rules that identify a specific goal without specifying the means for achieving that goal)?

Descriptive classification rules	......%
Performance classification rules	......%
	100%

13. Please rate the influence of descriptive and performance classification rules on innovations in shipbuilding:

Descriptive classification rules

strongly inhibit innovations ☐☐☐☐☐☐☐ strongly promote innovations

Performance classification rules

strongly inhibit innovations ☐☐☐☐☐☐☐ strongly promote innovations

4. Technological knowledge of classification societies

1. To what extent does the technological knowledge of classification societies foster technological progress in shipbuilding?

to no extent ☐☐☐☐☐☐☐ to great extent

2. Please assess the following statements:

	not at all true						absolutely true
On the basis of their regulatory activity classification societies have more technological knowledge than individual shipyards.	☐	☐	☐	☐	☐	☐	☐
Classification societies use this knowledge to research the boundaries of technology.	☐	☐	☐	☐	☐	☐	☐
The staff of the R&D-division and of the "technical advisory service" of classification societies is extremely qualified.	☐	☐	☐	☐	☐	☐	☐
Classification societies use technological knowledge very creatively.	☐	☐	☐	☐	☐	☐	☐
Shipyards take advantage of the technological knowledge of classification societies by using the "technical advisory service".	☐	☐	☐	☐	☐	☐	☐
Classification societies perform R&D with emphasis on "research". Shipyards build on this knowledge and other sources to perform R&D with an emphasis on "development".	☐	☐	☐	☐	☐	☐	☐

5. Bridging interfaces between companies and public authorities

1. Who provides the stimuli for R&D-projects in your society? Who uses the results of the R&D-projects of your society?

	Stimuli for R&D-projects come from	Results are used by
Our society	☐	☐
Other classification societies	☐	☐
Public authorities	☐	☐
International organizations (e.g. IACS, IMO)	☐	☐
Shipyards	☐	☐
Other companies (shipowners, insurers, suppliers, etc.)	☐	☐
Universities/research institutions	☐	☐
Others (please state):________________	☐	☐

2. To what extent does the classification societies' bridging function foster technological progress in shipbuilding?

to no extent						to great extent
☐	☐	☐	☐	☐	☐	☐

3. Please assess the following statements:

Statement	not at all true						absolutely true
Classification societies have contacts to all important companies and public authorities in shipbuilding.	☐	☐	☐	☐	☐	☐	☐
Classification societies have a high communication-based potential to mediate between relevant companies and public authorities in shipbuilding.	☐	☐	☐	☐	☐	☐	☐
Classification societies draw attention to existing technical problems in shipbuilding and provide stimuli for R&D-projects.	☐	☐	☐	☐	☐	☐	☐
Classification societies know who might be affected by innovations and foster the dissemination of technological knowledge in shipbuilding.	☐	☐	☐	☐	☐	☐	☐
Classification societies solve conflicts between companies and public authorities in shipbuilding.	☐	☐	☐	☐	☐	☐	☐
Classification societies coordinate technological progress in shipbuilding.	☐	☐	☐	☐	☐	☐	☐
Classification societies use their technological knowledge, their contacts to important companies and public authorities, and their power (resulting from the definition and supervision of classification rules) to optimally foster technological progress in shipbuilding.	☐	☐	☐	☐	☐	☐	☐
The communication potential and the technological knowledge of classification societies could be the basis for a network connecting all relevant companies and public authorities in shipbuilding in order to foster technological progress.	☐	☐	☐	☐	☐	☐	☐

6. General questions

Construction/Research and Development (R&D)

1. How many employees have been working in the construction-/R&D-Division of your society in 1996?

_______employees

2. How much of the construction-/R&D-budget in 1996 of your society has been devoted to:

basic research	......%
applied research	......%
development	......%
construction	......%
	100%

Technical advisory service:

1. How many employees have been working in the technical advisory service of your society in 1996?

_______employees

Project-management of governmentally funded R&D-projects

1. Has your society been managing governmentally funded R&D-projects in the years 1992 - 1996?

yes ☐ no ☐

2. If yes:

How much was the total R&D-budget used under your project-management in the years 1992-1996?

____________$

How many projects have been funded with this budget? _______projects

How many of these projects have been stopped in the years 1992-1996?

_______projects

How many projects have been completed successfully in the years 1992-1996?

_______projects

Thank you very much for your cooperation!

If you are interested in receiving feedback about this study please provide your address in the space below:

Name ______________________________

Address ______________________________

____

____

____

Anhang 2: Fragebogen für Werften

Der Einfluß von Klassifikationsgesellschaften auf den Innovationsprozeß im Schiffbau

INSTITUT FÜR BETRIEBSWIRTSCHAFTLICHE INNOVATIONSFORSCHUNG

DER

CHRISTIAN-ALBRECHTS-UNIVERSITÄT ZU KIEL

Fragebogen für Werften

Dipl. Wirtsch.-Ing. Jens Langholz
Olshausenstraße 40
24098 Kiel

Tel.: 0431-880 1692
Fax.: 0431-880 1538
E-mail: langholz@bwl.uni-kiel.de

Einführung in das Forschungsprojekt

Ziel dieses Forschungsprojektes ist, die Wirkung von Klassifikationsgesellschaften auf den technischen Fortschritt im Schiffbau zu bestimmen. Zu diesem Zweck wird die Gesamttätigkeit von Klassifikationsgesellschaften mit Hilfe eines betriebswirtschaftlichen Modells in einzelne innovationsbeeinflußende Aktivitäten zerlegt:

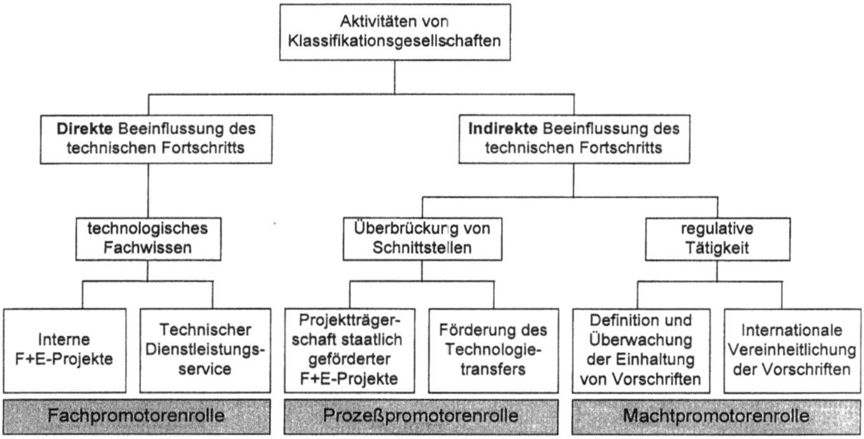

Zur Bestimmung des Einflusses von Klassifikationsgesellschaften auf den Innovationsprozeß im Schiffbau sollen verschiedene Perspektiven in Betracht gezogen und miteinander verglichen werden:

I. Es sollen Interviews mit Vertretern von ca. 30 in Norddeutschland ansässigen **Werften** geführt werden. Die Werften beurteilen den Einfluß von Klassifikationsgesellschaften auf den Innovationsprozeß im Schiffbau aus der Sicht **regulierter Unternehmen**.

II. Um die Wahrnehmungen des Einflusses der Klassifikationsgesellschaften auf den Innovationsprozeß im Schiffbau aus der Perspektive der **regulierenden Institutionen** zu erfassen, sollen die 13 in der *International Association of Classification Societies (IACS)* zusammengeschlossenen **Klassifikationsgesellschaften** befragt werden. Die Daten werden durch die Versendung von Fragebögen erhoben.

III. **Sachverständige Dritte**, d.h. Experten des Schiffbaus, sollen das Verhältnis von Werften zu Klassifikationsgesellschaften aus der Sicht **außenstehender Beobachter** beurteilen. Zu dieser Gruppe gehören Vertreter von Universitäten/ Forschungseinrichtungen, Behörden, privatrechtlichen Organisationen (z.B. Reedereien, Versicherungen, Zulieferern) und internationalen Organisationen. Auch für diese Gruppe sollen Daten durch die Versendung von Fragebögen erhoben werden.

1. Ermittlung des Einflusses von Klassifikationsgesellschaften auf Teilbereiche von Innovationen

1. Bitte kreuzen Sie an, mit welchen der folgenden Klassifikationsgesellschaften Sie regelmäßig zusammenarbeiten.

American Bureau of Shipping	ABS	☐	Korean Register of Shipping	KR	☐
Bureau Veritas	BV	☐	Lloyd´s Register of Shipping	LR	☐
China Classification Society	CCS	☐	Nippon Kaiji Kyokai	NK	☐
Hrvatski Registar Brodova	CRS	☐	Polski Rejestr Statkow	PRS	☐
Det Norske Veritas	DNV	☐	Registro Italiano Navale	RINA	☐
Germanischer Lloyd	GL	☐	Maritime Register of Shipping	RS	☐
Indian Register of Shipping	IRS	☐			

2. Mit welcher dieser Klassifikationsgesellschaften arbeiten Sie am häufigsten zusammen?

____

3. Die Tätigkeit der Klassifikationsgesellschaften im Schiffbau ist durch die folgenden Aktivitäten gekennzeichnet. Beurteilen Sie bitte die Wirkung dieser Aktivitäten der Klassifikationsgesellschaften auf den technischen Fortschritt im Schiffbau.

	sehr stark innovationsbehindernd						sehr stark innovationsfördernd
Interne Forschungs- und Entwicklungs- (F+E-) Projekte der Klassifikationsgesellschaften wirken	☐	☐	☐	☐	☐	☐	☐
Der **technische Dienstleistungsservice** der Klassifikationsgesellschaften für Werften wirkt	☐	☐	☐	☐	☐	☐	☐
Die **Projektträgerschaft staatlich geförderter F+E-Projekte** durch die Klassifikationsgesellschaften wirkt	☐	☐	☐	☐	☐	☐	☐
Die **Förderung des Technologietransfers** zwischen wichtigen Unternehmen und Behörden des Schiffbaus wirkt	☐	☐	☐	☐	☐	☐	☐
Die **Definition und Überwachung der Einhaltung von Vorschriften** durch Klassifikationsgesellschaften wirkt	☐	☐	☐	☐	☐	☐	☐
Die **internationale Vereinheitlichung der Klassifikationsvorschriften** in Gremien wie z.B. der IACS wirkt	☐	☐	☐	☐	☐	☐	☐
Sonstiges: ____________________ wirkt	☐	☐	☐	☐	☐	☐	☐

4. Für wie bedeutend halten Sie den Umfang des technischen Fortschritts im Schiffbau, der **außerhalb der Zuständigkeit** von Klassifikationsgesellschaften liegt?

für sehr unbedeutend						für sehr bedeutend
☐	☐	☐	☐	☐	☐	☐

5. Für den Bereich des technischen Fortschritts im Schiffbau, der **innerhalb der Zuständigkeit** von Klassifikationsgesellschaften liegt, lassen sich drei Fälle unterscheiden:

Fall 1: Ein Teilbereich des technischen Fortschritts im Schiffbau, auf den Klassifikationsgesellschaften **beschleunigend** einwirken.

Fall 2: Ein Teilbereich des technischen Fortschritts im Schiffbau, auf den Klassifikationsgesellschaften **weder beschleunigend noch verlangsamend** einwirken.

Fall 3: Ein Teilbereich des technischen Fortschritts im Schiffbau, auf den Klassifikationsgesellschaften **verlangsamend** einwirken.

Für wie bedeutend halten Sie den Umfang der Innovationen im Schiffbau, auf die Klassifikationsgesellschaften **fortschrittsbeschleunigend** einwirken?

für sehr unbedeutend						für sehr bedeutend
☐	☐	☐	☐	☐	☐	☐

Für wie bedeutend halten Sie den Umfang der Innovationen im Schiffbau, auf die Klassifikationsgesellschaften **weder beschleunigend noch verlangsamend** einwirken?

für sehr unbedeutend						für sehr bedeutend
☐	☐	☐	☐	☐	☐	☐

Für wie bedeutend halten Sie den Umfang der Innovationen im Schiffbau, auf die Klassifikationsgesellschaften **fortschrittsverlangsamend** einwirken?

für sehr unbedeutend						für sehr bedeutend
☐	☐	☐	☐	☐	☐	☐

6. Wie wirkt die Tätigkeit von Klassifikationsgesellschaften insgesamt auf den technischen Fortschritt im Schiffbau?

	sehr stark innovationsbehindernd						sehr stark innovationsfördernd
Die **Tätigkeit** von Klassifikationsgesellschaften **insgesamt** im Schiffbau wirkt	☐	☐	☐	☐	☐	☐	☐

7. Ordnen Sie denjenigen der 13 Klassifikationsgesellschaften der IACS, die Ihnen bekannt sind, bezüglich des Kriteriums **'Einfluß der Klassifikationsgesellschaft insgesamt auf den technischen Fortschritt im Schiffbau'** jeweils einen Wert zwischen -10 und +10 zu (-10 = sehr stark negativer Einfluß auf den technischen Fortschritt, 0 = kein Einfluß auf den technischen Fortschritt, +10 = sehr stark positiver Einfluß auf den technischen Fortschritt).

American Bureau of Shipping	ABS	______	Korean Register of Shipping	KR	______
Bureau Veritas	BV	______	Lloyd's Register of Shipping	LR	______
China Classification Society	CCS	______	Nippon Kaiji Kyokai	NK	______
Hrvatski Registar Brodova	CRS	______	Polski Rejestr Statkow	PRS	______
Det Norske Veritas	DNV	______	Registro Italiano Navale	RINA	______
Germanischer Lloyd	GL	______	Maritime Register of Shipping	RS	______
Indian Register of Shipping	IRS	______			

2. Erfolgsfaktoren

1. In welchem Ausmaß wird der technische Fortschritt im Schiffbau durch die folgenden Aspekte charakterisiert?

	völlig uncharakteristisch						sehr stark charakteristisch
Neuentwicklungen in der Schiffstechnik (z.B. schnellere Schiffe, Schiffe höherer Kapazität)							
Erhöhung der Betriebssicherheit der Schiffe							
Verbesserung der Arbeitsbedingungen für die Schiffsbesatzungen							
Steigerung der Wirtschaftlichkeit der Schiffe und damit verbunden Erhöhung der Zuverlässigkeit							
Setzung und Einhaltung schärferer Umweltschutzauflagen							
Erhöhung des Grades weltweiter Vereinheitlichung der Klassifikationsvorschriften							
Erhöhung der Aktualität der Vorschriften, d.h. eine geringere zeitliche Spanne zwischen wissenschaftlich-technischer Erkenntnis und Berücksichtigung in den Vorschriften							
Sonstiges (bitte angeben): ______________________							

2. Wie wirken Klassifikationsgesellschaften jeweils auf diese Aspekte? Klassifikationsgesellschaften wirken in Bezug auf:

	sehr stark innovationsbehindernd … sehr stark innovationsfördernd
Neuentwicklungen in der Schiffstechnik (z.B. schnellere Schiffe, Schiffe höherer Kapazität)	☐☐☐☐☐☐☐
Erhöhung der Betriebssicherheit der Schiffe	☐☐☐☐☐☐☐
Verbesserung der Arbeitsbedingungen für die Schiffsbesatzungen	☐☐☐☐☐☐☐
Steigerung der Wirtschaftlichkeit der Schiffe und damit verbunden Erhöhung der Zuverlässigkeit	☐☐☐☐☐☐☐
Setzung und Einhaltung schärferer Umweltschutzauflagen	☐☐☐☐☐☐☐
Erhöhung des Grades weltweiter Vereinheitlichung der Klassifikationsvorschriften	☐☐☐☐☐☐☐
Erhöhung der Aktualität der Vorschriften, d.h. eine geringere zeitliche Spanne zwischen wissenschaftlich-technischer Erkenntnis und Berücksichtigung in den Vorschriften	☐☐☐☐☐☐☐
Sonstiges (bitte angeben): ____________	☐☐☐☐☐☐☐

3. Häufig wird geklagt „Wir stecken immer mehr in Forschung und Entwicklung hinein, und es kommt immer weniger dabei heraus“. Wie beurteilen Sie diese Aussage in Bezug auf die F+E-Tätigkeit der Klassifikationsgesellschaften?

trifft gar nicht zu ☐☐☐☐☐☐☐ trifft voll zu

4. Bei einer Effizienzuntersuchung der F+E-Tätigkeit von Klassifikationsgesellschaften sei festgestellt worden, daß ein Teil der F+E-Gelder „zum Fenster 'rausgeschmissen wird“. Welchen Anteil würden Sie erwarten?

0%	< 5%	< 10%	< 20%	< 30%	< 40%	40% und mehr
☐	☐	☐	☐	☐	☐	☐

5. Mängel in der F+E-Tätigkeit von Klassifikationsgesellschaften liegen vermutlich in der:

a) Ineffektivität, das heißt es werden falsche Ziele verfolgt; diese Aussage

trifft gar nicht zu ☐☐☐☐☐☐☐ trifft voll zu

b) Ineffizienz, das heißt die Kosten des Prozesses sind im Vergleich zum Ergebnis zu hoch; diese Aussage

trifft gar nicht zu ☐☐☐☐☐☐☐ trifft voll zu

6. Welche Klassifikationsgesellschaft nimmt Ihrer Meinung nach im Bereich des **technologischen Fachwissens** die Spitzenposition im Schiffbau ein?

____

7. Beurteilen Sie die Leistungen dieser Klassifikationsgesellschaft (Antwort 6.) und des Germanischen Lloyd (sofern dieser nicht die Spitzenposition einnimmt) beim Einsatz von **technologischem Fachwissen** anhand der folgenden Kriterien.

	führende Klassifikationsgesellschaft	**Germanischer Lloyd**
Flexibilität: Wie anpassungsfähig an verschiedene Umweltlagen sind die Klassifikationsgesellschaften beim Einsatz ihres technologischen Fachwissens?	gar nicht ☐☐☐☐☐☐☐ sehr stark	gar nicht ☐☐☐☐☐☐☐ sehr stark
Koordinationsfähigkeit: Wie intensiv stimmen die Klassifikationsgesellschaften den Einsatz ihres technologischen Fachwissens mit anderen relevanten Unternehmen und Behörden des Schiffbaus ab?	gar nicht ☐☐☐☐☐☐☐ sehr stark	gar nicht ☐☐☐☐☐☐☐ sehr stark
Branchenorientierung: Wie stark richten die Klassifikationsgesellschaften den Einsatz ihres technologischen Fachwissens an den Bedürfnissen des Schiffbaus aus?	gar nicht ☐☐☐☐☐☐☐ sehr stark	gar nicht ☐☐☐☐☐☐☐ sehr stark

8. Welche Klassifikationsgesellschaft nimmt Ihrer Meinung nach bezüglich der Tätigkeit **„Definition und Überwachung der Einhaltung von Vorschriften“** die Spitzenposition im Schiffbau ein?

____

9. Beurteilen Sie die Leistungen dieser Klassifikationsgesellschaft (Antwort 8.) und des Germanischen Lloyd (sofern dieser nicht die Spitzenposition einnimmt) bei der **Definition und Überwachung der Einhaltung von Vorschriften** anhand der folgenden Kriterien.

	führende Klassifikationsgesellschaft	Germanischer Lloyd
Flexibilität: Wie anpassungsfähig an verschiedene Umweltlagen sind die Klassifikationsgesellschaften bei der Definition und Überwachung von Vorschriften?	gar nicht ☐☐☐☐☐☐☐ sehr stark	gar nicht ☐☐☐☐☐☐☐ sehr stark
Koordinationsfähigkeit: Wie intensiv stimmen die Klassifikationsgesellschaften die Definition und Überwachung von Vorschriften mit anderen relevanten Unternehmen und Behörden des Schiffbaus ab?	gar nicht ☐☐☐☐☐☐☐ sehr stark	gar nicht ☐☐☐☐☐☐☐ sehr stark
Branchenorientierung: Wie stark richten die Klassifikationsgesellschaften die Definition und Überwachung von Vorschriften an den Bedürfnissen des Schiffbaus aus?	gar nicht ☐☐☐☐☐☐☐ sehr stark	gar nicht ☐☐☐☐☐☐☐ sehr stark

3. Regulative Tätigkeit von Klassifikationsgesellschaften

3.1. Aktualität der Vorschriften

1. Beurteilen Sie die folgende Aussage: Je weniger aktuell eine Klassifikationsvorschrift ist, desto innovationsbehindernder ist ihre Wirkung.

trifft gar nicht zu ☐☐☐☐☐☐☐ trifft voll zu

2. Wie hat sich die zeitliche Spanne zwischen wissenschaftlich-technischer Erkenntnis und Berücksichtigung dieser Erkenntnis in Klassifikationsvorschriften in den letzten 10 Jahren verändert?

	hat stark abgenommen			ist konstant geblieben			hat stark zugenommen
Diese Zeitspanne	☐	☐	☐	☐	☐	☐	☐

3. Wie hoch schätzen Sie die **durchschnittliche zeitliche Verzögerung** in Monaten zwischen wissenschaftlich-technischer Erkenntnis und Berücksichtigung dieser Erkenntnis in den Vorschriften? _____Monate

4. Wie groß ist Ihrer Meinung nach die **minimal mögliche zeitliche Verzögerung** (in Monaten) zwischen wissenschaftlich-technischer Erkenntnis und Berücksichtigung dieser Erkenntnis in den Vorschriften? _____Monate

5. Wie stark ausgeprägt sind die Einflußmöglichkeiten der Werften, die Klassifikationsgesellschaften zur stärkeren Aktualisierung von Vorschriften zu bewegen?

sehr schwach ausgeprägt ☐☐☐☐☐☐☐ sehr stark ausgeprägt

6. Beurteilen Sie die Wirkung moderner Simulations- und Prüfeinrichtungen auf die Aktualität der Klassifikationsvorschriften bzw. auf den Innovationsprozeß im Schiffbau.

Moderne Simulations- und Prüfeinrichtungen erleichtern die Berücksichtigung naturwissenschaftlich-technischer Erkenntnisse in den Klassifikationsvorschriften.
trifft gar nicht zu ☐☐☐☐☐☐☐ trifft voll zu

Moderne Simulations- und Prüfeinrichtungen erhöhen die Aktualität der Klassifikationsvorschriften.
trifft gar nicht zu ☐☐☐☐☐☐☐ trifft voll zu

Moderne Simulations- und Prüfeinrichtungen wirken
sehr stark innovationsbehindernd ☐☐☐☐☐☐☐ sehr stark innovationsfördernd

7. Wie hat sich in den letzten 10 Jahren der Anteil systemorientierter Innovationen (Innovationen, die Schnittstellen zu verschiedenen Komponenten oder Subsystemen eines Systems aufweisen) im Schiffbau verändert?

Der Anteil systemorientierter Innovationen
hat stark abgenommen ☐☐☐ ist konstant geblieben ☐☐☐☐ hat stark zugenommen

8. Beurteilen Sie die folgenden Aussagen:

Die Beschleunigung der Technikentwicklung im Schiffbau hat eine abnehmende Aktualität der Vorschriften zur Folge.
trifft gar nicht zu ☐☐☐☐☐☐☐ trifft voll zu

Die Komplexitätszunahme des Systems von Klassifikationsvorschriften, die aus einer Zunahme systemorientierter Innovationen resultiert, hat abnehmende Aktualität der Vorschriften zur Folge.
trifft gar nicht zu ☐☐☐☐☐☐☐ trifft voll zu

3.2. Vereinheitlichung von Klassifikationsvorschriften

9. Kann die Innovationswirkung unterschiedlicher Vorschriften beurteilt werden?

gar nicht ☐☐☐☐☐☐☐ auf jeden Fall

10. Wie stark differieren die Vorschriften der einzelnen Klassifikationsgesellschaften der IACS untereinander:

Die Vorschriften der einzelnen Klassifikationsgesellschaften der IACS differieren untereinander
gar nicht ☐☐☐☐☐☐☐ sehr stark

11. Beurteilen Sie die folgenden Aussagen:

Je einheitlicher die Vorschriften der Klassifikationsgesellschaften, desto innovationsfördernder ist ihre Wirkung.

trifft gar nicht zu ☐☐☐☐☐☐☐ trifft voll zu

Die Zusammenarbeit der Klassifikationsgesellschaften in internationalen Organisationen fördert die Vereinheitlichung der Vorschriften.

trifft gar nicht zu ☐☐☐☐☐☐☐ trifft voll zu

Erst daraus ergibt sich für Werften die Möglichkeit, weltweit Aufträge für Schiffsneubauten und -umbauten entgegenzunehmen und mit unterschiedlichen Klassifikationsgesellschaften zusammenzuarbeiten.

trifft gar nicht zu ☐☐☐☐☐☐☐ trifft voll zu

3.3. Ausgestaltung der Vorschriften

12. Bitte schätzen Sie: Wieviel Prozent der Klassifikationsvorschriften sind 'Beschreibende Vorschriften' (Vorschriften, die im Detail die Methoden für die Konstruktion, die Zusammensetzung, den zu verwendenden Werkstoff usw. festlegen) und wieviel Prozent sind 'Anforderungsvorschriften' (Vorschriften, die die Resultate (Eigenschaften oder Leistungen) festlegen, die ein Produkt erbringen soll)?

Beschreibende Vorschriften	......%
Anforderungsvorschriften	......%
	100%

13. Beurteilen Sie die Wirkung von 'Beschreibenden' bzw. 'Anforderungsvorschriften' in Bezug auf Innovationen?

Beschreibende Vorschriften wirken

sehr stark innovationsbehindernd ☐☐☐☐☐☐☐ sehr stark innovationsfördernd

Anforderungsvorschriften wirken

sehr stark innovationsbehindernd ☐☐☐☐☐☐☐ sehr stark innovationsfördernd

4. Technologisches Fachwissen der Klassifikationsgesellschaften

1. Wie stark fördert das bei Klassifikationsgesellschaften konzentrierte Wissen den technischen Fortschritt im Schiffbau?

gar nicht ☐☐☐☐☐☐☐ sehr stark

2. Beurteilen Sie die folgenden Aussagen:

Aussage	trifft gar nicht zu ... trifft voll zu
Klassifikationsgesellschaften verfügen aufgrund ihrer überwachenden Tätigkeit über mehr technologisches Fachwissen als einzelne Werften.	☐☐☐☐☐☐☐
Klassifikationsgesellschaften setzen dieses technologische Fachwissen ein, um an der Spitze der Technologie zu forschen.	☐☐☐☐☐☐☐
Die Mitarbeiter der F+E-Abteilungen und des "technischen Dienstleistungsservices" der Klassifikationsgesellschaften sind fachlich besonders qualifiziert.	☐☐☐☐☐☐☐
Die Klassifikationsgesellschaften sind beim Einsatz ihres Know-hows sehr kreativ.	☐☐☐☐☐☐☐
Durch die Inanspruchnahme des "technischen Dienstleistungsservices" können die Werften von dem Know-how der Klassifikationsgesellschaften profitieren.	☐☐☐☐☐☐☐
Die Klassifikationsgesellschaften betreiben F+E mit Schwerpunkt "Forschung". Die Werften bauen u.a. auf diesem Wissen auf und betreiben F+E mit Schwerpunkt "Entwicklung".	☐☐☐☐☐☐☐

3. Nutzt Ihre Werft den technischen Dienstleistungsservice von Klassifikationsgesellschaften? ja ☐ nein ☐

5. Überbrückung von Schnittstellen zwischen Unternehmen und Behörden

1. Wie häufig gibt Ihre Werft Anregungen für F+E-Projekte bei Klassifikationsgesellschaften?

gar nicht ☐☐☐☐☐☐☐ sehr häufig

2. Wie häufig nutzt Ihre Werft die Ergebnisse von F+E-Projekten der Klassifikationsgesellschaften?

gar nicht ☐☐☐☐☐☐☐ sehr häufig

3. Wie stark fördert die Überbrückung von Schnittstellen zwischen Unternehmen und Behörden durch Klassifikationsgesellschaften den technischen Fortschritt im Schiffbau?

gar nicht ☐☐☐☐☐☐☐ sehr stark

4. Beurteilen Sie die folgenden Aussagen:

	trifft gar nicht zu						trifft voll zu
Klasssifikationsgesellschaften haben Informationsbeziehungen zu allen wichtigen Unternehmen und Behörden des Schiffbaus.	☐	☐	☐	☐	☐	☐	☐
Klassifikationsgesellschaften verfügen über ein hohes Kommunikations-potential zur Vermittlung zwischen den relevanten Unternehmen und Behörden des Schiffbaus.	☐	☐	☐	☐	☐	☐	☐
Klassifikationsgesellschaften weisen auf aktuelle technische Probleme im Schiffbau hin und geben Anregungen für Forschungsprojekte.	☐	☐	☐	☐	☐	☐	☐
Klassifikationsgesellschaften wissen, wer von Innovationen betroffen sein könnte und fördern die Verbreitung von neuem technischen Wissen im Schiffbau.	☐	☐	☐	☐	☐	☐	☐
Klassifikationsgesellschaften lösen Konflikte zwischen Unternehmen und Behörden im Schiffbau.	☐	☐	☐	☐	☐	☐	☐
Klassifikationsgesellschaften koordinieren den technischen Fortschritt im Schiffbau.	☐	☐	☐	☐	☐	☐	☐
Klassifikationsgesellschaften nutzen ihr technologisches Fachwissen, ihre Kontakte zu wichtigen Unternehmen und Behörden sowie die mit der Definition und Überwachung der Vorschriften verbundene Macht optimal zur Förderung des technischen Fortschritts im Schiffbau.	☐	☐	☐	☐	☐	☐	☐
Das Kommunikationspotential und das technologische Fachwissen der Klassifikationsgesellschaften könnten die Basis bilden, ein Netzwerk zur Förderung des technischen Fortschritts im Schiffbau zu bilden, das alle relevanten Unternehmen und Behörden miteinander verbindet.	☐	☐	☐	☐	☐	☐	☐

6. Allgemeine Angaben

Konstruktion/Forschung und Entwicklung (F+E)

1. Wieviele Beschäftigte haben im Jahre 1996 auf Ihrer Werft gearbeitet?

______Beschäftigte insgesamt

2. Wieviele Mitarbeiter haben im Jahre 1996 in Ihrer Konstruktions-/F+E-Abteilung gearbeitet? ______Mitarbeiter in Konstruktion/F+E

3. Wie hoch war Ihr Konstruktions-/F+E-Budget im Jahre 1996 (absolut und in % des Gesamtumsatzes)? _______Konstruktions-/F+E-Budget absolut,
_______% des Gesamtumsatzes.

4. Wie verteilte sich Ihr Konstruktions-/F+E-Budget im Jahre 1996 auf:

Grundlagenforschung	..........%
angewandte Forschung	..........%
Entwicklung	..........%
Konstruktion	..........%
	100%

Anhang 3: Fragebogen für Sachverständige Dritte

Der Einfluß von Klassifikationsgesellschaften auf den Innovationsprozeß im Schiffbau

INSTITUT FÜR BETRIEBSWIRTSCHAFTLICHE INNOVATIONSFORSCHUNG

DER

CHRISTIAN-ALBRECHTS-UNIVERSITÄT ZU KIEL

Dipl. Wirtsch.-Ing. Jens Langholz
Olshausenstraße 40
24098 Kiel

Tel.: 0431-880 1692
Fax.: 0431-880 1538
E-mail: langholz@bwl.uni-kiel.de

Einführung in das Forschungsprojekt

Ziel dieses Forschungsprojektes ist, die Wirkung von Klassifikationsgesellschaften auf den technischen Fortschritt im Schiffbau zu bestimmen. Zu diesem Zweck wird die Gesamttätigkeit von Klassifikationsgesellschaften mit Hilfe eines betriebswirtschaftlichen Modells in einzelne innovationsbeeinflußende Aktivitäten zerlegt:

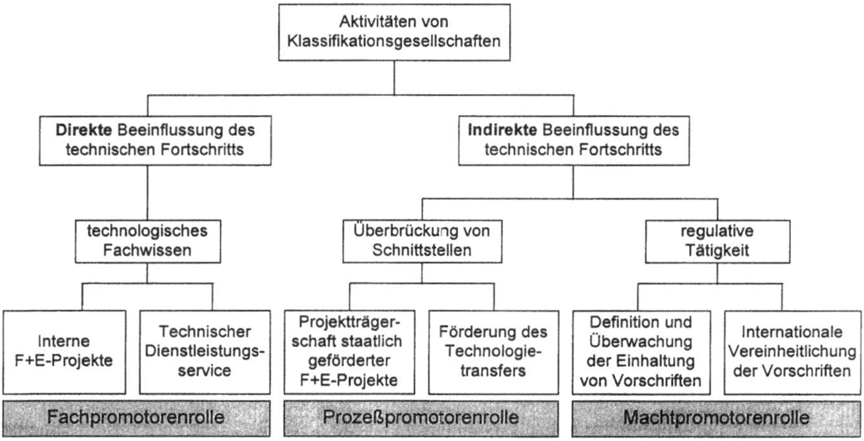

Zur Bestimmung des Einflusses von Klassifikationsgesellschaften auf den Innovationsprozeß im Schiffbau sollen verschiedene Perspektiven in Betracht gezogen und miteinander verglichen werden:

I. Es sollen Interviews mit Vertretern von ca. 30 in Norddeutschland ansässigen **Werften** geführt werden. Die Werften beurteilen den Einfluß von Klassifikationsgesellschaften auf den Innovationsprozeß im Schiffbau aus der Sicht **regulierter Unternehmen**.

II. Um die Wahrnehmungen des Einflusses der Klassifikationsgesellschaften auf den Innovationsprozeß im Schiffbau aus der Perspektive der **regulierenden Institutionen** zu erfassen, sollen die 13 in der *International Association of Classification Societies (IACS)* zusammengeschlossenen **Klassifikationsgesellschaften** befragt werden. Die Daten werden durch die Versendung von Fragebögen erhoben.

III. **Sachverständige Dritte**, d.h. Experten des Schiffbaus, sollen das Verhältnis von Werften zu Klassifikationsgesellschaften aus der Sicht **außenstehender Beobachter** beurteilen. Zu dieser Gruppe gehören Vertreter von Universitäten/ Forschungseinrichtungen, Behörden, privatrechtlichen Organisationen (z.B. Reedereien, Versicherungen, Zulieferern) und internationalen Organisationen. Auch für diese Gruppe sollen Daten durch die Versendung von Fragebögen erhoben werden.

1. Ermittlung des Einflusses von Klassifikationsgesellschaften auf Teilbereiche von Innovationen

1. Bitte kreuzen Sie an, zu welchen der folgenden Klassifikationsgesellschaften Sie Aussagen treffen können.

American Bureau of Shipping	ABS	☐	Korean Register of Shipping	KR	☐
Bureau Veritas	BV	☐	Lloyd´s Register of Shipping	LR	☐
China Classification Society	CCS	☐	Nippon Kaiji Kyokai	NK	☐
Hrvatski Registar Brodova	CRS	☐	Polski Rejestr Statkow	PRS	☐
Det Norske Veritas	DNV	☐	Registro Italiano Navale	RINA	☐
Germanischer Lloyd	GL	☐	Maritime Register of Shipping	RS	☐
Indian Register of Shipping	IRS	☐			

2. Mit welcher dieser Klassifikationsgesellschaften arbeiten Sie am häufigsten zusammen?

____

3. Die Tätigkeit der Klassifikationsgesellschaften im Schiffbau ist durch die folgenden Aktivitäten gekennzeichnet. Beurteilen Sie bitte die Wirkung dieser Aktivitäten der Klassifikationsgesellschaften auf den technischen Fortschritt im Schiffbau:

	sehr stark innovationsbehindernd						sehr stark innovationsfördernd
Interne Forschungs- und Entwicklungs- (F+E-) Projekte der Klassifikationsgesellschaften wirken	☐	☐	☐	☐	☐	☐	☐
Der **technische Dienstleistungsservice** der Klassifikationsgesellschaften für Werften wirkt	☐	☐	☐	☐	☐	☐	☐
Die **Projektträgerschaft staatlich geförderter F+E-Projekte** durch die Klassifikationsgesellschaften wirkt	☐	☐	☐	☐	☐	☐	☐
Die **Förderung des Technologietransfers** zwischen wichtigen Unternehmen und Behörden des Schiffbaus wirkt	☐	☐	☐	☐	☐	☐	☐
Die **Definition und Überwachung der Einhaltung von Vorschriften** durch Klassifikationsgesellschaften wirkt	☐	☐	☐	☐	☐	☐	☐
Die **internationale Vereinheitlichung der Klassifikationsvorschriften** in Gremien wie z.B. der IACS wirkt	☐	☐	☐	☐	☐	☐	☐
Sonstiges: ____________________ wirkt	☐	☐	☐	☐	☐	☐	☐

4. Für wie bedeutend halten Sie den Umfang des technischen Fortschritts im Schiffbau, der **außerhalb der Zuständigkeit** von Klassifikationsgesellschaften liegt?

für sehr unbedeutend						für sehr bedeutend
☐	☐	☐	☐	☐	☐	☐

5. Für den Bereich des technischen Fortschritts im Schiffbau, der **innerhalb der Zuständigkeit** von Klassifikationsgesellschaften liegt, lassen sich drei Fälle unterscheiden:

Fall 1: Ein Teilbereich des technischen Fortschritts im Schiffbau, auf den Klassifikationsgesellschaften **beschleunigend** einwirken.

Fall 2: Ein Teilbereich des technischen Fortschritts im Schiffbau, auf den Klassifikationsgesellschaften **weder beschleunigend noch verlangsamend** einwirken.

Fall 3: Ein Teilbereich des technischen Fortschritts im Schiffbau, auf den Klassifikationsgesellschaften **verlangsamend** einwirken.

Für wie bedeutend halten Sie den Umfang der Innovationen im Schiffbau, auf die Klassifikationsgesellschaften **fortschrittsbeschleunigend** einwirken?

für sehr unbedeutend						für sehr bedeutend
☐	☐	☐	☐	☐	☐	☐

Für wie bedeutend halten Sie den Umfang der Innovationen im Schiffbau, auf die Klassifikationsgesellschaften **weder beschleunigend noch verlangsamend** einwirken?

für sehr unbedeutend						für sehr bedeutend
☐	☐	☐	☐	☐	☐	☐

Für wie bedeutend halten Sie den Umfang der Innovationen im Schiffbau, auf die Klassifikationsgesellschaften **fortschrittsverlangsamend** einwirken?

für sehr unbedeutend						für sehr bedeutend
☐	☐	☐	☐	☐	☐	☐

6. Wie wirkt die **Tätigkeit von Klassifikationsgesellschaften insgesamt** auf den technischen Fortschritt im Schiffbau?

sehr stark innovationsbehindernd						sehr stark innovationsfördernd
☐	☐	☐	☐	☐	☐	☐

7. Ordnen Sie denjenigen der 13 Klassifikationsgesellschaften der IACS, die Ihnen bekannt sind, bezüglich des Kriteriums **'Einfluß der Klassifikationsgesellschaft insgesamt auf den technischen Fortschritt im Schiffbau'** jeweils einen Wert zwischen -10 und +10 zu (-10 = sehr stark negativer Einfluß auf den technischen Fortschritt, 0 = kein Einfluß auf den technischen Fortschritt, +10 = sehr stark positiver Einfluß auf den technischen Fortschritt).

American Bureau of Shipping	ABS	_____	Korean Register of Shipping	KR	_____
Bureau Veritas	BV	_____	Lloyd´s Register of Shipping	LR	_____
China Classification Society	CCS	_____	Nippon Kaiji Kyokai	NK	_____
Hrvatski Registar Brodova	CRS	_____	Polski Rejestr Statkow	PRS	_____
Det Norske Veritas	DNV	_____	Registro Italiano Navale	RINA	_____
Germanischer Lloyd	GL	_____	Maritime Register of Shipping	RS	_____
Indian Register of Shipping	IRS	_____			

2. Erfolgsfaktoren

1. In welchem Ausmaß wird der technische Fortschritt im Schiffbau durch die folgenden Aspekte charakterisiert?

	völlig uncharakteristisch						sehr stark charakteristisch
Neuentwicklungen in der Schiffstechnik (z.B. schnellere Schiffe, Schiffe höherer Kapazität)	☐	☐	☐	☐	☐	☐	☐
Erhöhung der Betriebssicherheit der Schiffe	☐	☐	☐	☐	☐	☐	☐
Verbesserung der Arbeitsbedingungen für die Schiffsbesatzungen	☐	☐	☐	☐	☐	☐	☐
Steigerung der Wirtschaftlichkeit der Schiffe und damit verbunden Erhöhung der Zuverlässigkeit	☐	☐	☐	☐	☐	☐	☐
Setzung und Einhaltung schärferer Umweltschutzauflagen	☐	☐	☐	☐	☐	☐	☐
Erhöhung des Grades weltweiter Vereinheitlichung der Klassifikationsvorschriften	☐	☐	☐	☐	☐	☐	☐
Erhöhung der Aktualität der Vorschriften, d.h. eine geringere zeitliche Spanne zwischen wissenschaftlich-technischer Erkenntnis und Berücksichtigung in den Vorschriften	☐	☐	☐	☐	☐	☐	☐
Sonstiges (bitte angeben): ____________________	☐	☐	☐	☐	☐	☐	☐

2. Wie wirken Klassifikationsgesellschaften jeweils auf diese Aspekte? Klassifikationsgesellschaften wirken in Bezug auf:

	sehr stark innovationsbehindernd						sehr stark innovationsfördernd
Neuentwicklungen in der Schiffstechnik (z.B. schnellere Schiffe, Schiffe höherer Kapazität)	☐	☐	☐	☐	☐	☐	☐
Erhöhung der Betriebssicherheit der Schiffe	☐	☐	☐	☐	☐	☐	☐
Verbesserung der Arbeitsbedingungen für die Schiffsbesatzungen	☐	☐	☐	☐	☐	☐	☐
Steigerung der Wirtschaftlichkeit der Schiffe und damit verbunden Erhöhung der Zuverlässigkeit	☐	☐	☐	☐	☐	☐	☐
Setzung und Einhaltung schärferer Umweltschutzauflagen	☐	☐	☐	☐	☐	☐	☐
Erhöhung des Grades weltweiter Vereinheitlichung der Klassifikationsvorschriften	☐	☐	☐	☐	☐	☐	☐
Erhöhung der Aktualität der Vorschriften, d.h. eine geringere zeitliche Spanne zwischen wissenschaftlich-technischer Erkenntnis und Berücksichtigung in den Vorschriften	☐	☐	☐	☐	☐	☐	☐
Sonstiges (bitte angeben):____________	☐	☐	☐	☐	☐	☐	☐

3. Häufig wird geklagt „Wir stecken immer mehr in Forschung und Entwicklung hinein, und es kommt immer weniger dabei heraus". Wie beurteilen Sie diese Aussage in Bezug auf die F+E-Tätigkeit der Klassifikationsgesellschaften?

trifft gar nicht zu ☐ ☐ ☐ ☐ ☐ ☐ ☐ trifft voll zu

4. Bei einer Effizienzuntersuchung der F+E-Tätigkeit von Klassifikationsgesellschaften sei festgestellt worden, daß ein Teil der F+E-Gelder „zum Fenster 'rausgeschmissen wird". Welchen Anteil würden Sie erwarten?

0%	< 5%	< 10%	< 20%	< 30%	< 40%	40% und mehr
☐	☐	☐	☐	☐	☐	☐

5. Mängel in der F+E-Tätigkeit von Klassifikationsgesellschaften liegen vermutlich in der:

a) Ineffektivität, das heißt es werden falsche Ziele verfolgt; diese Aussage

trifft gar nicht zu ☐ ☐ ☐ ☐ ☐ ☐ ☐ trifft voll zu

b) Ineffizienz, das heißt die Kosten des Prozesses sind im Vergleich zum Ergebnis zu hoch; diese Aussage

trifft gar nicht zu ☐☐☐☐☐☐☐ trifft voll zu

6. Welche Klassifikationsgesellschaft nimmt Ihrer Meinung nach im Bereich des **technologischen Fachwissens** die Spitzenposition im Schiffbau ein?

____

7. Beurteilen Sie die Leistungen dieser Klassifikationsgesellschaft (Antwort 6.) und des Germanischen Lloyd (sofern dieser nicht die Spitzenposition einnimmt) bezüglich des **technologischen Fachwissens** anhand der folgenden Kriterien.

	führende Klassifikationsgesellschaft	**Germanischer Lloyd**
Flexibilität: Wie anpassungsfähig an verschiedene Umweltlagen sind die Klassifikationsgesellschaften beim Einsatz ihres technologischen Fachwissens?	gar nicht ☐☐☐☐☐☐☐ sehr stark	gar nicht ☐☐☐☐☐☐☐ sehr stark
Koordinationsfähigkeit: Wie intensiv stimmen die Klassifikationsgesellschaften den Einsatz ihres technologischen Fachwissens mit anderen relevanten Unternehmen und Behörden des Schiffbaus ab?	gar nicht ☐☐☐☐☐☐☐ sehr stark	gar nicht ☐☐☐☐☐☐☐ sehr stark
Branchenorientierung: Wie stark richten die Klassifikationsgesellschaften den Einsatz ihres technologischen Fachwissens an den Bedürfnissen des Schiffbaus aus?	gar nicht ☐☐☐☐☐☐☐ sehr stark	gar nicht ☐☐☐☐☐☐☐ sehr stark

8. Welche Klassifikationsgesellschaft nimmt Ihrer Meinung nach bezüglich der Tätigkeit **„Definition und Überwachung der Einhaltung von Vorschriften“** die Spitzenposition im Schiffbau ein?

____

9. Beurteilen Sie die Leistungen dieser Klassifikationsgesellschaft (Antwort 8.) und des Germanischen Lloyd (sofern dieser nicht die Spitzenposition einnimmt) bei der **Definition und Überwachung der Einhaltung von Vorschriften** anhand der folgenden Kriterien.

	führende Klassifikationsgesellschaft	**Germanischer Lloyd**
Flexibilität: Wie anpassungsfähig an verschiedene Umweltlagen sind die Klassifikationsgesellschaften bei der Definition und Überwachung von Vorschriften?	gar nicht ☐☐☐☐☐☐☐ sehr stark	gar nicht ☐☐☐☐☐☐☐ sehr stark
Koordinationsfähigkeit: Wie intensiv stimmen die Klassifikationsgesellschaften die Definition und Überwachung von Vorschriften mit anderen relevanten Unternehmen und Behörden des Schiffbaus ab?	gar nicht ☐☐☐☐☐☐☐ sehr stark	gar nicht ☐☐☐☐☐☐☐ sehr stark
Branchenorientierung: Wie stark richten die Klassifikationsgesellschaften die Definition und Überwachung von Vorschriften an den Bedürfnissen des Schiffbaus aus?	gar nicht ☐☐☐☐☐☐☐ sehr stark	gar nicht ☐☐☐☐☐☐☐ sehr stark

3. Regulative Tätigkeit von Klassifikationsgesellschaften

3.1. Aktualität der Vorschriften

1. Beurteilen Sie die folgende Aussage: Je weniger aktuell eine Klassifikationsvorschrift ist, desto innovationsbehindernder ist ihre Wirkung.

trifft gar nicht zu ☐ ☐ ☐ ☐ ☐ ☐ ☐ trifft voll zu

2. Wie hat sich die zeitliche Spanne zwischen wissenschaftlich-technischer Erkenntnis und Berücksichtigung dieser Erkenntnis in Klassifikationsvorschriften in den letzten 10 Jahren verändert?

Diese Zeitspanne — hat stark abgenommen ☐ ☐ ☐ ist konstant geblieben ☐ ☐ ☐ ☐ hat stark zugenommen

3. Wie hoch schätzen Sie die **durchschnittliche zeitliche Verzögerung** in Monaten zwischen wissenschaftlich-technischer Erkenntnis und Berücksichtigung dieser Erkenntnis in den Vorschriften? _____Monate

4. Wie groß ist Ihrer Meinung nach die **minimal mögliche zeitliche Verzögerung** (in Monaten) zwischen wissenschaftlich-technischer Erkenntnis und Berücksichtigung dieser Erkenntnis in den Vorschriften? _____Monate

5. Wie stark ausgeprägt sind Ihrer Meinung nach die Einflußmöglichkeiten der Werften, die Klassifikationsgesellschaften zur stärkeren Aktualisierung von Vorschriften zu bewegen?

sehr schwach ausgeprägt ☐ ☐ ☐ ☐ ☐ ☐ ☐ sehr stark ausgeprägt

6. Beurteilen Sie die Wirkung moderner Simulations- und Prüfeinrichtungen auf die Aktualität der Klassifikationsvorschriften bzw. auf den Innovationsprozeß im Schiffbau.

Moderne Simulations- und Prüfeinrichtungen erleichtern die Berücksichtigung naturwissenschaftlich-technischer Erkenntnisse in den Klassifikationsvorschriften.
trifft gar nicht zu ☐ ☐ ☐ ☐ ☐ ☐ ☐ trifft voll zu

Moderne Simulations- und Prüfeinrichtungen erhöhen die Aktualität der Klassifikationsvorschriften.
trifft gar nicht zu ☐ ☐ ☐ ☐ ☐ ☐ ☐ trifft voll zu

Moderne Simulations- und Prüfeinrichtungen wirken
sehr stark innovationsbehindernd ☐ ☐ ☐ ☐ ☐ ☐ ☐ sehr stark innovationsfördernd

7. Wie hat sich in den letzten 10 Jahren der Anteil systemorientierter Innovationen (Innovationen, die Schnittstellen zu verschiedenen Komponenten oder Subsystemen eines Systems aufweisen) im Schiffbau verändert?

	hat stark abgenommen			ist konstant geblieben			hat stark zugenommen
Der Anteil systemorientierter Innovationen	☐	☐	☐	☐	☐	☐	☐

8. Beurteilen Sie die folgenden Aussagen:

	trifft gar nicht zu						trifft voll zu
Die Beschleunigung der Technikentwicklung im Schiffbau hat eine abnehmende Aktualität der Vorschriften zur Folge.	☐	☐	☐	☐	☐	☐	☐
Die Komplexitätszunahme des Systems von Klassifikationsvorschriften, die aus einer Zunahme systemorientierter Innovationen resultiert, hat abnehmende Aktualität der Vorschriften zur Folge.	☐	☐	☐	☐	☐	☐	☐

3.2. Vereinheitlichung von Klassifikationsvorschriften

9. Kann die Innovationswirkung unterschiedlicher Vorschriften beurteilt werden?

gar nicht						auf jeden Fall
☐	☐	☐	☐	☐	☐	☐

10. Wie stark differieren die Vorschriften der einzelnen Klassifikationsgesellschaften der IACS untereinander:

gar nicht						sehr stark
☐	☐	☐	☐	☐	☐	☐

11. Beurteilen Sie die folgenden Aussagen:

	trifft gar nicht zu						trifft voll zu
Je einheitlicher die Vorschriften der Klassifikationsgesellschaften, desto innovationsfördernder ist ihre Wirkung.	☐	☐	☐	☐	☐	☐	☐
Die Zusammenarbeit der Klassifikationsgesellschaften in internationalen Organisationen fördert die Vereinheitlichung der Vorschriften.	☐	☐	☐	☐	☐	☐	☐
Erst daraus ergibt sich für Werften die Möglichkeit, weltweit Aufträge für Schiffsneubauten und -umbauten entgegenzunehmen und mit unterschiedlichen Klassifikationsgesellschaften zusammenzuarbeiten.	☐	☐	☐	☐	☐	☐	☐

3.3. Ausgestaltung der Vorschriften

12. Bitte schätzen Sie: Wieviel Prozent der Klassifikationsvorschriften sind 'Beschreibende Vorschriften' (Vorschriften, die im Detail die Methoden für die Konstruktion, die Zusammensetzung, den zu verwendenden Werkstoff usw. festlegen) und wieviel Prozent sind 'Anforderungsvorschriften' (Vorschriften, die die Resultate (Eigenschaften oder Leistungen) festlegen, die ein Produkt erbringen soll)?

Beschreibende Vorschriften	......%
Anforderungsvorschriften	......%
	100%

13. Beurteilen Sie die Wirkung von 'Beschreibenden' bzw. 'Anforderungsvorschriften' in Bezug auf Innovationen?

	sehr stark innovationsbehindernd						sehr stark innovationsfördernd
Beschreibende Vorschriften wirken	☐	☐	☐	☐	☐	☐	☐
Anforderungsvorschriften wirken	☐	☐	☐	☐	☐	☐	☐

4. Technologisches Fachwissen der Klassifikationsgesellschaften

1. Wie stark fördert das bei Klassifikationsgesellschaften konzentrierte Wissen den technischen Fortschritt im Schiffbau?

gar nicht ☐ ☐ ☐ ☐ ☐ ☐ ☐ sehr stark

2. Beurteilen Sie die folgenden Aussagen:

	trifft gar nicht zu						trifft voll zu
Klassifikationsgesellschaften verfügen aufgrund ihrer überwachenden Tätigkeit über mehr technologisches Fachwissen als einzelne Werften.	☐	☐	☐	☐	☐	☐	☐
Klassifikationsgesellschaften setzen dieses technologische Fachwissen ein, um an der Spitze der Technologie zu forschen.	☐	☐	☐	☐	☐	☐	☐
Die Mitarbeiter der F+E-Abteilungen und des "technischen Dienstleistungsservices" der Klassifikationsgesellschaften sind fachlich besonders qualifiziert.	☐	☐	☐	☐	☐	☐	☐
Die Klassifikationsgesellschaften sind beim Einsatz ihres Know-hows sehr kreativ.	☐	☐	☐	☐	☐	☐	☐
Durch die Inanspruchnahme des "technischen Dienstleistungsservices" können die Werften von dem Know-how der Klassifikationsgesellschaften profitieren.	☐	☐	☐	☐	☐	☐	☐
Die Klassifikationsgesellschaften betreiben F+E mit Schwerpunkt "Forschung". Die Werften bauen u.a. auf diesem Wissen auf und betreiben F+E mit Schwerpunkt "Entwicklung".	☐	☐	☐	☐	☐	☐	☐

5. Überbrückung von Schnittstellen zwischen Unternehmen und Behörden

1. Wie häufig gibt Ihr Unternehmen/Ihre Institution Anregungen für F+E-Projekte bei Klassifikationsgesellschaften?

gar nicht ☐ ☐ ☐ ☐ ☐ ☐ ☐ sehr häufig

2. Wie häufig nutzt Ihr Unternehmen/Ihre Institution die Ergebnisse von F+E-Projekten der Klassifikationsgesellschaften?

gar nicht ☐ ☐ ☐ ☐ ☐ ☐ ☐ sehr häufig

3. Wie stark fördert die Überbrückung von Schnittstellen zwischen Unternehmen und Behörden durch Klassifikationsgesellschaften den technischen Fortschritt im Schiffbau?

gar nicht ☐ ☐ ☐ ☐ ☐ ☐ ☐ sehr stark

4. Beurteilen Sie die folgenden Aussagen:

	trifft gar nicht zu – trifft voll zu
Klasssifikationsgesellschaften haben Informationsbeziehungen zu allen wichtigen Unternehmen und Behörden des Schiffbaus.	☐ ☐ ☐ ☐ ☐ ☐ ☐
Klassifikationsgesellschaften verfügen über ein hohes Kommunikationspotential zur Vermittlung zwischen den relevanten Unternehmen und Behörden des Schiffbaus.	☐ ☐ ☐ ☐ ☐ ☐ ☐
Klassifikationsgesellschaften weisen auf aktuelle technische Probleme im Schiffbau hin und geben Anregungen für Forschungsprojekte.	☐ ☐ ☐ ☐ ☐ ☐ ☐
Klassifikationsgesellschaften wissen, wer von Innovationen betroffen sein könnte und fördern die Verbreitung von neuem technischen Wissen im Schiffbau.	☐ ☐ ☐ ☐ ☐ ☐ ☐
Klassifikationsgesellschaften lösen Konflikte zwischen Unternehmen und Behörden im Schiffbau.	☐ ☐ ☐ ☐ ☐ ☐ ☐
Klassifikationsgesellschaften koordinieren den technischen Fortschritt im Schiffbau.	☐ ☐ ☐ ☐ ☐ ☐ ☐
Klassifikationsgesellschaften nutzen ihr technologisches Fachwissen, ihre Kontakte zu wichtigen Unternehmen und Behörden sowie die mit der Definition und Überwachung der Vorschriften verbundene Macht optimal zur Förderung des technischen Fortschritts im Schiffbau.	☐ ☐ ☐ ☐ ☐ ☐ ☐
Das Kommunikationspotential und das technologische Fachwissen der Klassifikationsgesellschaften könnten die Basis bilden, ein Netzwerk zur Förderung des technischen Fortschritts im Schiffbau zu bilden, das alle relevanten Unternehmen und Behörden miteinander verbindet.	☐ ☐ ☐ ☐ ☐ ☐ ☐

6. Allgemeine Angaben

1. Kreuzen Sie bitte an, welcher der folgenden Gruppen Sie angehören:

- Universität/Forschungseinrichtung ☐
- Behörde ☐
- Verein/Verband ☐
- Reederei ☐
- Zulieferer ☐
- andere privatrechliche Organisation ☐

Vielen Dank für Ihre Mitarbeit!

Wenn Sie an einer Zusammenfassung der Ergebnisse dieser Studie interessiert sind, tragen Sie hier bitte Ihren Namen und Ihre Adresse ein:

Name	______________________________
Adresse	______________________________
	______________________________
	______________________________
	______________________________

Kolibri 360 GmbH
Ferdinand-Jühlke-Straße 7
99095 Erfurt, Deutschland
produktsicherheit@kolibri360.de

Druck:
CPI Druckdienstleistungen GmbH
im Auftrag der
Kolibri 360 GmbH
Ferdinand-Jühlke-Str. 7
99095 Erfurt